数据科学与统计系列规划教材

附微课

PYTHON WEB
CRAWLER

Python

网络爬虫 从入门到精通

吕云翔◎主编

张扬　杨壮　戴轶群◎副主编

人民邮电出版社

北　京

图书在版编目（ＣＩＰ）数据

Python网络爬虫：从入门到精通：附微课 / 吕云翔主编. -- 北京：人民邮电出版社，2023.7
数据科学与统计系列规划教材
ISBN 978-7-115-61190-1

Ⅰ．①P… Ⅱ．①吕… Ⅲ．①软件工具－程序设计－教材 Ⅳ．①TP311.561

中国国家版本馆CIP数据核字(2023)第025247号

内 容 提 要

本书主要介绍如何使用 Python 语言进行网络爬虫程序的开发，从 Python 语言的基本特性入手，详细介绍 Python 网络爬虫开发的多个方面，涉及 HTTP、HTML、正则表达式、JavaScript、自然语言处理、数据处理与科学计算等不同领域的内容。全书共 12 章，包括基础篇、进阶篇、提高篇和实战篇 4 个部分。基础篇包括第 1、2、3 章，分别为 Python 基础及网络爬虫、静态网页抓取、数据存储。进阶篇包括第 4、5、6 章，分别为 JavaScript 与动态内容、模拟登录与验证码、爬虫数据的分析与处理。提高篇包括第 7、8、9 章，分别为爬虫的灵活性和多样性、Selenium 模拟浏览器与网站测试、爬虫框架 Scrapy 与反爬虫。实战篇提供了 3 个实战项目供读者学习参考。本书内容覆盖网络数据抓取与爬虫编程中的主要知识和前沿技术。同时，本书在重视理论基础的前提下，从实用性和丰富度出发，结合实例演示爬虫程序编写的核心流程，将理论与实践结合，力求提高读者的网络爬虫实操技能。

本书可作为高等院校数据科学、统计学、计算机科学、软件工程等相关专业课程的教材，也可作为 Python 语言初学者、网络爬虫技术爱好者的参考书。

♦ 主　　编　吕云翔

　　副主编　张　扬　杨　壮　戴轶群

　　责任编辑　孙燕燕

　　责任印制　李　东　胡　南

♦ 人民邮电出版社出版发行　　北京市丰台区成寿寺路 11 号

　邮编　100164　　电子邮件　315@ptpress.com.cn

　网址　https://www.ptpress.com.cn

　涿州市京南印刷厂印刷

♦ 开本：787×1092　1/16

　印张：12.75　　　　　　　2023 年 7 月第 1 版

　字数：375 千字　　　　　　2023 年 7 月河北第 1 次印刷

定价：49.80 元

读者服务热线：(010)81055256　印装质量热线：(010)81055316
反盗版热线：(010)81055315
广告经营许可证：京东市监广登字 20170147 号

前　言

随着大数据时代的到来，数据的价值不断凸显和提升，而互联网是大量数据的主要载体，如何有效地获取并利用互联网上的大量数据是一个非常重要的问题。基于这种需求，网络爬虫应运而生，并迅速发展成为一门比较成熟的应用技术，逐渐成为相关企事业单位进行数据抓取与应用的重要选择之一；网络爬虫也成为高等院校数据科学、统计学、计算机科学、软件工程等相关专业的重点培养技能之一。

网络爬虫是一种数据采集技术，也是一种能够按照一定规则自动抓取互联网上信息的程序或脚本。常见的应用是搜索引擎的爬虫，它为搜索引擎抓取互联网上众多的网页信息，以便用户精确地在互联网上找到自己想要的内容。一般来讲，爬虫都是从一个或者若干个初始网页的 URL 开始，不断分析页面上的元素并抓取需要的内容，或沿着层级不断深入抓取，或在页面同级遍历抓取，直到满足一定条件才会停止。此外，被网络爬虫抓取到的数据会被系统存储，经过一定的分析、过滤，并建立索引，以便之后的查询、检索和使用。

Python 是实现网络爬虫比较主流的程序设计语言，它是一种解释型的、面向对象的、支持动态数据类型的高级程序设计语言。Python 语法简洁、功能强大，拥有十分出色的编写效率，同时 Python 还拥有活跃的开源社区和海量程序库，比较适合编写网络爬虫程序或数据分析程序。本书以 Python 为基础，由浅入深地讲解网络爬虫技术；同时，通过具体的程序编写和实战项目来帮助读者了解和学习 Python 网络爬虫，使读者可以独立编写 Python 网络爬虫程序，从而胜任 Python 网络爬虫工程师、数据分析师等相关岗位的工作。

本书共 12 章，包括基础篇、进阶篇、提高篇和实战篇 4 个部分。基础篇包括第 1、2、3 章，分别为 Python 基础及网络爬虫、静态网页抓取、数据存储。进阶篇包括第 4、5、6 章，分别为 JavaScript 与动态内容、模拟登录与验证码、爬虫数据的分析与处理。提高篇包括第 7、8、9 章，分别为爬虫的灵活性和多样性、Selenium 模拟浏览器与网站测试、爬虫框架 Scrapy 与反爬虫。实战篇提供了 3 个实战项目供读者学习参考。

本书的主要特点如下。

（1）**定位零基础人群，强化一站式教学**：本书定位于 Python 网络爬虫的零基础人群，内容浅显易懂，知识讲解循序渐进，从根本上解决网络爬虫学不懂、学不会的问题。全书提供充足的课堂教学提示，每章末搭配充足的课后练习题，强化赋能一站式教学。

（2）**结构清晰，理论结合实践**：本书结构清晰，层次明了，详细介绍了网络爬虫技术众多方面的知识，从基础、进阶、提高 3 个部分介绍了数据抓取、数据存储、数据分析与处理、爬虫框架、反爬虫等核心知识，内容较为全面；另外，本书坚持将理论知识与实践操作结合，在重视理论基础的前提下，从实用性和丰富度出发，结合实例演示与实战训练解读网络爬虫程序编写的核心流程。

（3）**章节案例丰富，实战性强**：网络爬虫是实战性、操作性非常强的技术，本书提供丰富的案例讲解，搭配源代码程序与详细的代码注释；实战项目从生活的实际出发，选取实用性、趣味性兼具的主题内容进行网络爬虫实践，力求提高读者的网络爬虫实操技能。

（4）**内容注重时效，分配比例合理**：本书中的程序代码均采用 Python 3 版本，并使用目前主流的各种 Python 框架和库，注重内容的时效性；另外，本书的正文知识讲解与案例源代码采用合理的分配比例，基于"一个知识点对应一个案例源代码"的模式，最大限度地保证了代码的易用性和易读性。

（5）**二十大精神进教材，贯彻立德树人理念**：本书深入贯彻落实"党的二十大精神进教材"的指示，贯彻立德树人理念，书中内容紧跟行业理念、技术发展和社会对人才的需求，以 Python 在网络爬虫中的应用为载体，培养读者的文化自信、创新思维、精益求精的工匠精神，提升读者的协作能力和交流沟通能力，优化编码规范并深化读者对网络爬虫工作职业道德的理解。读者可扫描右侧二维码学习。

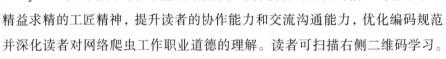

（6）**配套教学资源丰富，满足教学需求**：为了方便教学，我们为使用本书的教师提供了丰富的教学资源，包括教学大纲、PPT 课件、微课视频、课后习题答案、源代码、模拟试卷等。如有需要，请登录人邮教育社区（www.ryjiaoyu.com）搜索书名获取部分教学资源。

本书由吕云翔担任主编，张扬、杨壮、戴轶群担任副主编，韩延刚、谢吉力、曾洪立参与了部分内容的编写及资料整理工作。

由于编者的水平有限，疏漏之处在所难免，我们期待和广大的读者进行交流，读者可发送电子邮件至：yunxianglu@hotmail.com。

编者

2023 年 1 月

目　录

提高篇

第 7 章　爬虫的灵活性和多样性 ······120

第 8 章　Selenium 模拟浏览器与网站测试 ·············· 146

第 9 章　爬虫框架 Scrapy 与反爬虫 ·············· 156

实战篇

基础篇

第1章
Python 基础及网络爬虫

引言

网络爬虫（Web Crawler）有时候也叫网络蜘蛛（Web Spider），是指这样一类程序——它们可以自动连接到互联网站点，并读取网页中的内容或者存放在网络上的各种信息，按照某种策略对目标信息进行采集（如对某个网站的全部页面进行读取）。实际上，Google（谷歌）搜索引擎本身就建构在爬虫技术之上，像 Google、百度这样的搜索引擎会通过爬虫程序来不断更新自身的网站内容和对其他网站的网络索引。从某种意义上说，我们每次通过搜索引擎查询一个关键词，就是在搜索引擎服务者的爬虫程序所"爬"到的信息中进行查询。当然，搜索引擎背后使用的技术十分复杂，其爬虫技术通常也不是一般个人开发的小型程序所能比拟的。不过，爬虫程序本身其实并不复杂，只要懂一点编程知识，了解一点超文本传送协议（Hyper Text Transfer Protocol，HTTP）和超文本标记语言（Hyper Text Markup Language，HTML），就可以写出属于自己的爬虫程序，实现很多有意思的功能。

在众多编程语言中，我们选择使用 Python 来编写我们的爬虫程序，Python 不仅语法简洁，便于上手，而且拥有庞大的开发者社区和浩如烟海的程序库，能为普通的程序编写提供极大的便利。虽然 Python 与 C、C++等语言相比可能在性能上有所欠缺，但瑕不掩瑜，它的确是目前比较好的选择之一。

学习目标

1. 了解 Python 及其基础知识。
2. 熟悉互联网、HTTP 与 HTML。
3. 掌握爬虫的运行原理。
4. 掌握 Python 环境的配置方法。
5. 掌握网站分析的方法。

1.1 了解 Python 语言

Python 是目前最为流行的编程语言之一，下面对它的历史和发展做简单介绍，然后介绍 Python 的基本语法，对于没有 Python 编程经验的读者而言，可以借此对 Python 有初步的认识。

1.1.1 Python 是什么

Guido van Rossum（吉多·范罗苏姆）在 1989 年发明了 Python，而 Python 的第一个公开发行版发行于 1991 年。因为 Guido 是电视剧 *Monty Python's Flying Circus* 的爱好者，所以他将这种新的脚本语言命名为 Python。

从根本上说，Python 是一种解释型的、面向对象的、支持动态数据类型的高级程序设计语言。值得注意的是，Python 是开源的，源码遵循 GNU 通用公共许可证（GNU General Public License，

GNU GPL），这就意味着它对所有个人开发者是完全开放的，因此 Python 在开发者中迅速流行，来自全球各地的 Python 使用者为这门语言的发展贡献了很大的力量。Python 的设计哲学是优雅、明确和简单。著名的"The Zen of Python"（Python 之禅）这样说道：

"优美胜于丑陋，

明了胜于晦涩，

简洁胜于复杂，

复杂胜于凌乱，

扁平胜于嵌套，

间隔胜于紧凑，

可读性很重要，

即便假借特例的实用性之名，也不可违背这些规则，

不要包容所有错误，除非你确定需要这样做，

当存在多种可能时，不要尝试去猜测，

而是尽量找一种，最好是唯一一种明显的解决方案，

虽然这并不容易，因为你不是 Python 之父。

做也许好过不做，但不假思索就动手还不如不做。

如果你无法向人描述你的方案，那肯定不是一个好方案；反之亦然。

命名空间是一种绝妙的理念，我们应当多加利用。"

2000 年，Python 2.0 发布，Python 3.0 则于 2008 年发布，Python 3.x 不完全兼容之前的 Python 2.x。Python 3 在 Python 2 的基础上做出了不少很有价值的改进，Python 3 也已逐步成为 Python 的主流版本，本书将完全使用 Python 3 作为开发语言。

1.1.2　Python 的应用现状

Python 的应用范围十分广泛，著名的应用案例如下。

- Reddit：社交分享网站，热门的网站之一。
- Dropbox：提供文件分享服务。
- Pylons：Web 应用框架。
- TurboGears：Web 应用快速开发框架。
- Fabric：用于管理 Linux 主机的程序库。
- Mailman：使用 Python 编写的邮件列表软件。
- Blender：以 C 与 Python 开发的开源 3D 绘图软件。

豆瓣网（一个受年轻人欢迎的社交网站）和知乎（问答网站）都使用了 Python 进行大量开发。可见，Python 在业界的应用可谓五花八门，总结起来，在系统编程、图形处理、科学计算、数据库、网络编程、Web 应用、多媒体应用等方面都有它的身影。在 IEEE Spectrum 排名中，Python 成为最流行的编程语言之一。众所周知，学习一门程序语言的有效方法就是边学边用、边用边学。通过对 Python 网络爬虫的逐步学习，相信大家能够很好地提高对整个 Python 语言的理解和应用。

为什么要使用 Python 来编写爬虫程序？Python 的简明语法和各式各样的开源库使 Python 在网络爬虫方面"得天独厚"。个人开发的爬虫程序一般对性能的要求不会太高。因此，虽然我们一般认为 Python 在性能上难以与 C、C++和 Java 相比，但总的来说，使用 Python 有助于更好、更快地实现我们所需要的功能。另外，考虑到 Python 社区贡献了很多各有特色的库，很多都能直接拿来编写我们的爬虫程序，Python 的确是目前比较好的选择。

1.2　配置安装 Python 开发环境

在开始探索 Python 的世界之前，我们首先需要在自己的机器上安装 Python。值得高兴的是，Python 不仅免费、开源，而且坚持轻量级，安装过程并不复杂。如果使用 Linux 系统，则可能已经内置了 Python（虽然版本有可能是较旧的）。如果使用苹果计算机（操作系统是 macOS），则一般已经安装了命令行版本的 Python 2.x。在 Linux 或 macOS 上检测 Python 3 是否已安装的最简单办法是使用终端命令，在终端应用中输入 python3 命令并按 Enter 键执行，观察是否有对应的提示出现。至于 Windows 系统，在 Windows 10 上并没有内置 Python，因此必须手动安装。

1.2.1　在 Windows 上安装

访问 Python 官网（见图 1-1）并下载与计算机系统架构对应的 Python 3 安装程序包。一般而言只要有新版本，就应该选择最新的版本。这里需要注意的是，在选择对应架构的版本时，需要知晓自己的系统是 32 位的还是 64 位的，根据系统选择相应的安装程序包。

按安装程序的引导，一步步设置，就能完成整个安装。如果看到类似图 1-2 所示的提示，就说明安装成功。

图 1-1　Python.org 官网页面（部分）　　　　　图 1-2　Python 安装成功的提示（例）

这时在"开始"菜单中就能看到与 Python 3.x 相关的应用程序（见图 1-3），其中有一个集成开发和学习环境（Integrated Development and Learning Environment，IDLE）程序，可以单击此程序开始在交互式窗口中使用 Python Shell（见图 1-4）。

图 1-3　安装完成后的"开始"菜单　　　　　　　图 1-4　IDLE 的界面

1.2.2　在 Ubuntu 和 macOS 上安装

Ubuntu 是诸多 Linux 发行版本中受众范围较广的一个系列。可以通过 Applications（应用程序）

中的添加应用程序安装 Python，在其中搜索 "Python 3"，并在结果中找到对应的包进行下载。如果安装成功，则会在 Applications 中找到 Python IDLE，启动该程序进入 Python Shell。

访问 Python 官网并下载对应的 macOS 平台安装程序，按安装向导的指示进行操作，安装成功后将看到类似图 1-5 所示的提示信息。

关闭该窗口，在启动台中可以找到 IDLE，启动该程序，看到的结果应该和 Windows 平台上的结果类似。

图 1-5　macOS 上的安装成功提示

1.2.3　IDE 的使用：以 PyCharm 为例

虽然 Python 自带的 IDLE 是绝大多数人使用 Python 的第一个工具，其实通过 Python 编写程序、开发软件，它并不是唯一的工具。很多人更愿意使用一些特定的编辑器或者由第三方提供的集成开发环境（Integrated Development Environment，IDE）。借助 IDE 的力量可以提高开发的效率。对开发者而言，只有最适合自己的，没有 "最好的"。这里简单介绍 PyCharm——一个由 JetBrains 公司出品的 Python IDE，谈谈它的安装和配置。可以在 Jet Brains 公司的官网下载该软件。

PyCharm 支持 Windows、macOS、Linux 三大平台，并提供 Professional 和 Community 两种版本（见图 1-6）。其中前者需要付费使用（提供免费试用），后者可以直接下载使用。前者功能更为丰富，但后者也足以满足一些普通的开发需求。

图 1-6　PyCharm 的下载页面

选择对应的平台并下载后，安装程序（见图 1-7）将会引导我们完成安装，安装完成后，从 "开始" 菜单中（macOS 是从启动台，Linux 系统是从 Applications 中）打开 PyCharm，就可以创建自己的第一个 Python 项目了（见图 1-8）。

图 1-7　PyCharm 安装程序（Windows 平台）　　　　　图 1-8　PyCharm 创建新项目

创建项目后，还需要进行一些基本的设置。可以在菜单栏中执行 File→Settings 命令打开 PyCharm 设置界面。

首先修改一些软件界面上的设置，如修改界面主题（见图 1-9）。

在编辑界面中显示代码的行号（见图 1-10）。设置编辑界面中代码的字体和大小（见图 1-11）。

如果想设置软件界面中的字体大小，则可以在 Appearance&Behavior 中修改（见图 1-12）。

在运行编写的脚本前，需要添加 Run/Debug 配置，并选择一个 Python 解释器。在 PyCharm 中的菜单单击操作为：RunEdit Configurations，即可打开小窗口（见图 1-13）。

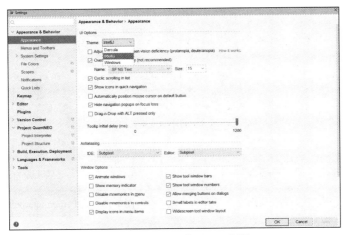

图 1-9　PyCharm 修改界面主题

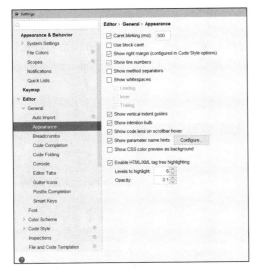

图 1-10　PyCharm 设置显示代码的行号

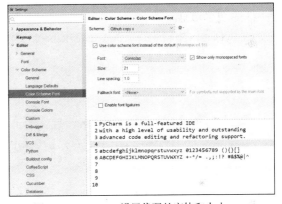

图 1-11　PyCharm 设置代码的字体和大小

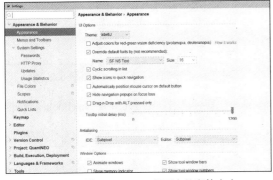

图 1-12　设置 PyCharm 界面中的字体大小

图 1-13　在 PyCharm 中添加 Run/Debug 配置

还可以更改代码高亮规则（见图 1-14）。

PyCharm 提供了便捷的包安装界面，使我们不必使用"pip"或者"easyinstall"命令（两个常见的包管理命令）。在设置中找到当前的 Python Interpreter，单击右侧的"+"按钮（见图1-15），搜索想要安装的包名，单击安装即可。

图 1-14　更改代码高亮规则

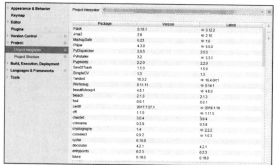

图 1-15　在 Python Interpreter 中安装的包

1.2.4　Jupyter Notebook 简介

Jupyter Notebook 并不是 IDE，正如它的名字，它是一个类似于"笔记本"的辅助工具。Jupyter Notebook 是面向编程过程的，而且由于其独特的"笔记"功能，代码和注释在其中会显得非常整齐、直观。我们可以使用"pip install jupyter"命令来安装 Jupyter Notebook。在 PyCharm 中也可以通过 Python Interpreter 来安装（见图 1-16）。如果在安装过程中碰到了问题，则可以访问 Jupyter Notebook 官网获取更多信息。

在 PyCharm 中新建一个 Jupyter Notebook 文件（见图 1-17）。

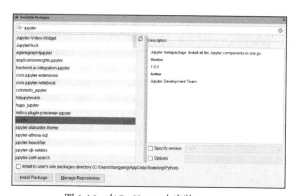

图 1-16　在 PyCharm 中安装 jupyter

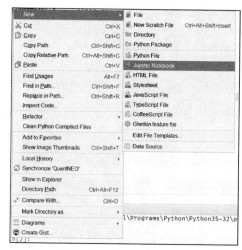

图 1-17　新建一个 Jupyter Notebook 文件

单击运行按钮后，会要求输入 Token，这里可以不输入，直接单击"Run Jupyter Notebook"，按照提示进入 Jupyter Notebook 页面（见图 1-18）。

```
[I 19:43:17.704 NotebookApp] Use Control-C to stop this server and shut down all kernels (twice to skip confirmation).
[C 19:43:17.711 NotebookApp]

    Copy/paste this URL into your browser when you connect for the first time,
    to login with a token:
```

图 1-18　单击"Run Jupyter Notebook"后的提示

Jupyter Notebook 文档被设计为由一系列单元（Cell）构成，主要有两种形式的单元：代码单元，用于编写代码，运行代码的结果显示在本单元下方；Markdown 单元，用于文本编辑，采用 Markdown 的语法规范，可以设置文本格式、插入链接、图片甚至数学公式（见图 1-19）。

图 1-19　Notebook 的编辑页面

Jupyter Notebook 还支持插入数学公式、制作演示文稿、插入特殊关键字等。也正因为如此，Jupyter Notebook 在创建代码演示、执行数据分析等方面非常受欢迎，掌握这个工具将会使我们的学习和开发更为轻松、快捷。

1.3　Python 基础知识

先讲解 Python 的基础知识，如果读者有使用其他语言编程的基础，则理解这些内容将会非常容易，并且由于 Python 本身的简洁设计，这些内容也十分容易掌握。

1.3.1　"Hello, World!" 与数据类型

输出一行 "Hello, World!"，用 C 语言编写的程序语句是这样的：

```c
#include <stdio.h>
int main()
{
  printf("Hello, World!");
  return 0;
}
```

而在 Python 中，可以用一行代码完成：

```python
print('Hello, World!')
```

在 Python 中，每个变量都有一种数据类型，但和一些强类型语言不同，我们并不需要直接声明变量的数据类型。Python 会根据每个变量的初始赋值情况分析其类型，并在内部对其进行跟踪。Python 内置的主要数据类型如下。

- Number，数值类型，可以是 Integers（1 和 2，常缩写为 int）、Float（1.1 和 1.2）、Fraction（1/2 和 2/3），或 Complex Number（数学中的复数）。
- String，字符串，主要用于描述文本。
- List，列表，一种包含元素的序列。
- Tuple，元组，和列表类似，但它是不可变的。
- Set，一种包含元素的集合，其中的元素是无序的。
- Dict，字典，由键值对构成。
- Boolean，布尔类型，其值为 True 或 False。
- Byte，字节，如一个以字节流表示的 JPG 文件。

从 Number 中的 int 开始，使用 type 关键字获取某个数据的类型。

```python
print(type(1))      # <class 'int'>
a=1+2//3            # "//" 表示整除
print(a)            # 1
print(type(a))      # <class 'int'>
```

提示

不同于 C 语言或者 C++使用/*...*/和//的形式进行注释，在 Python 中注释通过 "#" 开头的字符串体现。注释内容不会被 Python 解释器作为程序语句。

对于 int 值和 float 值，Python 中一般会使用小数点来区分。

```
a=9**9            # "**" 表示幂次
print(a)          # 387420489
print(type(a))    # <class 'int'>

b=1.0
print(b)          # 1.0
print(type(b))    # <class 'float'>
```

这里需要注意的是，将一个 int 值与一个 int 值相加将得到一个 int 值。但将一个 int 值与一个 float 值相加将得到一个 float 值。这是因为 Python 会在运算中把 int 值强制转换为 float 值，以进行加法运算。

```
c=a+b
print(c)
print(type(c))
# 387420490.0
# <class 'float'>
```

使用内置的关键字对变量进行 int 与 float 之间的强制转换是经常用到的。

```
int_num=100
float_num=100.1
print(float(int_num))
print(int(float_num))
# 100.0
# 100
```

在 Python 2 中曾有 int 和 long（长整数类型）的区分，但在 Python 3 中，int 吸收了 Python 2.x 中的 int 和 long，不再对较大的整数和较小的整数做区分。

了解数值后，下面介绍数值运算。

```
a, b, c=1, 2, 3.0
# 一种赋值方法，此时 a 为 1，b 为 2，c 为 3.0

print(a+b)    # 加法
print(a-b)    # 减法
print(a*c)    # 乘法
print(a/c)    # 除法
print(a//b)   # 整除
print(b**b)   # 幂运算
print(b%a)    # 求余
# 输出为：
# 3
# -1
# 3.0
# 0.3333333333333333
# 0
# 4
# 0
```

在 Python 中还可以表示相对比较特殊的分数和复数，分数可以通过 fractions 模块中的 Fraction 对象构造。

```
import fractions # 导入分数模块
a=fractions.Fraction(1,2)
b=fractions.Fraction(3,4)
print(a+b) # 5/4
```

复数可以用函数 complex(real, imag) 或者带有后缀 j 的浮点数来创建。

```
a=complex(1,2)
b=2+3j
print(type(a),type(b)) # <class 'complex'> <class 'complex'>
print(a+b) # (3+5j)
print(a*b) # (-4+7j)
```

布尔类型本身非常简单，Python 中的布尔类型以 True 和 False 两个常量为值。

```
print(1<2) # True
print(1>2) # False
```

不过在 Python 中对布尔类型和 if else 条件语句判断的结合比较灵活，这些可以等到后面在实际编程中再详细探讨。

在介绍字符串之前，先对 list（列表）和 tuple（元组）做简单介绍。列表涉及 Python 中一个非常重要的概念：iterable（可迭代对象）。对于列表而言，序列中的每一个元素都在一个固定的位置（称之为索引）上，索引从"0"开始。列表中的元素可以是任何数据类型，在 Python 中列表对应的是方括号"[]"的表示形式。

```
l1=[1,2,3,4]
print(l1[0])  # 通过索引访问元素，输出: 1
print(l1[1])  # 2
print(l1[-1]) # 4
# 使用负值索引可从列表的尾部向前计数访问元素
# 任何非空列表的最后一个元素总是 list[-1]
```

列表切片（slice）可以简单地描述为从列表中取一部分的操作，通过指定两个索引，可以从列表中获取称作"切片"的某个部分。列表切片的返回值是一个新列表，从第一个索引开始，直到第二个索引结束（不包含第二个索引的元素），列表切片的使用非常灵活。

```
l1=[ i for i in range(20)] # 列表解析语句
# l1 中的元素为 0～20（不含 20）的所有整数
print(l1)
print(l1[0:5]) # 取 l1 中的前 5 个元素
# [0, 1, 2, 3, 4]
print(l1[15:-1]) # 取索引为 15 的元素到最后一个元素（不含最后一个）
# [15, 16, 17, 18]
print(l1[:5]) #取前 5 个，"0"可省略
# 如果左切片索引为 0，则可以将其留空而将"0"隐去。如果右切片索引为列表的长度，则也可以将其留空
# [0, 1, 2, 3, 4]
print(l1[1:]) #取除了索引为 0（第一个）的元素之外的所有元素
# [1, 2, 3, 4, 5, 6, 7, 8, 9, 10, 11, 12, 13, 14, 15, 16, 17, 18, 19]
l2=l1[:] # 取所有元素，其实是复制列表
print(l1[::2]) # 指定步数，取所有索引为偶数的元素
# [0, 2, 4, 6, 8, 10, 12, 14, 16, 18]
print(l1[::-1]) # 倒着取所有元素
# [19, 18, 17, 16, 15, 14, 13, 12, 11, 10, 9, 8, 7, 6, 5, 4, 3, 2, 1, 0]
```

向一个列表中添加新元素的方法也很多样。

```
l1=['a']
l1=l1+['b']
print(l1)
# ['a', 'b']
l1.append('c')
l1.insert(0,'x')
l1.insert(len(l1),'y')
print(l1)
# ['x', 'a', 'b', 'c', 'y']
l1.extend(['d','e'])
print(l1)
#['x', 'a', 'b', 'c', 'y', 'd', 'e']
l1.append(['f','g'])
```

```
print(l1)
# ['x', 'a', 'b', 'c', 'y', 'd', 'e', ['f', 'g']]
```

需要注意的是，extend()接收一个列表，并把其元素分别添加到原有的列表，类似于"扩展"。而 append()是把参数（参数有可能也是一个列表）作为一个元素整体添加到原有的列表中。insert() 方法会将单个元素插入列表，其第一个参数表示列表中将插入的位置（索引）。

从列表中删除元素可使用的方法也不少。

```
# 从列表中删除
del l1[0]
print(l1)
# ['a', 'b', 'c', 'y', 'd', 'e', ['f', 'g']]
l1.remove('a') #remove()方法接收一个参数，并删除列表中第一次出现的该参数
print(l1)
# ['b', 'c', 'y', 'd', 'e', ['f', 'g']]
l1.pop()  # 如果不带参数调用，则 pop()方法将删除列表中最后的元素，并返回所删除元素的值
print(l1)
# ['b', 'c', 'y', 'd', 'e']
l1.pop(0)  # 可以给 pop()一个特定的索引
print(l1)
# ['c', 'y', 'd', 'e']
```

元组与列表非常相似，区别在于：元组是不可修改的，定义之后就"固定"了；元组在形式上是用"()"这样的圆括号标识的。由于元组是不可修改的，所以不能插入或删除元素。其操作与列表类似。

```
t1=(1,2,3,4,5)
print(t1[0]) # 1
print(t1[::-1]) # (5, 4, 3, 2, 1)
print(1 in t1) # 检查1是否在t1中，输出：True
print(t1.index(5)) #返回某个值对应的元素索引，输出：4
```

 元素可修改与不可修改是列表与元组的一大区别，基本上除了修改内部元素的操作，其他列表适用的操作都可以用于元组。

创建一个字符串时，将其用一对引号标识，引号可以是单引号（'）或者双引号（"），两者没有区别。字符串也是一个可迭代对象，因此，与取得列表中的元素一样，也可以通过索引取得字符串中的某个字符，一些适用于列表的操作同样适用于字符串。

```
str1='abcd'
print(str1[0]) # 索引访问
# a

print(str1[:2]) # 切片
# ab
str1=str1+'efg'
print(str1)
# abcdefg
str1=str1+'xyz'*2
print(str1) # abcdefgxyzxyz
# 格式化字符串
print('{} is a kind of {}.'.format('cat','mammal'))
# cat is a kind of mammal.

# 显示指定字段
print('{3} is in {2}, but {1} is in {0}'.format('China','Shanghai','US','New York'))
# New York is in US, but Shanghai is in China.
```

```
# 以一对三引号标识多行字符串
long_str='''I love this girl,
but I don't know if she likes me,
what I can do is to keep calm and stay alive.
'''
print(long_str)
```

集合的特点是无序且值唯一，创建集合和操作集合的常见方式包括。

```
set1={1,2,3}
l1=[4,5,6]
set2=set(l1)
print(set1) # {1,2,3}
print(set2) # {4,5,6}

# 添加元素
set1.add(10)
print(set1)
# {10, 1, 2, 3}
set1.add(2) # 无效语句，因为 2 在集合中已经存在
print(set1)
# {10, 1, 2, 3}
set1.update(set2) # 类似于列表的 extend() 操作
print(set1)
# {1, 2, 3, 4, 5, 6, 10}

# 删除元素
set1.discard(4)
print(set1)
# {1, 2, 3, 5, 6, 10}
set1.remove(5)
print(set1)
# {1, 2, 3, 6, 10}
set1.discard(20) # 无效语句，不会报错
# set1.remove(20) 使用 remove() 去除一个并不存在的值时会报错
set1.clear()
print(set1) # 清空集合

set1={1,2,3,4}
# 并集、交集与差集
print(set1.union(set2)) # 在 set1 或者 set2 中的元素
# {1, 2, 3, 4, 5, 6}
print(set1.intersection(set2)) # 同时在 set1 和 set2 中的元素
# {4}
print(set1.difference(set2)) # 在 set1 中但不在 set2 中的元素
# {1, 2, 3}
print(set1.symmetric_difference(set2)) # 只在 set1 或只在 set2 中的元素
# {1, 2, 3, 5, 6}
```

字典（dict）相对于列表、元组和集合会显得稍微复杂一点。Python 中的字典是键值对（key-value）的无序集合。字典在形式上也和集合类似，创建字典和操作字典的基本方式如下。

```
d1={'a':1,'b':2} # 使用 "{}" 创建
d2=dict([['apple','fruit'],['lion','animal']]) # 使用 dict 关键字创建
d3=dict(name='Paris', status='alive', location='Ohio')
print(d1) # {'a': 1, 'b': 2}
print(d2) # {'apple': 'fruit', 'lion': 'animal'}
print(d3) # {'status': 'alive', 'location': 'Ohio', 'name': 'Paris'}

#访问元素
print(d1['a']) # 1
```

```
print(d3.get('name')) # Paris
# 使用get()方法获取不存在的键值对时不会触发异常

# 修改字典——添加或更新键值对
d1['c']=3
print(d1) # {'a': 1, 'b': 2, 'c': 3}
d1['c']=-3
print(d1) # {'c': -3, 'a': 1, 'b': 2}
d3.update(name='Jarvis',location='Virginia')
print(d3) # {'location': 'Virginia', 'name': 'Jarvis', 'status': 'alive'}

# 修改字典——删除键值对
del d1['b']
print(d1) # {'c': -3, 'a': 1}
d1.pop('c')
print(d1) # {'a': 1}

# 获取键或值
print(d3.keys()) # dict_keys(['status', 'name', 'location'])
print(d3.values()) # dict_values(['alive', 'Jarvis', 'Virginia'])
for k,v in d3.items():
    print('{}:\t{}'.format(k,v))
# name:    Jarvis
# location:    Virginia
# status: alive
```

Python 中的列表、元组、集合和字典是最基本的几种数据类型，使用起来非常灵活，与 Python 的一些语法配合会使代码非常简洁、高效。掌握这些基本知识和操作是后续进行开发的基础。

1.3.2　逻辑语句

与很多其他编程语言一样，Python 也有自己的条件语句和循环语句。不过 Python 中的这些表示程序结构的语句并不需要用括号（如"{}"）标识，而是以一个冒号结尾，以缩进作为语句块。If、else、elif 关键字是条件语句的标志。

```
a=1
if a > 0:
    print('Positive')
else:
    print('Negative')
# Positive

b=2
if b < 0:
    print('b is less than zero')
elif b < 3:
    print('b is not less than zero but less than three')
elif b < 5:
    print('b is not less than three but less than five')
else:
    print('b is equal to or greater than five')
# b is not less than zero but less than three
```

熟悉 C 和 C++语言的人可能很希望 Python 提供 switch 关键字，但 Python 中并没有这个关键字，也没有这个关键字的相关语句结构，可以通过 if-elif-elif-…这样的结构代替，或者使用字典实现相似的功能。例如：

```
d={
    '+': lambda x, y: x+y,
    '-': lambda x, y: x - y,
    '*': lambda x, y: x * y,
    '/': lambda x, y: x / y
}
```

```
op=input()
x=input()
y=input()
print(d[op](int(x), int(y)))
```

这段代码实现的功能是，输入一个运算符，再输入两个数字，即可返回其计算的结果。例如，输入 "+12"，输出 "3"。这里需要说明的是，input()是用于读取屏幕输入内容的方法（在 Python 2 中常用的 raw_input()不是一个好选择），lambda 关键字代表 Python 中的匿名函数，不使用 def 关键字定义，其格式也与常见的 def 函数有所不同。匿名函数的格式为 lambda args:expression，args 代表了此函数接收的参数（可以有多个），expression 代表此函数内部所执行的表达式，此表达式将被求值，并作为返回值返回。

Python 中的循环语句主要有两种，一种循环语句的标志是关键字 for，另一种循环语句的标志是关键字 while。

Python 中的 for 循环接收可迭代对象（如列表或迭代器）作为其参数，每次迭代其中的一个元素。

```
for item in ['apple','banana','pineapple','watermelon']:
  print(item,end='\t')
# 输出: apple banana pineapple  watermelon
```

for 循环还经常与 range()和 len()一起使用。

```
l1=['a','b','c','d']
for i in range(len(l1)):
  print(i,l1[i])
# 0 a
# 1 b
# 2 c
# 3 d
```

想要输出列表中的索引及其对应的元素，除了上面这些方法之外，还有更符合 Python 风格的方法，如 enumerate()方法等，感兴趣的读者可自行了解。

while 循环的形式如下。

```
while expression:
  while_suit_codes...
```

语句 while_suit_codes 会被连续不断地循环执行，直到表达式（expression）的值为 False，接着 Python 会执行下一句代码。在 for 循环和 while 循环中会使用到 break 和 continue 关键字，分别代表终止循环和跳过当前循环开始下一次循环。

```
i=0
while True:
  i +=1
  if i % 2==0:
    continue # 当 i 为偶数时，跳过当次循环并开始下一个循环
  print(i, end='\t')
  if i > 10:
    break
# 1 3 5 7 9 11
```

说到循环，就不能不提到列表解析（或者理解为 "列表推导"），在形式上，列表解析是将循环语句和条件语句放在列表的 "[]" 初始化中。例如，构造一个包含 10 以内所有奇数的列表，使用 for 循环添加元素。

```
l1=[]
for i in range(11):
  # range()函数省略 start 参数时，自动认为从 0 开始
  if i % 2==1:
    l1.append(i)
print(l1) # [1, 3, 5, 7, 9]
```

使用列表解析：

```
l1=[i for i in range(11) if i % 2==1]
print(l1)  # [1, 3, 5, 7, 9]
```

这种"推导"（解析）也适用于字典和集合。这里我们没有说"元组"，是因为元组的括号（圆括号）在表示推导时会被 Python 识别为生成器，生成器的具体概念可以见 6.1.2 小节。一般如果需要快速构建一个元组，则可以选择先进行列表推导，再使用 tuple() 将列表"冻结"为元组。

```
# 使用推导快速反转一个字典的键值对
d1={'a': 1, 'b': 2, 'c': 3}

d2={v: k for k, v in d1.items()}
print(d2)  # {1: 'a', 2: 'b', 3: 'c'}

# 下面的语句并不是元组推导
t1=(i ** 2 for i in range(5))
print(type(t1))  # <class 'generator'>
print(tuple(t1))  # (0, 1, 4, 9, 16)
```

Python 中的异常处理也比较简单，核心是 try-except 结构，可能触发异常的代码会放到 try 语句块中，而处理异常的代码在 except 语句块中实现。

```
try:
    dosomething...
except Error as e:
    dosomething...
```

异常处理语句也可以写得非常灵活，比如同时处理多个异常。

```
# 处理多个异常
try:
    file=open('test.txt', 'rb')
except (IOError, EOFError) as e:  # 同时处理这两个异常
    print("An error occurred. {}".format(e.args[-1]))

# 另一种处理这两个异常的方式
try:
    file=open('test.txt', 'rb')
except EOFError as e:
    print("An EOF error occurred.")
    raise e
except IOError as e:
    print("An IO error occurred.")
    raise e

# 处理所有异常的方式
try:
    file=open('test.txt', 'rb')
except Exception:  # 捕获所有异常
    print("Exception here.")
```

有时候，在异常处理中会使用 finally 语句，而在 finally 语句下的语句块不论异常是否触发，都将会被执行。

```
try:
    file=open('test.txt', 'rb')
except IOError as e:
    print('An IOError occurred. {}'.format(e.args[-1]))
finally:
    print("This would be printed whether or not an exception occurred!")
```

1.3.3 Python 中的函数与类

在 Python 中，声明和定义函数使用 def（代表 define，即定义）语句，在语句块中编写函数体，

函数的返回值用 return 语句返回。

```
def func(a, b):
    print('a is {},b is {}'.format(a, b))
    return a+b

print(func(1, 2))
# a is 1,b is 2
# 3
```

如果没有显式的 return 语句，则函数会自动返回 None。另外，也可以使函数一次返回多个值，实质上返回的是一个元组。

```
def func(a, b):
    print('a is {},b is {}'.format(a, b))
    return a+b, a-b

c=func(1,2)
# a is 1,b is 2
print(type(c)) # <class 'tuple'>
print(c) # (3, -1)
```

对于暂时不想实现的函数，可以使用 pass 作为占位符，否则 Python 会对缩进的语句块报错。

```
def func(a, b):
    pass
```

pass 也可用于其他地方，如 if 语句和 for 语句。

```
if 2 < 3:
    pass
else:
    print('2 > 3')

for i in range(0,10):
    pass
```

在函数中可以设置默认参数。

```
def power(x,n=2):
    return x**n

print(power(3)) # 9
print(power(3,3)) # 27
```

当函数有数个默认参数时，这些参数会自动按照顺序逐个传入，也可以在调用函数时指定参数名。

```
def powanddivide(x,n=2,m=1):
    return x**n/m

print(powanddivide(3,2,5)) # 1.8
print(powanddivide(3,m=1,n=2)) # 9.0
```

在 Python 中，类使用 class 关键字定义。

```
class Player:
    name=''
    def __init__(self,name):
        self.name=name

pl1=Player('PlayerX')
print(pl1.name) # PlayerX
```

定义好类后，可以根据类创建实例。在类中的函数一般称为方法，简单地说，方法就是与实例绑定的函数，和普通函数不同，方法可以直接访问或操作实例中的数据。

　　　　Python 中的方法有实例方法、类方法、静态方法之分，这部分是 Python 面向对象编程的重点概念。但是这里为了简化说明，统一称之为"方法"。

类是 Python 编程的核心概念之一，这主要是因为"Python 中的一切都是对象"，一个类可以写得非常复杂，下面的代码是 requests 模块中的 Request 类及其__init__()方法（部分代码）。

```python
class Request(RequestHooksMixin):
    """A user-created :class:'Request <Request>' object.

    Used to prepare a :class:'PreparedRequest <PreparedRequest>', which is sent to the server.

    :param method: HTTP method to use.
    :param url: URL to send.
    :param headers: dictionary of headers to send.
    :param files: dictionary of {filename: fileobject} files to multipart upload.
    :param data: the body to attach to the request. If a dictionary is provided, form-encoding
will take place.
    :param json: json for the body to attach to the request (if files or data is not
specified).
    :param params: dictionary of URL parameters to append to the URL.
    :param auth: Auth handler or (user, pass) tuple.
    :param cookies: dictionary or CookieJar of cookies to attach to this request.
    :param hooks: dictionary of callback hooks, for internal usage.

    Usage::

      >>> import requests
      >>> req=requests.Request('GET', 'http://httpbin.org/get')
      >>> req.prepare()
    <PreparedRequest [GET]>
    """

    def __init__(self,
            method=None, url=None, headers=None, files=None, data=None,
            params=None, auth=None, cookies=None, hooks=None, json=None):

        # Default empty dicts for dict params.
        ...
```

1.3.4　更深入了解 Python

Python 语言简洁明快，涵盖范围广却又不显烦琐，随着其受到越来越多开发者的欢迎，关于 Python 的入门学习资料和基础知识资料也越来越多，如果想系统性地打好 Python 基础，可以阅读 *Dive Into Python*、*Learn Python The Hard Way* 等书，如果已经有了不错的基础，想要获得一些相对"高深复杂"的内容介绍，则可以参考 *Python Cookbook* 和 *Fluent Python* 等书。但无论选择哪些资料作为参考，都不要忘了"learn by doing"，俗话说"光说不练假把式"，一切都要从代码出发，从实践出发，动手学习，这样往往能取得更快的进步。

1.4　互联网、HTTP 与 HTML

1.4.1　互联网与 HTTP

互联网（Internet）或者叫国际网，是指网络与网络串联而成的庞大网络，它们以一组标准的传输控制协议/互联网协议（Transmission Control Protocol/Internet Protocol，TCP/IP）族相连，连接全世界至少几十亿个设备，形成逻辑上的单一巨大国际网络。它是由从地方到全球的几百万个私人的、学术界的、企业的和政府的网络所构成的，通过电子、无线和光纤网络技术等一系列广泛的技术联系在一起。这种将计算机网络连接在一起的方法可称作"网络互联"，在这基础上发展出的覆盖全世界的全球性互联网络称互联网，即互相连接在一起的网络。

互联网并不等于万维网（World Wide Web，WWW），万维网只是一个基于超文本相互链接而成的全球性系统，是互联网所能提供的服务之一。互联网可以提供范围广泛的信息资源和服务，如具有相互关系的超文本文件，还有万维网的应用，支持电子邮件的基础设施、点对点网络、文件共享，以及 IP 电话服务等。

　　超文本传送协议（Hypertext Transfer Protocol，HTTP）是一个客户端（用户）和服务器（网站）请求和应答的标准。通过使用网页浏览器、网络爬虫或者其他的工具，客户端可以发起一个 HTTP 请求到服务器上的指定端口（默认端口为 80）。我们称这个客户端为用户代理（User Agent）程序。应答服务器上存储着一些资源，如 HTML 文件和图像。我们称这个应答服务器为源服务器（Origin Server）。在用户代理程序和源服务器中间可能存在多个"中间层"，如代理服务器、网关或者隧道（Tunnel）。尽管 TCP/IP 是互联网上的流行应用，HTTP 中却并没有规定必须使用它或它支持的层。

　　事实上，HTTP 可以在任何互联网协议上或其他网络上实现。HTTP 假定其下层协议能够提供可靠的传输能力，任何能够提供这种保证的协议都可以被其使用，也就是其在 TCP/IP 族使用 TCP 作为其传输层。HTTP 服务器则在那个端口监听客户端的请求。一旦收到请求，服务器会向客户端返回一个状态，比如"HTTP/1.1 200 OK"，以及返回一些内容，如请求的文件、错误消息或者其他信息。

　　HTTP 的请求方法有很多种，主要包括如下几种。

　　● GET：向指定的资源发出"显式"请求。使用 GET 方法应该只用于读取数据，而不应当被用于产生"副作用"的操作中（如在 Web Application 中）。其中一个原因是 GET 可能会被网络爬虫等随意访问。

　　● HEAD：与 GET 方法一样，都是向服务器发出指定资源的请求。只不过服务器将不传回资源的内容部分。使用这个方法好处在于，在不必传输全部内容的情况下，就可以获取关于该资源的信息（元信息或称元数据）。

　　● POST：向指定资源提交数据，请求服务器进行处理（如提交表单或者上传文件）。数据被包含在请求文本中。这类请求可能会创建新的资源或修改现有资源，或二者皆有。

　　● PUT：向指定资源位置上传最新内容。

　　● DELETE：请求服务器删除 Request-URI 所标识的资源，其中 Request-URI 即此次 HTTP 请求中的统一资源标识符（Uniform Resource Identifier，URI），统一资源标识符包括统一资源名称（Uniform Resourse Name，URN）和统一资源定位器（Uniform Resourse Location，URL），用于标识某一互联网资源名称的字符串，如一份在服务器上存储的文件。

　　● TRACE：回显服务器收到的请求，主要用于测试或诊断。

　　● OPTIONS：这个方法可使服务器传回该资源所支持的所有 HTTP 请求方法。用"*"来代替资源名称。向 Web 服务器发送 OPTIONS 请求，可以测试服务器功能是否正常运作。

　　● CONNECT：HTTP/1.1 协议中预留给能够将连接改为管道方式的代理服务器，通常用于 SSL 加密服务器的连接（经由非加密的 HTTP 代理服务器）。此外，方法名称是区分大小写的。当某个请求针对的资源不支持对应的请求方法时，服务器应当返回状态码 405（Method Not Allowed），当服务器不认识或者不支持对应的请求方法时，应当返回状态码 501（Not Implemented）。

1.4.2　HTML

　　HTML 是超文本标记语言（HyperText Markup Language）的简称，是一种用于创建网页的标准标记语言。与 HTTP 不同的是，HTML 是一种基础技术，常与串联样式表（Cascading Style Sheets，CSS）、JavaScript 一起被众多网站用于设计令人赏心悦目的网页、网页应用程序以及移动应用程序的用户界面（User Interface，UI）。网页浏览器可以读取 HTML 文件，并将其渲染成可视化网页。HTML 用于描述一个网站的结构语义随着线索的呈现方式，所以它是一种标记语言而非编程语言。

HTML 元素是构建网站的基石。HTML 允许嵌入图像与对象，并且可以用于创建交互式表单，它被用来结构化信息——标题、段落和列表等，也可在一定程度上描述文档的外观和语义。HTML 的语言形式为角括号包围的 HTML 元素（如<html>），浏览器使用 HTML 标签和脚本来诠释网页内容，但不会将它们显示在页面上。HTML 网页可以嵌入如 JavaScript 等脚本语言，它们会影响 HTML 网页的行为。网页浏览器也可以引用 CSS 来定义文本和其他元素的外观与布局。维护 HTML 和 CSS 标准的组织万维网联盟（World Wide Web Consortium，W3C）鼓励人们使用 CSS 替代一些用于表现的 HTML 元素。

HTML 标记包含标签及其属性、基于字符的数据类型、字符引用和实体引用等几个关键部分。HTML 标签是最常见的，通常成对出现，比如<h1>与 </h1>。这些成对出现的标签中，第一个标签是开始标签，第二个标签是结束标签。两个标签之间为元素的内容。有些标签没有内容，为空元素，如 <img>。HTML 另一个重要组成部分为文档类型声明，这会触发网页标准模式的渲染。

HTML 文档由嵌套的 HTML 元素构成。HTML 元素用 HTML 标签表示，包含于角括号中，如<p>。在一般情况下，一个元素由一对标签表示，元素如果含有文本内容，就被放置在这些标签之间。在开始标签与结束标签之间也可以嵌套另外的标签，包括标签与文本的混合。这些嵌套元素是父元素的子元素。开始标签也可包含标签属性。这些属性有诸如标识文档区段、将样式信息绑定到文档演示和为一些如<img>等的标签嵌入图像、引用图像来源等作用。一些元素如换行符
，不允许嵌入任何内容，无论是文字还是其他标签。这些元素只需一个单一的空标签（类似于一个开始标签），不需要结束标签。许多标签是可选的，尤其是那些很常用的段落元素<p>的结束标签。HTML 浏览器或其他媒介可以从上下文识别出元素的结束标签以及由 HTML 标准所定义的结构规则，这些规则非常复杂。

因此，HTML 元素的一般形式为：<标签 属性 1="值 1" 属性 2="值 2">内容</标签>。一个 HTML 元素的名称即标签使用的名称。需要注意的是，结束标签的名称前面有一个斜线"/"，空元素不需要也不允许有结束标签。如果元素属性未标明，则使用其默认值。

头部：<head>…</head>。标题被包含在头部，例如：

```
<head>
    <title>Title</title>
</head>
```

标题：HTML 标题包括<h1>～<h6>这 6 种，字号由大到小递减。

```
<h1>标题 1</h1>
<h2>标题 2</h2>
<h3>标题 3</h3>
<h4>标题 4</h4>
<h5>标题 5</h5>
<h6>标题 6</h6>
```

段落：

```
<p>第一段</p>
<p>第二段</p>
```

换行：
。
与<p>之间的差异在于，
换行但不改变页面的语义结构，而<p>部分的页面成段。

```
<p>
这是一个<br>使用 br<br>换行<br>的段落。
</p>
```

链接：使用<a>标签来创建链接。href 属性包含链接的 URL。

```
<a href="http://www.××.com">一个指向××的链接</a>
```

注释：

```
<!--这是一行注释-->
```

大多数元素的属性以"名称=值"的形式成对出现，由"="分隔并写在开始标签元素名之后。值一般由单引号或双引号包围，有些值的内容包含特定字符，在 HTML 中可以去掉引号（在 XHTML 中不行）。不加引号的属性值被认为是不安全的。有些属性无须成对出现，仅存在于开始标签中即可影响元素，如<img>元素的 ismap 属性。需要注意的是，许多元素存在一些共通的属性。

- id 属性为元素提供在全文档内的唯一标识。它用于识别元素，以便 CSS 可以改变其表现属性，脚本可以改变、显示或删除其内容或对其格式化。对于添加到页面的 URL，它为元素提供了一个全局唯一标识，通常为页面的子章节。

- class 属性提供一种将类似元素分类的方式。它常被用于语义化或格式化。例如，一个 HTML 文档可指定类 class="标记"来表明所有具有这一类值的元素都从属于文档的主文本。格式化后，这样的元素可能会聚集在一起，并作为页面脚注而不会出现在 HTML 代码中。class 属性也被用于微格式的语义化。class 值也可进行多声明，如 class="标记 重要"将元素同时放入"标记"与"重要"两类。

- style 属性可以将表现性质赋予一个特定元素。比起使用 id 或 class 属性从 CSS 中选择元素，使用 style 被认为是一种更符合编程习惯的做法，尽管有时这会让一个简单、专用或特别的样式显得太烦琐。

- title 属性用于给元素一个附加的说明。在大多数浏览器中这一属性显示为工具提示。

1.5　Hello Spider

在掌握了编写 Python 网络爬虫所需的准备知识后，就可以着手编写第一个爬虫程序了。下面先分析一个简单的爬虫，并由此展开进一步的讨论。

1.5.1　编写第一个爬虫程序

在各种编程语言中，初学者要学会编写的第一个简单程序一般就是"Hello, World!"，即通过程序来在屏幕上输出一行"Hello, World!"这样的文字，而在 Python 中，只需一行代码就可以实现。我们把本书第一个爬虫程序称为"HelloSpider"，见例 1-1。

【例 1-1】HelloSpider.py，一个简单的 Python 网络爬虫。

```python
import lxml.html,requests
url='https://www.python.org/dev/peps/pep-0020/'
xpath='//*[@id="the-zen-of-python"]/pre/text()'
res=requests.get(url)
ht=lxml.html.fromstring(res.text)
text=ht.xpath(xpath)
print('Hello,\n'+''.join(text))
```

执行这个脚本，在终端中运行如下命令（也可以直接在 IDE 中运行）。

```
python HelloSpider.py
```

很快就能看到输出如下。

```
Hello,

Beautiful is better than ugly.
Explicit is better than implicit.
Simple is better than complex.
Complex is better than complicated.
Flat is better than nested.
Sparse is better than dense.
Readability counts.
Special cases aren't special enough to break the rules.
Although practicality beats purity.
Errors should never pass silently.
Unless explicitly silenced.
In the face of ambiguity, refuse the temptation to guess.
```

```
There should be one-- and preferably only one --obvious way to do it.
Although that way may not be obvious at first unless you're Dutch.
Now is better than never.
Although never is often better than *right* now.
If the implementation is hard to explain, it's a bad idea.
If the implementation is easy to explain, it may be a good idea.
Namespaces are one honking great idea -- let's do more of those!
```

这正是"Python 之禅"的内容。我们的程序完成了一个网络爬虫程序所需完成的最普遍的流程：访问站点；定位所需的信息；得到并处理信息。接下来不妨看看每一行代码都做了什么。

```python
import lxml.html,requests
```

这里使用 import 导入了两个库文件，分别是 lxml 库中的 html 以及 Python 中著名的 requests 库。lxml 是用于解析 XML 和 HTML 的工具，可以使用 XPath 和 CSS 来定位元素，而 requests 则是 Python 中著名的 HTTP 库，其口号是"给人类用的 HTTP"，相比于 Python 自带的 urllib 库而言，requests 有着不少优点，使用起来十分简单，接口设计也非常合理。实际上，对 Python 比较熟悉的话就会知道，在 Python 2 中一度存在着 urllib、urllib2、urllib3、httplib、httplib2 等一堆让人易混淆的库，可能官方也察觉到了这个缺点，Python 3 中的新标准库 urllib 就比 Python 2 的标准库 urllib 好用一些。曾有人在网上问："urllib、urllib2、urllib3 的区别是什么，怎么用？"有人说："为什么不去用 requests 呢？"可见 requests 的确有着十分突出的优点。同时也建议读者，尤其是刚刚接触网络爬虫的人采用 requests，这样可以省时省力。

```python
url='https://www.python.org/dev/peps/pep-0020/'
xpath='//*[@id="the-zen-of-python"]/pre/text()'
```

这里定义了两个变量，Python 不需要声明变量的类型，url 和 xpath 会被自动识别为字符串。url 表示一个网页的链接（注：当 url 泛指 URL 地址时，以全英文大写形式呈现；当 url 指代码中的变量名时，以全英文小写形式呈现），可以直接在浏览器中打开，页面中包含"Python 之禅"的文本信息。xpath 则是一个 XPath 路径表达式。我们刚才提到，lxml 库可以使用 xpath 来定位元素，当然，定位网页中元素的方法不止 XPath 这一种，以后会介绍更多的定位方法。

```python
res=requests.get(url)
```

这里使用了 requests 中的 get() 方法，对 url 发送了一个 HTTP GET 请求，返回值被赋值给 res，于是便得到了一个名为 res 的 Response 对象，接下来就可以从这个 Response 对象中获取我们想要的信息。

```python
ht=lxml.html.fromstring(res.text)
```

lxml.html 是 lxml 下的一个模块，主要负责处理 HTML 代码。fromstring() 方法传入的参数是 res.text，即刚才我们提到的 Response 对象的 text（文本）内容。在 fromstring() 方法的文档字符串，即此方法的说明中说到，这个方法可以通过"Parse the html, returning a single element/document."的方式，即 fromstring() 会根据这段文本来构建 lxml 中的一个 HtmlElement 对象。

```python
text=ht.xpath(xpath)
print('Hello,\n'+''.join(text))
```

这两行代码使用 xpath 来定位 HtmlElement 中的信息并进行输出。text 就是我们得到的结果，.join() 是一个字符串方法，用于将序列中的元素以指定的字符连接生成一个新的字符串。因为 text 是一个列表对象，所以使用''这个空字符来连接。如果不进行这个操作而直接输出为：

```python
print('Hello,\n'+text)
```

则程序会报错，出现"TypeError: Can't convert 'list' object to str implicitly"这样的错误信息。当然，对于列表而言，还可以通过一段循环来输出其中的内容。

值得一提的是，如果不使用 requests 而使用 Python 3 的 urllib 来完成以上操作，则需要把其中的第四行与第五行代码改为：

```python
res=urllib.request.urlopen(url).read().decode('utf-8')
ht=lxml.html.fromstring(res)
```

其中的 urllib 是 Python 3 的标准库，包含很多基本功能，如向网络请求数据、处理 Cookie、自定义请求头（headers）等。urlopen() 方法用来通过网络打开并读取远程对象，包括 HTML 代码、媒体文件等。显然，就代码量而言，使用 urlopen() 的工作量比 requests 要大，而且看起来也不甚简洁。

　　urllib 是 Python 3 的标准库，虽然在本书中主要使用 requests 来代替 urllib 的某些功能，但作为官方工具，urllib 仍然值得我们进一步了解，在爬虫程序实践中，也可能会用到 urllib 中的有关功能。感兴趣的读者可阅读 urllib 的官方文档，其中给出了详尽的说明。

1.5.2　对爬虫的思考

通过 1.5.1 小节中十分简单的爬虫示例，我们不难发现，爬虫的核心任务就是访问某个站点（一般为一个 URI），然后提取其中的特定信息，之后对数据进行处理（在这个例子中只是简单地输出）。当然，根据具体的应用场景，爬虫可能还需要很多其他的功能，比如自动抓取多个页面、处理表单、对数据进行存储或者清洗等。

其实，如果我们只是想获取特定网站所提供的关键数据，而每个网站都提供了自己的应用程序接口（Application Program Interface，API），我们对网络爬虫的需求可能就没那么大了。毕竟，如果网站已经为我们准备好了特定格式的数据，只需要访问 API 就能够得到所需的信息，那么又有谁愿意费时费力地编写复杂的信息抽取程序呢？现实是，虽然有很多网站都提供了可供普通用户使用的 API，但其中很多功能往往是商业的（收费服务）。另外，API 毕竟是官方定义的，其中的格式化数据不一定能够满足我们的需求。掌握一些网络爬虫程序的编写，不仅能够开发出属于自己的功能，还能在某种程度上拥有一个高度个性化的"浏览器"，因此，学习爬虫相关知识还是很有必要的。

对于个人编写的爬虫程序而言，一般不会存在法律和道德问题。但随着与互联网知识产权相关的法律法规逐渐完善，我们在使用自己编写的爬虫程序时，还是需要特别注意遵守网站的规定以及公序良俗。2013 年曾有这样的报道：百度公司起诉奇虎 360 公司违反 Robots 协议，存在抓取、复制其网站内容的不正当竞争行为，并索赔 1 亿元人民币。百度公司认为奇虎 360 公司违反 Robots 协议，抓取百度知道、百度百科等数据，而法院表示，尊重 Robots 协议和平台对用户创作内容（User Generated Content，UGC）数据的权益，奇虎 360 公司也因此被判赔偿百度公司 70 万元。2014 年 8 月，微博宣布停止脉脉使用微博开放平台的所有接口，理由是"脉脉通过恶意抓取行为获得并使用了未经微博用户授权的档案数据，违反微博开放平台的开发者协议"。《中华人民共和国网络安全法》也对企业使用爬虫技术获取网络上的信息以及用户的特定信息这一行为做出了一些规定。可以说，爬虫技术方兴未艾，随着互联网的发展，对于爬虫程序的秩序也提出了新的要求。对于普通个人开发者而言，一般需要注意如下内容。

- 不应访问和抓取某些充满不良信息的网站，包括一些充斥暴力、色情，或反动信息的网站。
- 始终注重版权意识。如果你想抓取的信息是其他作者的原创内容，则未经作者或版权所有者授权，请不要将这些信息用作他途，尤其是商业方面的行为。
- 保持对网站的善意。如果你没有经过网站运营者的同意，使得爬虫程序对目标网站的性能产生了一定影响，造成了服务器资源大量浪费，那么且不说法律层面，至少这也是不道德的。你的出发点应该是一个爬虫技术的爱好者，而不是一个试图攻击网站的黑客。尤其是使用分布式大规模爬虫时，更需要注意这点。
- 请遵循 robots.txt 文件和网站服务协议。虽然 robots.txt 文件只是一个"君子协议"，并没有强制约束爬虫程序的能力，只是表达"请不要抓取本网站的这些信息"的意向。在实际的爬虫编写过程中，我们应该尽可能遵循 robots.txt 的内容，尤其是当你的爬虫可能会无节制地抓取网站内容时。有必要的话，应该查询并牢记网站服务协议中的相关说明。

Robots 协议虽然没有强制性，但一般是会受法律承认的。美国早在 2000 年在 eBay 诉 Bedder's Edge 一案中就支持了 eBay 屏蔽 Bedder's Edge 爬虫的主张。北京市第一中级人民法院于 2008 年在审理泛亚公司起诉百度公司侵权案中也认定网站有权利用设置的 robots.txt 文件拒绝搜索引擎（百度）的收录。可见，Robots 协议在互联网业界和司法界都得到了认可。

关于 robots.txt 文件的具体内容，将在下一节调研分析网站的过程中继续介绍。

1.6 分析网站

1.6.1 robots.txt 与 Sitemap 简介

一般而言，网站都会提供自己的 robots.txt 文件，正如上文所说，Robots 协议旨在让网站访问者（或访问程序）了解该网站的信息抓取限制。在我们的程序抓取网站之前，检查这一文件中的内容可以降低爬虫程序被网站的反爬虫机制封禁的风险。下面是百度网站（简称百度）的 robots.txt 的部分内容。

```
User-agent: Googlebot
Disallow: /baidu
Disallow: /s?
Disallow: /shifen/
Disallow: /homepage/
Disallow: /cpro
Disallow: /ulink?
Disallow: /link?
Disallow: /home/news/data/

User-agent: MSNBot
Disallow: /baidu
Disallow: /s?
Disallow: /shifen/
Disallow: /homepage/
Disallow: /cpro
Disallow: /ulink?
Disallow: /link?
Disallow: /home/news/data/
```

robots.txt 文件没有标准的"语法"，但网站一般都遵循业界共有的习惯。文件第一行内容是 User-agent:，表明哪些机器人（程序）需要遵守下面的规则，后面是一组 Allow: 和 Disallow:，决定是否允许该 User-agent 访问网站的这部分内容。星号（*）为通配符。如果一个规则后面跟着一个矛盾的规则，则以后一条规则为准。可见，百度的 robots.txt 针对 Googlebot 和 MSNBot 给出了一些限制。robots.txt 可能还会规定 Crawl-delay，即爬虫抓取延迟，如果在 robots.txt 中发现有"Crawl-delay:5"的字样，那么说明网站希望你的程序能够在两次下载请求中给出 5s 的下载间隔时间。

可以使用 Python 3 自带的 robotparser 工具来解析 robots.txt 文件并指导我们的爬虫，从而避免下载 Robots 协议不允许抓取的 URL。只要在代码中使用"import urllib.robotparser"导入这个模块即可使用，详见例 1-2。

【例 1-2】robotparser.py，使用 robotparser 工具。

```python
import urllib.robotparser as urobot
import requests

url="https://www.taobao.com/"
rp=urobot.RobotFileParser()
rp.set_url(url+"/robots.txt")
```

```
rp.read()
user_agent='Baiduspider'
if rp.can_fetch(user_agent, 'https://www.taobao.com/product/'):
    site=requests.get(url)
    print('seems good')
else:
    print("cannot scrap because robots.txt banned you!")
```

在上面的程序中，我们打算抓取淘宝网，先看看它的 robots.txt 的内容，访问/robots.txt 即可获取（由于商业性网站更新频率很高，网站的 robots.txt 文件地址可能已经更新）。

```
User-agent: Baiduspider
Disallow: /

User-agent: baiduspider
Disallow: /
```

对于 Baiduspider，淘宝网限制其抓取网站页面，因此，执行刚才的示例程序，输出的结果会是：

```
cannot scrap because robots.txt banned you!
```

而如果淘宝网的 robots.txt 的内容是：

```
User-agent: Baiduspider
Allow:  /article
Allow:  /wenzhang
Disallow:  /product/
```

那么若将程序代码中的：

```
'https://www.taobao.com/product/'
```

改为 "https://www.taobao.com/article"，则输出结果就变为：

```
seems good
```

这说明我们的程序运行成功。

Python 3 中的 robotparser 是 urllib 下的一个模块，因此先导入它。在使用此模块时，可按类似例 1-2 代码的方式，使用 urobot.RobotFileParser()方法创建一个名为 rp 的 RobotFileParser 对象，之后 rp 加载了对应网站的 robots.txt 文件，将 user_agent 设为 "Baiduspider" 后，使用 can_fetch()方法测试该用户代理是否可以抓取 URL 对应的网页。当然，为了让这个功能在真正的爬虫程序中实现，需要用一个循环语句不断检查新的网页，类似这样的形式：

```
for i in urls:

  try:
    if rp.can_fetch("*", newurl):
      site=urllib.request.urlopen(newurl)
      ...
  except:
      ...
```

有时候 robots.txt 中还会定义一个 Sitemap，即站点地图。站点地图（或者叫网站地图）可以是任意形式的，一般而言，站点地图中会列出该网站中的所有页面，通常采用一定的格式（如分级形式）。这有助于访问者以及搜索引擎的爬虫找到网站中的各个页面，因此，站点地图在搜索引擎优化（Search Engine Optimization，SEO）领域扮演了很重要的角色。

什么是 SEO？SEO 是指在搜索引擎自然排名机制基础上，对网站进行某些调整和优化，从而改进该网站在搜索引擎结果中的关键词排名，使得网站获得更多用户流量的过程。而站点地图（Sitemap）能够帮助搜索引擎更智能高效地抓取网站内容，因此完善和维护站点地图是 SEO 的基本方法之一。对于国内网站而言，百度 SEO 是网站管理员做好网站运营和管理中的重要一环。

可以进一步检查这个文件。下面是豆瓣网的 robots.txt 中定义的 Sitemap，可访问其官网的 /robots.txt 来获取。由于豆瓣网官方可能对 robots.txt 更新，所以下方使用的 Sitemap 地址也可能发生变动。读者也可尝试其他网站的 Sitemap。

```
Sitemap: https://www.douban.com/sitemap_index.xml
```

```
Sitemap: https://www.douban.com/sitemap_updated_index.xml
```

Sitemap 可帮助爬虫程序定位网站的内容，打开其中的链接，豆瓣网 Sitemap 链接中的部分内容如图 1-20 所示。

```
▼<sitemapindex xmlns="http://www.sitemaps.org/schemas/sitemap/0.9">
  ▼<sitemap>
     <loc>https://www.douban.com/sitemap_updated.xml.gz</loc>
     <lastmod>2021-10-09T22:00:22Z</lastmod>
   </sitemap>
  ▼<sitemap>
     <loc>https://www.douban.com/sitemap_updated1.xml.gz</loc>
     <lastmod>2021-10-09T22:00:22Z</lastmod>
   </sitemap>
  ▼<sitemap>
     <loc>https://www.douban.com/sitemap_updated2.xml.gz</loc>
     <lastmod>2021-10-09T22:00:22Z</lastmod>
   </sitemap>
  ▼<sitemap>
     <loc>https://www.douban.com/sitemap_updated3.xml.gz</loc>
     <lastmod>2021-10-09T22:00:22Z</lastmod>
   </sitemap>
```

图 1-20　豆瓣网 Sitemap 链接中的部分内容

由于网站规模较大，Sitemap 以多个文件的形式给出，下载其中的一个文件（sitemap_updated.xml）并查看其中的内容（见图 1-21）。

观察可知，这个站点地图文件提供了豆瓣网最近更新的所有网页的链接地址，如果我们的程序能够有效使用其中的信息，那么将会为抓取网站提供有效策略。

```
<?xml version="1.0" encoding="utf-8"?>
<urlset xmlns="http://www.sitemaps.org/schemas/sitemap/0.9">
  <url>
    <loc>https://www.douban.com/</loc>
    <priority>1.0</priority>
    <changefreq>daily</changefreq>
  </url>
  <url>
    <loc>https://www.douban.com/explore/</loc>
    <priority>0.9</priority>
    <changefreq>daily</changefreq>
  </url>
  <url>
    <loc>https://www.douban.com/online/</loc>
    <priority>0.9</priority>
    <changefreq>daily</changefreq>
  </url>
```

图 1-21　豆瓣网 sitemap_updated.xml 中的内容

1.6.2　网站技术分析

目标网站所用的技术会成为影响爬虫程序策略的一个重要因素。可以使用 wad 模块检查网站背后所使用的技术类型。（请注意，由于操作系统及其版本的不同，读者安装和运行 wad 模块时的输出可能也有所不同。如果出现运行错误，则可能是操作系统版本不兼容所致，读者可使用其他方法来对网站技术进行分析，如查看 JavaScript 代码或联系网站管理员等。）可以十分简便地使用 pip 来安装这个库。

```
pip install wad
```

安装完成后，在终端中使用"wad　–u　url"这样的命令就能够查看网站技术的分析结果。比如查看百度公司官网背后所使用的技术类型。

```
wad -u 'https://www.baidu.com'
```

输出结果如下，数据使用的是 JSON 格式。

```json
{
    "https://www.baidu.com/": [
        {
            "app": "PHP",
            "type": "programming-languages",
            "ver": ""
        },
        {
            "app": "jQuery",
            "type": "javascript-frameworks",
            "ver": "1.10.2"
        }
    ]
}
```

从上面的结果不难发现，该网站使用了页面超文本预处理器（Page Hypertext Preprocessor，PHP）语言和 jQuery 技术（jQuery 是一个十分流行的 JavaScript 框架）。由于对百度的分析结果有限，我们可以再试试其他网站，这一次直接编写一个 Python 脚本，见例 1-3（由于 wad 版本的更新，下方的示例代码输出可能会有所不同）。其中使用 wad 模块的 Petector 类创建一个案例来对键盘输入的网站地址进行检查。

【例 1-3】wad_detect.py。

```python
import wad.detection
det=wad.detection.Detector()
url=input()
print(det.detect(url))
```

这几行代码接收一个 url 输入并返回 wad 分析的结果，输入中国铁路 12306 网站网址得到的结果是：

```
{'http://www.12306.cn/': [{'app': 'Java Servlet',
                           'type': 'Web-frameworks',
                           'ver': '2.5'},
                          {'app': 'JavaServer Pages',
                           'type': 'Web-frameworks',
                           'ver': '2.1'},
                          {'app': 'Java',
                           'type': 'programming-languages',
                           'ver': None}]}
```

根据这样的结果可以看到，中国铁路 12306 网站使用 Java 编写，并使用了 Java Servlet 等框架。

JavaScript 对象表示法（JavaScript Object Notation，JSON）是一种轻量级数据交换格式，JSON 数据便于人们阅读和编写，同时也易于机器解析和生成，另外，JSON 采用完全独立于语言的文本格式，因此成为一种被广泛使用的数据交换格式。JSON 的诞生与 JavaScript 密切相关，不过目前很多语言（当然也包括 Python）都支持对 JSON 数据的生成和解析。JSON 数据的书写格式是：名称:值。书写一对"名称:值"时先写字段名称（双引号中），再写一个冒号，然后写值，如"firstName" : "Allen"。JSON 对象在花括号中书写，可以包含多对名称:值。JSON 数组则在方括号中书写，数组可包含多个对象。在以后的网站抓取中可能还会进行 JSON 格式数据处理，因此有必要对它有一些了解。感兴趣的读者可以从 JSON 的官方文档中阅读更详细的说明。

1.6.3　网站所有者信息分析

网站所有者的相关信息除了在网站中的"关于"或者"about"页面中查看之外，还可以使用 WHOIS 协议来查询域名。所谓的 WHOIS 协议，就是一个用来查询互联网上域名的 IP 和所有者等信息的传输协议。其雏形是 1982 年因特网工程任务组（Internet Engineering Task Force，IETF）的一个有关 ARPANET 用户目录服务的协议。

WHOIS 的使用十分方便，可以通过 pip 安装 python-whois 库，在终端运行命令。

```
pip install python-whois
```

安装完成后使用"whois domain"这样的格式查询即可，比如查询耶鲁大学官网，执行命令"whois yale.edu"。

```
Domain Name: YALE.EDU
```

输出结果如下（部分结果）。

```
Registrant:
    Yale University
    25 Science Park
    150 Munson St
    New Haven, CT 06520
    UNITED STATES

Administrative Contact:
    Franz Hartl
    Yale University
    25 Science Park
    150 Munson St
    New Haven, CT 06520
```

```
    UNITED STATES
    (203) 436-9885
    Webmaster@yale.edu

    ......

    Name Servers:
      SERV1.NET.YALE.EDU          130.132.1.9
      SERV2.NET.YALE.EDU          130.132.1.10
      SERV3.NET.YALE.EDU          130.132.1.11
      SERV4.NET.YALE.EDU          130.132.89.9
      SERV-XND.NET.YALE.EDU       68.171.145.173
```

显而易见，这里给出了域名的注册信息（包括地址）、网站管理员信息以及域名服务器等相关信息。不过，如果在抓取某个网站时需要联系网站管理者，则一般可以使用网站特定页面给出的联系方式（E-mail 或者电话），这可能会是一个更为直接方便的选择。

1.6.4　使用开发者工具检查目标网页

如果想编写一个抓取网页内容的爬虫程序，则在动手编写程序之前，最重要的准备工作可能就是检查目标网页。一般先在浏览器中输入一个 URL 并打开网页，接着浏览器会渲染出美观的界面效果。如果你的目标只是浏览或者单击网页中的某些内容，正如一个普通的网站用户那样，那么做到这里就足够了，但作为爬虫程序编写者，你还需要更仔细地研究你的浏览器。这里建议读者使用 Chrome、Safari、Edge 或 Firefox 浏览器，这不仅是因为它们合起来瓜分了超过 9 成的浏览器市场，流行程度毋庸置疑，还是因为它们都为开发者提供了强大的功能，是编写爬虫程序的不二之选。

下面以 Chrome 为例，介绍如何使用开发者工具。可以单击菜单→更多工具→开发者工具，也可以直接在网页内容中右击并选择"检查"（见图 1-22）。

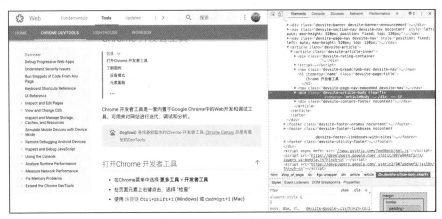

图 1-22　Chrome 开发者工具

Chrome 的开发者工具提供了下面几个工具（Lighthonse，Recorder，Performance insights 工具在爬虫程序开发中应用较少，此处暂不介绍，感兴趣的读者可自行学习）。

- Elements：元素面板，该面板允许我们从浏览器的角度来观察网页，可以借此看到 Chrome 渲染页面所需的 HTML、CSS 和文档对象模型（Document Object Model，DOM）对象。
- Network：网络面板，用于查看页面向服务器请求了哪些资源、资源的大小以及加载资源的相关信息。此外，还可以用于查看 HTTP 的请求头、返回内容等。
- Sources：源码面板，主要用来调试 JavaScript 代码。
- Console：控制台面板，用于显示各种警告与错误信息。在开发期间，可以使用控制台面板记录诊断信息，或者将它作为 Shell 在页面上与 JavaScript 进行交互。

- Performance：性能面板，使用该面板可以记录和查看网站生命周期内发生的各种事件，要根据具体情况解决问题，以提高页面运行时的性能。

- Memory：追踪面板，这个面板可以提供比"Performance"更多的信息，如跟踪内存泄漏等。

- Application：应用面板，用来检查加载的所有资源。

- Security：安全面板，用来处理证书问题等。

另外，切换设备模式可以观察网页在不同设备上的显示效果（见图 1-23）。

在 Elements 面板中，可以检查和编辑页面的 HTML 代码与 CSS 代码，选中并双击元素就可以编辑元素了，比如将百度贴吧首页导航栏中的部分文字去掉，并将部分文字变为红色（见图 1-24）。

图 1-23　在 Chrome 开发者工具中将设备模式切换为 iPhone 13 后的显示效果

图 1-24　通过 Chrome 开发者工具更改百度贴吧首页内容

当然，也可以选中某个元素后右击，在弹出的快捷菜单中查看更多操作（见图 1-25）。

图 1-25　Chrome 开发者工具选中元素后的快捷菜单

值得一提的是图 1-25 所示快捷菜单中的"Copy Xpath"选项，由于 XPath 是解析网页的"利器"，因此 Chrome 中的这个功能对于爬虫程序编写十分实用方便。

使用"Network"工具可以清楚地查看网页加载网络资源的过程和相关信息，请求的每个资源在"Network"中显示为一行，对于某个特定的网络请求，可以进一步查看请求头、响应头、已经返回的内容等信息。对于需要填写并发送表单的网页而言（如执行用户登录操作），在"Network"面板中勾选"Preserve log"复选框，然后登录，就可以记录下 HTTP POST 信息，查看发送的表单信息详情。在百度贴吧首页开启开发者工具后再登录，就可以看到图 1-26 所示的信息。

其中的"Form Data"就包含向服务器发送的表单信息详情。

提示　　在 HTML 中，<form>标签用于为用户输入创建一个 HTML 表单。表单能够包含<input>元素，如文本字段、单选按钮、复选框、提交按钮等，一般用于向服务器传输数据，是用户与网站进行数据交互的基本工具。

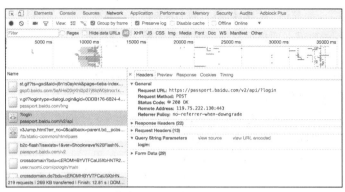

图 1-26 使用 "Network" 面板查看登录表单

当然，Chrome 等浏览器的开发者工具还包含很多更为复杂的功能，这里不赘述，等到读者需要用时再去学习即可。

章节实训：Python 环境的配置与爬虫的运行

1. 需求说明

在本机安装 Python 3 运行环境，并成功运行 1.5.1 小节中的爬虫程序。

2. 实现思路及步骤

（1）按 1.2 节中的步骤安装 Python 3 运行环境，并在安装过程中注意将 Python 添加到 PATH 中。

（2）将 1.5.1 小节中的爬虫程序复制到计算机目录中，并参考 1.5.1 小节中的配置方法尝试运行该爬虫程序。

思考与练习

一、选择题

（1）list1=[x for x in range(5, 2, -1)]，则输出 list1 的结果是（　　）。

    A. [5, 4, 3]　　　　　　　B. [3, 4, 5]　　　　　　　C. [2, 3, 4]　　　　　　　D. [4, 3, 2]

（2）"ab"+"c"*2 的结果是（　　）。

    A. abc2　　　　　　　　B. abcabc　　　　　　　C. abcc　　　　　　　D. ababcc

（3）以下哪些是爬虫技术可能存在的风险？（　　）

    A. 大量占用抓取网站的资源　　　　　　　B. 网站敏感信息的获取造成的不良后果

    C. 违背网站的抓取设置　　　　　　　　　D. 以上都是

二、判断题

（1）Robots 协议可以强制控制爬虫抓取的内容。（　　）

（2）HTTP 中的 GET 请求方式用于提交数据。（　　）

（3）URL 包含的信息可用于指定文件的位置以及浏览器应该怎么处理该文件，所有互联网上的文件都有一个唯一的 URL。（　　）

三、问答题

（1）如何使用 XPath 定位百度搜索中搜索框和按钮的完整 XPath？

（2）requests 库与 urllib 库相比，其优势有哪些？

第2章
静态网页抓取

引言

正如我们之前提到的，网络爬虫程序的核心任务就是获取网络上（很多时候就是指某个网站上）的数据，并对特定的数据做一些处理。因此，能否"采集"到所需的数据往往成为爬虫成功与否的重点。使用排除法显然是不现实的，需要某种方式来直接"定位"到我们想要的东西，这个过程有时候也被称为"选择"。数据采集最常见的任务就是从网页中抽取数据，一般我们所谓的"抓取"，就是指这个动作。

在第1章中已经初步讨论了分析网站和检查网页的基本方法，接下来将正式使用各种工具来获取网页信息。不过，值得一提的是，网络上的信息不一定必须以网页（HTML文件）的形式来呈现，将在2.6节介绍网站API及其使用。

学习目标

1. 熟悉正则表达式的语法。
2. 了解如何编写正则表达式。
3. 熟悉BeautifulSoup、XPath与lxml的使用方法。
4. 掌握如何遍历页面。
5. 掌握网站API的使用方法。

2.1 从抓取开始

在了解网页结构的基础上，接下来介绍几种工具，分别是正则表达式，以及Python的正则表达式库re、XPath、BeautifulSoup和lxml。

在展开讨论之前，需要说明的是，在解析速度上，正则表达式和lxml是比较突出的。lxml是基于C语言的，而BeautifulSoup使用Python编写，因此BeautifulSoup在性能上略逊一筹也不奇怪。BeautifulSoup使用起来更方便一些，且支持CSS选择器，这也能够弥补其性能上的缺陷，另外BeautifulSoup4（bs4）已经支持使用lxml作为解析器。在使用lxml时，主要是根据XPath来解析的，如果熟悉XPath的语法，那么lxml和BeautifulSoup都是很好的选择。

不过，由于正则表达式本身并非特地为网页解析设计，加上语法也比较复杂，因此一般不会使用纯粹的正则表达式解析HTML内容。在爬虫程序编写中，正则表达式主要作为字符串处理（包括识别URL、关键词搜索等）的工具，解析网页内容则主要使用BeautifulSoup和lxml两个模块，正则表达式可以配合这些工具一起使用。

严格地说，正则表达式、XPath、BeautifulSoup和lxml并不是"平行"的4个概念。正则表达式和XPath是"规则"或者"模式"，而BeautifulSoup和lxml是两个Python模块，但后面我们会发现，在爬虫程序编写中往往不会只使用一种网页元素抓取方法，因此这里将将这四者放在一起介绍。

2.2　正则表达式

2.2.1　什么是正则表达式

正则表达式对于程序编写而言是一个复杂的话题，它是为了更好地"匹配"或者"寻找"某一种字符串而生。正则表达式常常用来描述一种规则，通过这种规则，我们就能够更方便地查找邮箱地址或者筛选文本内容等。比如"[A-Za-z0-9\._+]+@[A-Za-z0-9]+\.(com|org|edu|net)"就是一个描述电子邮箱地址的正则表达式。当然，需要注意的是，在使用正则表达式时，不同语言之间可能也存在着一些细微的不同之处，具体应该结合程序上下文来看。

正则表达式规则比较繁杂，这里直接通过 Python 来演示正则表达式的应用。在 Python 中有一个名为"re"的库（实际上是 Python 标准库），该库提供了一些实用的内容。同时，另外一个 regex 库也是关于正则表达式的，这里先用标准库来进行一些初步的探索。re 库中的主要方法如下，接下来将分别介绍。

```
re.compile(string[,flag])
re.match(pattern, string[, flags])
re.search(pattern, string[, flags])
re.split(pattern, string[, maxsplit])
re.findall(pattern, string[, flags])
re.finditer(pattern, string[, flags])
re.sub(pattern, repl, string[, count])
re.subn(pattern, repl, string[, count])
```

首先导入 re 模块并使用 match()方法进行首次匹配。

```
import re
ss='I love you, do you?'

res=re.match(r'((\w)+(\W))+',ss)
print(res.group())
```

使用 match()方法会默认从字符串起始位置开始匹配一个模式，这个方法一般用于检查目标字符串是否符合某一规则（又叫模式，pattern）。返回的 res 是一个 match 对象，可以通过 group()来获取匹配到的内容。group()将返回整个匹配的子串，而 group(n)则返回第 n 组对应的字符串，从 1 开始。在这里，group()返回"I love you,"，而 group(1)返回"you,"。

search()方法与 match()方法类似，区别在于 match()方法会检测是不是在字符串的起始位置开始匹配，而 search()会扫描整个字符串来查找匹配。search()也将返回一个 match 对象，如果匹配不成功则返回 None。

```
import re
ss='I love you, do you?'
res=re.search(r'(\w+)(,)',ss)
# print(res)
print(res.group(0))
print(res.group(1))
print(res.group(2))
```

输出为：

```
you,
you
,
```

split()方法会按照能够匹配的子串将字符串分割，返回一个分割结果的列表。

```
ss_tosplit='I love you, do you?'
res=re.split('\W+',ss_tosplit)
print(res)
```

输出为：

```
['I', 'love', 'you', 'do', 'you', '']
```

还可以为其指定最大分割次数。

```
ss_tosplit='I love you, do you?'
res=re.split('\W+',ss_tosplit,maxsplit=1)
print(res)
```

这一次输出变为:

```
['I', 'love you, do you?']
```

sub()方法用于字符串的替换,即替换字符串中每一个匹配的子串后返回替换后的字符串。

```
res=re.sub(r'(\w+)(,)','her,',ss)
print(res)
```

输出:

```
I love her, do you?
```

subn()方法与 sub()方法几乎一样,但是它会返回一个替换的次数。

```
res=re.subn(r'(\w+)(,)','her,',ss)
print(res)
```

输出:

```
('I love her, do you?', 1)
```

findall()方法与 search()很像,这个方法将搜索整个字符串,并用列表形式返回全部能匹配的子串。可以把它与 search()进行对比。

```
ss='I love you, do you?'

res1=re.search(r'(\w+)',ss)
res2=re.findall(r'(\w+)',ss)
print(res1.group())
print(res2)
```

输出:

```
I
['I', 'love', 'you', 'do', 'you']
```

可见,search()只"找到"了一个单词,而 findall()"找到"了句子中的所有单词。

除了直接使用 re.search()这种调用形式,还可以使用另外一种调用形式,即 pattern.search()这样的调用形式,这种方法避免了将 pattern(正则表达式规则)直接写在函数参数列表中,但是要事先进行"编译"。

```
pt=re.compile(r'(\w+)')
ss='Another kind of calling'
res=pt.findall(ss)
print(res)
```

输出结果:

```
['Another', 'kind', 'of', 'calling']
```

2.2.2　正则表达式的简单使用

正则表达式的具体应用当然不仅是在一个句子中找单词这么简单,可以用它寻找 ping 信息中的时间结果(此处 220.181.57.216 这个 IP 地址仅为举例,读者可自行选取其他 IP 地址进行下面的字符串处理实验,如"百度搜索"的一个 IP 地址 14.215.177.39)。

```
ping_ss='Reply from 220.181.57.216: bytes=32 time=3ms TTL=47'
res=re.search(r'(time=)(\d+\w+)+(.)+TTL',ping_ss)
print(res.group(2))
```

输出为:

```
3ms
```

在编写爬虫程序时,也可以用正则表达式来解析网页。比如对于百度首页,想要获得其标题文字,先观察网页源码,下面是百度首页的部分源码。

```
<meta http-equiv=Content-Type content="text/html;charset=utf-8"><meta http-equiv=
X-UA-Compatible  content="IE=edge,chrome=1"><meta  content=always  name=referrer>  <link
```

```
rel="shortcut icon" href=/favicon.ico type=image/x-icon> <link rel=icon sizes=any mask
href=//www.baidu.com/img/baidu_85beaf5496f291521eb75ba38eacbd87.svg><title>百度一下，你就知道
</title><style
```

显然，只要能匹配到一个开头是"<title>"，结尾是"</title>"（这些都是 HTML 标签）的字符串，就能够"挖掘"到百度首页的标题文字。

```
import re,requests
r=requests.get('https://www.baidu.com').content.decode('utf-8')
print(r)
pt=re.compile('(\<title\>)([\S\s]+)(\<\/title\>)')
print(pt.search(r).group(2))
```

输出为：

百度一下，你就知道。

如果厌烦了那么多的转义符"\"，则在 Python 3 中还可以使用字符串前的"r"来提高效率。

```
pt=re.compile(r'(<title>)([\S\s]+)(</title>)')
print(pt.search(r).group(2))
```

同样能够得到正确的结果。

当然，我们一般不会这样单凭正则表达式来解析网页，一般总会将它与其他工具配合使用，比如 BeautifulSoup 中的 find()方法就可以配合正则表达式使用。假设我们的目标网页是百度百科的一个关于广东省的概述。

```
https://baike.baidu.com/item/%E5%B9%BF%E4%B8%9C/207811?fromtitle=%E5%B9%BF%E4%B8%9C%E
7%9C%81&fromid=132473&fr=aladdin
```

可以看到，这个页面上有一些我们感兴趣的图片，它们的网页源码如下。

```
<a nslog-type="10002401" href="/pic/%E5%B9%BF%E4%B8%9C/207811/1/f636afc379310a55b31991
efd00f54a98226cffcbadc?fr=lemma&amp;ct=single" target="_blank">
<img src="https://bkimg.cdn.bcebos.com/pic/f636afc379310a55b31991efd00f54a98226cffcbadc?
x-bce-process=image/resize,m_lfit,w_268,limit_1/format,f_jpg">
<button class="picAlbumBtn"><em></em><span>图集</span></button>
<div>广东的概述图（1 张）</div>
</a>
```

想要获得这些图片（的链接），首先想到的方法就是使用 findAll('img')去抓取。但是网页中的'img'不仅包括我们想要的这些关于广东省概况的图片，网站通用的一些图片——Logo、标签等，也会被我们抓取到。设想一下，我们编写了一个通过 URL 下载图片的脚本，执行完之后却发现本地文件夹里多了一堆我们不想要的、与广东省没有任何关系的图片，这种情况是必须避免的，而为了有针对性地抓取，可以配合正则表达式：

```
from bs4 import BeautifulSoup
import requests
import re
base_url='https://baike.baidu.com/item/%E5%B9%BF%E4%B8%9C/207811?fromtitle=%E5%B9%BF%
E4%B8%9C%E7%9C%81&fromid=132473&fr=aladdin'
header={'User-Agent':'Mozilla/5.0 (Windows NT 6.1;Win64; x64) AppleWebKit/537.36 (KHTML,
like Gecko) Chrome/68.0.3440.106 Safari/537.36'}#请求头，模拟浏览器登录

r=requests.get(base_url,headers=header)
soup=BeautifulSoup(r.content, 'html.parser')
img_links=soup.find_all('img',src=re.compile('x-bce-process'))
for i in img_links:
    if i.has_attr('src'):
        print(i['src'])
    else:
        print(i['data-src'])
```

我们使用一个比较简单的正则表达式去寻找想要的图片：re.compile('x-bce-process')

这个正则表达式将帮助我们过滤掉网页中的装饰性图片和与词条内容无关的图片。

re.compile('x-bce-process')则用于进行一次"字符串清洗"，会将图片的地址清理出来，去掉无关的内容。

使用 BeautifulSoup 时，获取标签的属性是十分重要的一个操作。比如获取<a>标签的 href 属性（网页中文本对应的超链接）或<img>标签的 src 属性（代表图片的地址）。对于一个标签对象（在 BeautifulSoup 中的名称是 "<class 'bs4.element.Tag'>"，即 Tag 对象），我们可以这样获得它的所有属性，即 tag.attrs，这是一个字典对象。

需要说明的是，在使用比较新的 BeautifulSoup 版本时，运行上面的代码可能会出现如下系统提示。

```
UserWarning: No parser was explicitly specified, so I'm using the best available HTML parser
for this system ("html5lib").
```

这实际上是说我们没有明确地为 BeautifulSoup 指定 HTML 或 XML 解析器，指定之后便不会出现这个警告：BeautifulSoup(..., "html.parser")，除了 html.parser 还可以指定为 lxml、html5lib 等。

Python 中处理正则表达式的模块不止 re 一个，非内置模块中的 regex 是更为强大的正则表达式处理工具（可以使用 pip 安装来体验）。

2.3 BeautifulSoup 爬虫

BeautifulSoup 是一个很流行的 Python 库，其名字来源于《爱丽丝梦游仙境》中的一首诗，作为网页解析（准确地说是 XML 和 HTML 解析）的利器，BeautifulSoup 提供了定位内容的人性化接口，使用正则表达式来解析网页复杂度高，使用 BeautifulSoup 则能够让人心情舒畅，简便正是它的设计理念。

2.3.1 安装 BeautifulSoup

由于 BeautifulSoup 并不是 Python 内置的，因此需要使用 pip 来安装。这里安装 BeautifulSoup 4，也叫 bs4。

```
pip install beautifulsoup4
```

另外，也可以这样安装：

```
pip install bs4
```

Linux 用户也可以使用 apt-get 工具来进行安装。

```
apt-get install Python-bs4
```

需要注意的是，如果计算机上 Python 2 和 Python 3 这两种版本同时存在，那么可以使用 pip2 或者 pip3 命令来指明是为哪一版本的 Python 安装的，执行这两条命令是有区别的。比如同样是安装 numpy 模块，使用 pip2 和 pip3 安装完成后，numpy 被安装到了不同的位置，分别对应 Python 2 和 Python 3（见图 2-1）。

```
pip2 install numpy
Requirement already satisfied: numpy in /Library/Python/2.7/site-packages

pip3 install numpy
Requirement already satisfied: numpy in /Library/Frameworks/Python.framework/Versions/3.5/lib/python3.5/site-packages
```

图 2-1　pip2 与 pip3 命令的区别

下面演示如何使用 PyCharm 来更轻松地安装这个库（其他库的安装也类似）。

首先打开 PyCharm 设置中的 Project Interpreter 设置页面（见图 2-2）。

选中想要安装的 Interpreter（选择一个 Python 版本，也可以是你之前设置的虚拟环境），然后单击 "+" 按钮，打开搜索页面（见图 2-3）。

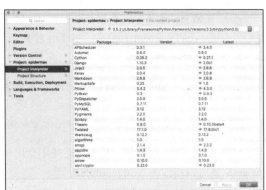

图 2-2　Project Interpreter 设置页面　　　　　图 2-3　搜索页面

搜索再安装即可，如果安装成功，就会跳出如图 2-4 所示的提示。

BeautifulSoup 中的主要工具就是 BeautifulSoup 对象，这个对象是指一个 HTML 文档的全部内容，先来看看 BeautifulSoup 对象能干什么。

图 2-4　安装成功的提示

```python
import bs4,requests
from bs4 import BeautifulSoup

ht=requests.get('https://www.douban.com')
bs1=BeautifulSoup(ht.content)
print(bs1.prettify())
print('title')
print(bs1.title)
print('title.name')
print(bs1.title.name)
print('title.parent.name')
print(bs1.title.parent.name)
print('find all "a"')
print(bs1.find_all('a'))
print('text of all "h2"')
for one in bs1.find_all('h2'):
    print(one.text)
```

这段示例程序的输出是这样的（由于豆瓣网官方有反爬虫机制，所以程序可能会被屏蔽而得不到类似下方的输出。这时也可尝试其他网站，如百度公司官网）。

```
<!DOCTYPE HTML>
<html class="" lang="zh-cmn-Hans">
 <head>
...
        10 月 28 日 周六 19:30 - 21:30
        </div>
...

</html>
title
<title>豆瓣</title>
title.name
title
title.parent.name
head
find all "a"
```

```
[<a class="lnk-book" href="https://book.douban.com" target="_blank">豆瓣读书</a>, <a
...
]
text of all "h2"

          热门话题
               ......
豆瓣时间
```

可以看出，使用 BeautifulSoup 来定位和获取内容是非常方便的，一切看上去都很和谐，但是我们有可能会遇到这样的提示。

```
UserWarning: No parser was explicitly specified
```

这意味着我们没有指定 BeautifulSoup 的解析器，解析器的指定需要把原来的代码变为这样：

```
bs1=BeautifulSoup(ht.content,'parser')
```

BeutifulSoup 本身支持 Python 标准库中的 HTML 解析器，另外还支持一些第三方的解析器，其中就包括 lxml。操作系统不同，安装 lxml 的方法也不同，包括：

```
$ apt-get install Python-lxml
$ easy_install lxml
$ pip install lxml
```

Python 标准库 html.parser 是 Python 内置的解析器，性能过关。lxml 的性能和容错能力都是极好的，缺点是安装时有可能会碰到一些麻烦（其中一个原因是 lxml 需要 C 语言库的支持），lxml 既可以解析 HTML，也可以解析 XML。上面提到的 3 种解析器分别对应下面的指定方法。

```
bs1=BeautifulSoup(ht.content,'html.parser')
bs1=BeautifulSoup(ht.content,'lxml')
bs1=BeautifulSoup(ht.content,'xml')
```

除此之外，还可以使用 html5lib，这个解析器支持 HTML5 标准，不过目前还不是很常用。我们主要使用的是 lxml 解析器。

2.3.2　BeautifulSoup 的基本用法

使用 find() 方法获取到的结果都是 Tag 对象，Tag 对象是 BeautifulSoup 库中的主要对象之一，Tag 对象在逻辑上与 XML 或 HTML 文档中的 tag 相同，可以使用 tag.name 和 tag.attrs 来访问 tag 的名称和所有属性，获取具体属性的操作方法类似字典：tag['href']。

在定位内容时，常用的是 find() 和 find_all() 方法，find_all() 方法的定义是：

```
find_all( name , attrs , recursive , text , **kwargs )
```

该方法搜索当前这个 tag（这时 BeautifulSoup 对象可以被视为一个 tag，是所有 tag 的根）的所有 tag 子节点，并判断它们是否符合搜索条件。name 参数可以用来查找所有名字为 name 参数值的 tag：

```
bs.find_all('tagname')
```

keyword 参数（即 Python 调用函数时按关键字传参，而非按位置顺序传参）在搜索时支持把该参数当作指定名称 tag 的属性来搜索，例如：

```
bs.find(href='https://book.douban.com').text
```

其结果应该是"豆瓣读书"。当然，同时使用多个属性来搜索也是可以的，可以通过 find_all() 方法的 attrs 参数定义一个字典参数来搜索多个属性。

```
bs.find_all(attrs={"href": re.compile('time'),"class":"title"})
```

搜索结果是：

```
[<a class="title" href="https://m.douban.com/time/column/72?dt_time_source=douban-
Web_anonymous">觉知即新生——终止童年创伤的心理修复课</a>,
  <a class="title" href="https://m.douban.com/time/column/41?dt_time_source=douban-
Web_anonymous">歌词时光——姚谦写词课</a>,
  <a class="title" href="https://m.douban.com/time/column/53?dt_time_source=douban-
Web_anonymous">一碗茶的款待——日本茶道的形与心</a>,
  <a class="title" href="https://m.douban.com/time/column/25?dt_time_source=douban-
```

```
Web_anonymous">白先勇细说红楼梦——从小说角度重解"红楼"</a>,
    <a class="title" href="https://m.douban.com/time/column/61?dt_time_source=douban-
Web_anonymous">拍张好照片——10分钟搞定旅行摄影</a>,
    <a class="title" href="https://m.douban.com/time/column/62?dt_time_source=douban-
Web_anonymous">丹青贵公子——艺苑传奇赵孟頫</a>,
    <a class="title" href="https://m.douban.com/time/column/16?dt_time_source=douban-
Web_anonymous">醒来——北岛和朋友们的诗歌课</a>,
    <a class="title" href="https://m.douban.com/time/column/39?dt_time_source=douban-
Web_anonymous">古今——杨照史记百讲</a>,
    <a class="title" href="https://m.douban.com/time/column/59?dt_time_source=douban-
Web_anonymous">笔落惊风雨——你不可不知的中国三大名画</a>]
```

这行代码中出现了 re.compile()，也就是说我们使用了正则表达式，如果传入正则表达式作为参数，则 BeautifulSoup 会通过正则表达式的 match() 来匹配内容。

BeautifulSoup 还支持根据 CSS 来搜索，不过这时要使用"class_="这样的形式，因为"class"在 Python 中是一个关键字。

```
bs1.find(class_='video-title')
```

find_all() 的 recursive 参数默认设置为 True，BeautifulSoup 会检索当前 tag 的所有子孙节点，如果只想搜索 tag 的直接子节点，则可以设置 recursive=False。

通过 text 参数可以搜索文档中的字符串内容。

```
bs1.find(text=re.compile('流浪地球')).parent['href']
```

输出结果是：

```
https://movie.douban.com/subject/26266893/
```

这是电影《流浪地球》的"豆瓣电影"主页地址。调用 find() 的结果是一个可以遍历的字符串（NavigableString，就是指一个 tag 中的字符串），我们所做的是使用 parent 访问其所在的 tag，然后获取 href 属性。如你所见，text 也支持正则表达式搜索。

find_all() 会返回全部的搜索结果，所以如果文档内容比较多，那么我们很可能并不需要全部结果，向 find_all() 函数传递 limit 参数，可以限制返回结果的数量，如 find_all（limit=3）。当搜索数量达到 limit 的值时，会停止搜索。find() 方法实际上就是 limit=1 时的 find_all() 方法。

由于 find_all() 如此常用，因此在 BeautifulSoup 中，BeautifulSoup 对象和 tag 对象可以当作 find_all() 方法来使用，也就是说下面两行代码是等效的。

```
bs.find_all("a")
bs("a")
```

下面两行代码依然等效。

```
soup.title.find_all(text="abc")
soup.title(text="abc")
```

需要指出的是，除了 Tag、NavigableString、BeautifulSoup 对象，还有一些特殊对象可供使用，Comment 对象是一个特殊类型的 NavigableString 对象。

```
bs1=BeautifulSoup('<b><!--This is comment--></b>')
print(type(bs1.find('b').string))
```

上面代码的输出是：

```
<class 'bs4.element.Comment'>
```

这意味着 BeautifulSoup 成功识别到了注释。

在 BeautifulSoup 中，对内容进行导航是一个很重要的方面，我们可以理解为根据某个元素找到另外一个和它处于某种相对位置的元素。首先是子节点，一个 Tag 可能包含多个字符串或其他的 Tag，这些都是这个 Tag 的子节点。Tag 的 contents 属性可以将 Tag 的子节点以列表的方式输出。

```
bs1.find('div').contents
```

contents 和 children 属性仅包含 tag 的直接子节点，但元素可能会有间接子节点（即子节点的子节点），有时候将所有直接子节点和间接子节点合称为子孙节点。descendants 属性表示 tag 的所有子孙节点，可以用该属性来遍历这些子孙节点。

```
for child in tag.descendants:
    print(child)
```

如果 tag 只有一个 NavigableString（可遍历字符串）类型子节点，那么可以使用 string 属性得到该子节点；如果有多个子节点，则可以使用 strings 属性。

相对地，基本上每个 tag 都有父节点，也就是说它是 tag 的下一级。可以通过 parent 属性来获取某个元素的父节点。对于间接父节点（父节点的父节点），可以通过元素的 parents 属性来递归得到。

除了父子关系，节点之间还存在平级关系，即它们是同一个元素的子节点，称之为兄弟节点。兄弟节点可以通过 next_siblings 和 previous_siblings 属性获得。

```
ht=requests.get('https://www.douban.com')
bs1=BeautifulSoup(ht.content)
res=bs1.find(text=re.compile('文学'))
for one in res.parent.parent.next_siblings:
    print(one)
for one in res.parent.parent.previous_siblings:
    print(one)
```

输出结果（请注意，不同时间，豆瓣网首页的内容会有不同）是：

```
<li class="rec_topics">
…
<span class="rec_topics_subtitle">天朗气清，烹一炉秋天 · 11140 人参与</span>
…
<span class="rec_topics_subtitle">准备工作可以做起来了 · 4497 人参与</span>
…
</li>
```

除此之外，BeautifulSoup 还支持节点前进和后退等导航（如使用 next_element 和 previous_element 等）。对于文档搜索，BeautifulSoup 除了支持 find() 和 find_all()，还支持 find_parents()（在所有父节点中搜索）和 find_next_siblings()（在所有后面的兄弟节点中搜索）等，平时使用得并不多，这里不赘述，感兴趣的读者可以通过搜索引擎查询相关用法。

2.4　XPath 与 lxml

2.4.1　XPath

XPath 是 XML Path Language（意为 XML 路径语言）的简称，是一种被设计用来在 XML 文档中搜寻信息的语言。在这里先介绍 XML 和 HTML 的关系，所谓的 HTML，就是"超文本标记语言"，是 WWW 的描述语言，其设计目标是"创建网页及其他可在网页浏览器中访问的信息"，而 XML 则是 Extensible Markup Language（意为可扩展标记语言）的简称，其前身是标准通用标记语言（Standard General Markup Language，SGML）。简单地说，HTML 是用来显示数据的语言（同时也是 HTML 文件的作用），XML 是用来描述数据、传输数据的语言（对应 XML 文件，从这个意义上，XML 十分类似于 JSON）。也有人说，XML 是对 HTML 的补充。因此，XPath 可用来在 XML 文档中对元素和属性进行遍历，实现搜索和查询，也正是因为 XML 与 HTML 的紧密联系，所以可以使用 XPath 对 HTML 文件进行查询。

XPath 的语法规则并不复杂，我们需要先了解 XML 中的一些重要概念，包括元素、属性、文本、命名空间、处理指令、注释以及文档，这些都是 XML 中的"节点"，XML 文档本身就是被当作节点树的。几乎每个节点都有一个父节点，例如：

```
<movie>
    <name>Transformers</name>
    <director>Michael Bay</director>
</movie>
```

在上面的例子中，<movie>是<name>和<director>的父节点。<name>、<director>是<movie>的子节点。<name>和<director>互为兄弟节点（Sibling）。

```
<cinema>
    <movie>
        <name>Transformers</name>
        <director>Michael Bay</director>
    </movie>
    <movie>
        <name>Kung Fu Hustle</name>
        <director>Stephen Chow</director>
    </movie>
</cinema>
```

如果 XML 是上面这样，对于<name>而言，<cinema>和<movie>就是祖先节点（Ancestor），同时，<name>和<movie>就是<cinema>的后辈（Descendant）节点。

XPath 表达式的基本规则见表 2-1。

表 2-1　　　　　　　　　　　　　　　　XPath 表达式的基本规则

表达式	对应查询
Node1	选取 Node1 下的所有节点
/node1	斜线代表到某元素的绝对路径，此处即选择根上的 Node1
//node1	选取所有 node1 元素，不考虑其在 XML 中的位置
node1/node2	选取 node1 子节点的所有 node2
node1//node2	选取 node1 所有子孙节点的所有 node2
.	选取当前节点
..	选取当前节点的父节点
//@href	选取 XML 中的所有 href 属性

另外，XPath 中还有谓语和通配符，见表 2-2。

表 2-2　　　　　　　　　　　　　　　　XPath 中的谓语与通配符

带谓语的表达式	对应查询
/cinema/movie[1]	选取<cinema>的子元素的第一个<movie>元素
/cinema/movie[last()]	同上，但选取最后一个
/cinema/movie[position()<5]	选取<cinema>元素的子元素的前 4 个<movie>元素
//head[@href]	选取所有拥有 href 属性的<head>元素
//head[@href='www.baidu.com']	选取所有 href 属性为'www.baidu.com'的<head>元素
//*	选取所有元素
//head[@*]	选取所有有属性的<head>元素
/cinema/*	选取<cinema>节点的所有子元素

掌握这些基本规则后，就可以开始试着使用 Xpath。不过在实际编程中，我们一般不必自己亲自编写 XPath，使用 Chrome 等浏览器自带的开发者工具就能获得某个网页元素的 XPath 路径，我们通过分析感兴趣的网页元素的 XPath，就能编写对应的抓取语句。

2.4.2　lxml 与 XPath 的使用

在 Python 中用于 XML 处理的工具不少，如 Python 2 中的 ElementTree API 等。不过目前一般使用 lxml 这个库来处理 XPath，lxml 的构建基于两个 C 语言库——libxml2 和 libxslt，因此，在性能方面 lxml 的表现足以让人满意。另外，lxml 支持 XPath 1.0、XSLT 1.0、定制元素类，以及 Python 风格的数据绑定接口，因此受到很多人的欢迎。

当然，如果机器上没有安装 lxml，则首先用 "pip install lxml" 命令来安装，安装时可能会出现一些问题（这是 lxml 本身的特性造成的），另外，lxml 还可以使用 easy install 等方式安装，这些都可以参照 lxml 官方的说明。

最基本的 lxml 解析方式：

```
from lxml import etree
doc=etree.parse('exsample.xml')
```

其中的 parse() 方法会读取整个 XML 文档并在内存中构建一个树结构，如果换一种导入方式：

```
from lxml import html
```

这样会导入 html 中的 tree 结构，一般使用 fromstring() 方法来构建：

```
text=requests.get('http://www.baidu.com').text
ht=html.fromstring(text)
```

这时我们会拥有一个 lxml.html.HtmlElement 对象，然后就可以直接使用 xpath() 来寻找其中的元素。

```
ht.xpath('your xpath expression')
```

例如，假设有一个 HTML 文档（见图 2-5）。

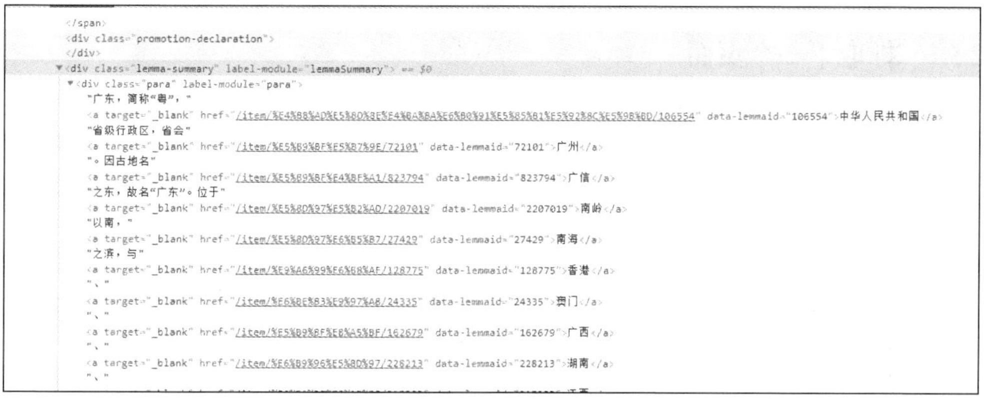

图 2-5　示例 HTML 页面结构

图 2-5 所示的文档实际上是百度百科 "广东省" 词条的页面结构，我们可以通过多种方式获得页面中的这部分内容，例如：

```
import requests
from lxml import html

header={'User-Agent':'Mozilla/5.0 (Windows NT 6.1; Win64; x64) AppleWebKit/537.36 (KHTML,
like Gecko) Chrome/68.0.3440.106 Safari/537.36'}# 请求头，模拟浏览器登录
# 访问链接，获取 HTML
text=requests.get('https://baike.baidu.com/item/%E5%B9%BF%E4%B8%9C/207811?fromtitle=%
E5%B9%BF%E4%B8%9C%E7%9C%81&fromid=132473&fr=aladdin', headers=header).text
ht=html.fromstring(text) # HTML 解析

h1Ele=ht.xpath('//*[@class="lemma-summary"]')[0] # 选取 class 属性为 lemma -summary 的元素
print(h1Ele.attrib) # 获取所有属性，保存在一个字典中
print(h1Ele.get('class')) # 根据属性名获取属性
print(h1Ele.keys()) # 获取所有属性名
print(h1Ele.values()) # 获取所有属性的值
```

```
print(h1Ele.xpath('.//text()')) # 获取属性下的所有文字
# 以下方法与上面对应的语句等效
#使用间断的 xpath() 来获取属性
print(ht.xpath('//*[@class="lemma-summary"]')[0].xpath('./@class')[0])

# 直接用 xpath() 获取属性
print(ht.xpath('//*[@class="lemma-summary"][position()=1]/@class'))
```

值得一提的是，如果<script>与<style>标签之间的内容会影响页面解析，或者页面结构不规则，则可以使用 lxml.html 中的 clean 模块，该模块包括一个 Cleaner 类，可以用来清理 HTML 页面并且支持删除或嵌入脚本内容、特殊标记、CSS 样式注释等。

需要注意的是，将参数 page_structure、safe_attrs_only 设置为 False 就能够保证页面的完整性，否则 Cleaner 可能会将元素属性也清理掉，这就得不偿失了。Clean 模块的用法类似下面的语句：

```
from lxml.html import clean

cleaner=clean.Cleaner(style=True,scripts=True,page_structure=False,safe_attrs_only=False)
h1clean=cleaner.clean_html(text.strip())
print(h1clean)
```

2.5 遍历页面

2.5.1 抓取下一个页面

严格地说，一个只处理单个静态页面的程序并不能称为"爬虫"，只能算一种简单的网页抓取脚本。实际的爬虫程序所要面对的任务经常是根据某种抓取逻辑，重复遍历多个页面甚至多个网站。这可能也是爬虫（蜘蛛）这个名字的由来——就像蜘蛛在网上爬行一样。在处理当前页面时，爬虫就应该考虑并确定下一个将要访问的页面，下一个页面的链接地址有可能在当前页面的某个元素中，也可能是通过特定的数据库读取到的（这取决于爬虫的抓取策略），通过从"抓取当前页"到"进入下一页"的循环，实现整个抓取过程。正是由于爬虫程序往往不会满足于获取单个页面的信息，相关网站的管理者才会对爬虫如此忌惮——这是因为同一段时间内的大量访问会威胁到服务器负载。下面的伪代码就是一个遍历页面的例子，其针对的任务是简单的页面遍历，即不断抓取下一页，当满足某个判定条件（如已经到达尾页而不存在下一页）就停止抓取。

```
def looping_crawl_pages(starturl, manganame):
  ses=requests.Session()
  url_cur_page=starturl

  while True:
    print(url_cur_page)

    r=ses.get(url_cur_page, headers=header_data, timeout=10)
    # 获取所需的 Web 元素
    url_next_page=… # get url of next page

    if not have_next_page():
      print('At the end of pages! Done!')
      break
    else:
      url_cur_page=url_next_page
```

上面的伪代码展示了一个简单的爬虫模型，接下来通过一个例子来实现这个模型。360 新闻站点提供了新闻搜索功能，输入关键词就可以得到一组包含关键词的新闻搜索结果页面。如果想抓取特定关键词对应的每条新闻报道的大体信息，就可以通过爬虫来完成。图 2-6 是 360 新闻站点搜索"数据库"关键词的结果页面，这个页面结构还是很简单的，使用 BeuatifulSoup 中的基本方法即可完成抓取。

2.5.2 完成爬虫

以"数据库"关键词对应的新闻结果为例，观察 360 新闻站点的搜索页面，很容易发现，翻页逻辑是通过在 URL 中对参数"pn"进行递增实现的。在 URL 中还有其他参数，我们暂时不关心它们的含义。于是，实现"抓取下一页"的方法就很简单了，我们构造一个存储每一个页面 URL 的列表，由于它们只是在参数"pn"上不同，其他内容完全一致，因此，使用 Python 原生字符串类型 str 的 format()方法即可。接着，通过 Chrome 的开发者工具来观察网页（见图 2-7）。

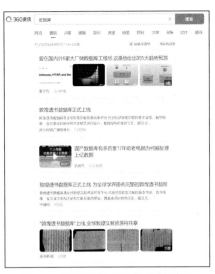

图 2-6 360 新闻站点搜索"数据库"关键词的结果页面

```
▶ <li class="res-list">…</li>
▼ <li class="res-list">
  ▼ <a class="news_title" href="http://www.xinhuanet.com/city/2018-04/19/
    c_129853576.htm" target="_blank" rel="noopener noreferrer">  == $0
      "标本兼治 让"
      <em>北京</em>
      "不再有飞絮"
    </a>
  ▶ <div class="ntinfo">…</div>
    ::after
```

图 2-7 新闻标题的网页代码结构

可以发现，一则新闻的关键信息都在<a>和与它同级的<div class="ntinfo">中，可以通过 BeautifulSoup 找到每一个<a>节点，同级的<div>可通过 next_sibling 定位到。新闻的原始链接则可以通过 tag.get("href")方法得到。将数据解析出来后，考虑通过数据库进行存储，为此，需要先建立一个 newspost 表，其字段包括 post_title、post_url、newspost_date，分别代表一则新闻的标题、原始链接以及日期。最终编写的这个爬虫程序见例 2-1。

【例 2-1】简单的遍历多页面的爬虫。

```python
import pymysql.cursors
import requests
from bs4 import BeautifulSoup
import arrow

urls=[
  u'https://news.so.com/ns?q=北京&pn={}&tn=newstitle&rank=rank&j=0&nso=10&tp=11&nc=
0&src=page'
    .format(i) for i in range(10)
  ]
for i,url in enumerate(urls):
  r=requests.get(url)
  bs1=BeautifulSoup(r.text)
  items=bs1.find_all('a', class_='news_title')

  t_list=[]
  for one in items:
    t_item=[]
    if '360' in one.get('href'):
      continue
    t_item.append(one.get('href'))
    t_item.append(one.text)
    date=[one.next_sibling][0].find('span', class_='pdate').text

    if len(date) < 6:
      date=arrow.now().replace(days=-int(date[:1])).date()
    else:
      date=arrow.get(date[:10], 'YYYY-MM-DD').date()
```

```
        t_item.append(date)

        t_list.append(t_item)

    connection=pymysql.connect(host='localhost',
                        user='scraper1',
                        password='password',
                        db='DBS',
                        charset='utf8',
                        cursorclass=pymysql.cursors.DictCursor)

    try:
      with connection.cursor() as cursor:
        for one in t_list:
          try:
            sql_q="INSERT INTO 'newspost' ('post_title', 'post_url','news_postdate',) VALUES
(%s, %s,%s)"
            cursor.execute(sql_q, (one[1], one[0], one[2]))
          except pymysql.err.IntegrityError as e:
            print(e)
            continue

      connection.commit()

    finally:
      connection.close()
```

这里需要注意的是，由于 360 新闻站点的结果页面中的新闻的日期格式并不一致，对于比较旧的新闻，使用类似"2017-12-30 05:27"这样的格式，而对于刚刚发布的新闻，则使用类似"10 小时之前"这样的格式，因此需要对不同的时间日期字符串进行格式统一，将"×××之前"转化为"2017-12-30 05:27"这样的格式。

```
if len(date) < 6:
    date=arrow.now().replace(days=-int(date[:1])).date()
else:
    date=arrow.get(date[:10], 'YYYY-MM-DD').date()
```

上面的代码使用了 arrow，这是一个比 datetime 更方便的高级 API 库，其主要用途是对时间日期对象进行操作。

```
connection=pymysql.connect(host='localhost',
                    user='scraper1',
                    password='password',
                    db='DBS',
                    charset='utf8',
                    cursorclass=pymysql.cursors.DictCursor)
```

这段代码建立了一个 connection 对象，代表一个特定的数据库连接，在后面的 try-except 结构中即通过 connection 的 cursor()（游标）来进行数据读写。最后，运行上面的代码并在 Shell 中访问数据库，使用 select 语句查看抓取的结果（见图 2-8）。

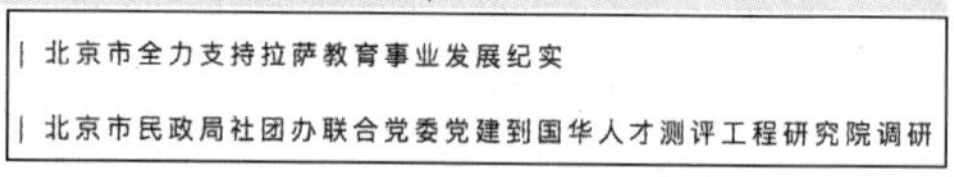

| 北京市全力支持拉萨教育事业发展纪实 |
| 北京市民政局社团办联合党委党建到国华人才测评工程研究院调研 |

图 2-8　数据库中的结果示例

以上介绍的是本书第一个比较完整的爬虫，虽然简单，但"麻雀虽小，五脏俱全"，基本上代表了网页数据抓取的大体逻辑。理解数据获取、解析、存储、处理的过程将有助于后续的爬虫学习。

2.6　使用 API

2.6.1　API 简介

采集网络数据不一定必须从网页中抓取数据，应用程序接口（Application Program Interface，API）的用处就在这里。API 是为开发者提供的方便友好的接口，不同的开发者用不同的语言都能获取同样的数据，使信息被有效地共享。目前各种软件应用（包括各种编程模块）都有各自的 API，但这里讨论的 API 主要是指"网络 API"，它允许开发者用 HTTP 向 API 发起某种请求，从而获取对应的某种信息。目前 API 一般会以 XML 或者 JSON 数据格式来返回服务器响应，其中 JSON 数据格式更是越来越多地受到人们的喜欢。

　　API 与网页抓取看似不同，但其流程都是从"请求网站"到"获取数据"再到"处理数据"的，两者也共用许多概念和技术，显然，API 免去了开发者对复杂的网页进行抓取的麻烦。API 的使用也和抓取网页没有太大大区别，第一步总是访问一个 URL，这和使用 HTTP GET 访问 URL 一模一样。如果非要给 API 一个不叫"网页抓取"的理由，那就是 API 请求有自己的严格语法，而且不同于 HTML 格式，它会使用约定的 JSON 或 XML 格式来呈现数据。图 2-9 是微博 API 的开发文档页面。

图 2-9　微博 API 的开发文档页面

　　在使用 API 之前，需要先在提供 API 服务的网站申请 API 服务。目前国内外的 API 服务通常都有免费和收费两种类型（收费服务的目标客户一般都是商业应用和企业级应用的开发者）。使用 API 时需要验证客户身份，通常验证客户身份的方法都是使用 token，每次对 API 进行调用都会将 token 作为一个 HTTP 访问的一个参数传送到服务器。这种 token 很多时候以"API KEY"的形式来体现，可能是在用户注册（对于收费服务而言就是购买）该服务时分配的固定值，也可能是在准备调用时动态分配。下面是一个调用 API 的例子。

```
http://api.map.baidu.com/geocoder/v2/?address=北京市海淀区上地十街 10 号&output=
json&ak=VMfQrafP4qa4VFgPsbm4SwBCoigg6ESN
```

　　返回的数据是：

{"status":0,"result":{"location":{"lng":116.3076223267197,"lat":40.05682848596073},"p
recise":1,"confidence":80,"comprehension":100,"level":"门址"}}

　　这是百度地图开放平台网站提供的查询地理坐标的 API，ak 的值就扮演了 token 的角色。我们可以访问该网站并注册免费服务，在控制台中创建应用后即可得到 API KEY（见图 2-10）。在发送请求时将 API KEY 写入 ak 字段，服务器会识别判断 ak 字段的值，然后向请求方提供 JSON 数据。

　　这样的 JSON 数据格式在本书中会经常接触，实际上，JSON 正是网络爬虫常常需要处理的数据格式。JSON 数据的流行与 JavaScript 的发展密切相关，当然，XML 的重要性同样不容忽视。

　　不同的 API 虽然有着不同的调用方式，但是从总体来看是符合一定的准则的。当我们获取一份数据时，URL 本身就带有查询关键词的功能，很多 API 通过文件路径（Path）和请求参数（Request Parameter）来指定数据关键词和 API 版本。

图 2-10　在百度地图开放平台网站查看 API KEY

2.6.2　API 使用示例

以百度地图提供的 API 为例，尝试写一段代码来请求 API 为我们提供想要的数据。

例如，有一批小区名称需要精确展示到地图上。需要对小区地址进行转换，变成经纬度。将地址转换为经纬度的接口各地图厂商均有提供，使用方法也大同小异，一般也都有免费使用次数，比如百度地图 API，接口免费使用次数是 10000 次/天，按我们抓到的数据的量级，免费的次数已经够用。

下面介绍百度地图的地理编码服务 API 的用法，地理编码服务提供将结构化地址数据转换为对应坐标点（经纬度）的功能。

使用方法如下。

（1）申请百度账号。

（2）申请成为百度开发者。

（3）获取服务密钥（ak）。

（4）发送请求，使用服务。

在使用时，首先需要申请百度开发者平台账号以及该应用的服务密钥。需要注册百度地图 API 以获取免费的密钥，才能完全使用该 API。因为是按小区名称调用该 API 以获取经纬度的，而小区名称在本国的其他城市也会出现，所以在调用该 API 时需要指定城市，这样才能避免获取到的坐标点分布在全国。该 API 示例如下。

```
http://api.map.baidu.com/geocoder/v2/?address=北京市海淀区上地十街 10 号&output=json&ak=您的 ak&callback=showLocation # GET 请求
```

主要请求参数如下。

- address，待解析的地址。最多支持 84 字节。可以输入两种样式的值，分别是：

（1）标准的结构化地址信息，如北京市海淀区上地十街 10 号（推荐，地址结构越完整，解析精度越高）；

（2）"*路与*路的交叉路口"这样的描述，如北一环路和阜阳路的交叉路口。

第二种方式并不总是有返回结果，只有地址库中存在该地址描述时才有返回结果。

- city，地址所在的城市名。用于指定上述地址所在的城市，当多个城市都有上述地址时，该参数起到过滤作用，但不限制坐标召回城市。

- output，输出格式为 JSON 或者 XML。

- ak，用户申请注册的 key，自 v2 开始参数修改为 "ak"，之前版本参数为 "key"。

比如百度地图 API，根据使用的服务不同，个人开发者的接口免费使用次数在 100～5000 次/天不等。返回的结果为：

```
showLocation&&showLocation({"status":0,"result":{"location":{"lng":116.3076223267197,
"lat":40.05682848596073},"precise":1,"confidence":80,"comprehension":100,"level":"门址"}})
```

主要返回结果参数如下。

- status，返回结果状态值，成功返回 0，其余状态可以查看官方文档。
- location，经纬度值，lat 为纬度值，lng 为经度值。

可以访问百度地图开放平台，注册账号并在凭据页面中创建一个凭据（见图 2-11），创建之后，可以对这个密钥进行限制，也就是说，可以指定哪些网站、IP 地址或应用可以使用此密钥，这能够保证密钥的安全。对于收费服务而言，没有设定限制的密钥一旦泄露，带来的会是不小的经济损失。如果创建了多个项目，则可以为每个项目指定一个特定的密钥。

图 2-11　百度地图开放平台的凭据页面

接下来在 API 库（见图 2-12）中看看有哪些值得尝试的东西——以地图类的 API 为例，这类 API 支持很多功能，如查询经纬度对应的地址、将地图内嵌在网页、把地址解析为经纬度等。

图 2-12　API 库

这些功能可以试用，如输出一个地址的地理位置信息（见图 2-13）。

图 2-13　百度地图 API 返回的数据

尝试编写这样一个小程序，它能够根据输入的地址查询其经纬度，见例 2-2。

【例 2-2】BaiduMapJSON.py，调用地址转经纬度 API。

```python
import requests
import json

def getlocation(name):#调用百度 API 查询位置
    bdurl='http://api.map.baidu.com/geocoder/v2/?address='
    output='json'
    ak='你的密钥'#输入你刚才申请的密钥
    ak='VMfQrafP4qa4VFgPsbm4SwBCoigg6ESN'#输入你刚才申请的密钥
    uri=bdurl+name+'&output='+output+'&ak='+ak+'&city=沈阳'
    print (uri)
    res=requests.get(uri)
    j=json.loads(res.text)
    location=j['result']['location']
    return location.get('lng'), location.get('lat')

names='''御泉华庭
雍熙金园
金地檀溪
格林生活坊一期
沿海赛洛城
河畔花园
越秀星汇蓝海
沿海赛洛城
万科鹿特丹
金地国际花园
'''

for name in names.splitlines():
    loc=getlocation(name)
    print(loc)
```

使用了沈阳市的一组小区名称进行测试，运行上面的脚本可以得出这些小区的经纬度。

在这段代码中使用了 json 模块，它是 Python 的内置 JSON 库，这里主要使用的是 loads()方法。虽然这个例子的代码十分粗略，但要说明的是，API 不仅可以作为一个单纯的调用查询脚本，API 服务还可以整合进更大的爬虫模块里，扮演一个工具（比如使用 API 获取代理服务作为爬虫代理）。总而言之，网络 API 的使用是网络爬虫的一个不可分割的重要部分。说到底，我们无论编写什么样的爬虫程序，任务都是类似的——访问网络服务器、解析数据、处理数据。

章节实训：哔哩哔哩直播间信息抓取练习

1. 需求说明
基于哔哩哔哩公布的 API，抓取 UID 为 1～10 的用户对应的直播间 ID。

2. 实现思路及步骤
（1）哔哩哔哩提供的根据目标用户 UID 获取直播间信息的 API 为 https://api.live.bilibili.com/live_user/v1/Master/info，参数 uid 为目标用户的 UID，于是可以组合出 https://api.live.bilibili.com/live_user/v1/Master/info?uid=目标用户 UID，即我们需要访问的 API。

（2）使用 requests 模块的 get()方法访问网页，编写相应的代码遍历目标用户 UID 即可获得对应的数据。

（3）将获得的数据解析格式化，将 10 位用户对应的直播间 ID 输出在控制台上。

思考与练习

一、选择题
（1）在正则表达式中，*表示（　　　）。

　　A. 前面的字符必须出现一次

　　B. 前面的字符可以不出现，也可以出现一次或者多次

　　C. 前面的字符最多可以出现一次

　　D. 除了前面的字符以外，其他字符都可以出现至少一次

（2）以下正则表达式哪个不能匹配字母、数字、下画线？（　　　）

　　A. \w　　　　　　　　B. [.]　　　　　　　　C. [A-Za-z0-9_]　　　　D. 都可以匹配

（3）在 BeautifulSoup 中，以下哪个是选择<a>标签中 CSS 类为 body 的语句？（　　　）

　　A. soup.select("a[body]")　　　　　　　B. soup.select("body a")

　　C. soup.select(a[class="body"])　　　　　D. soup.select("a#body")

二、判断题
（1）非正整数可以用正则表达式'^-[0-9]*[1-9][0-9]*$ '来表示。（　　　）

（2）[A-Z]可以匹配小写字母。（　　　）

（3）BeautifulSoup 可以处理网页，也可以打开本地页面。（　　　）

（4）单纯使用 lxml 解析页面效率比 BeautifulSoup 要高。（　　　）

（5）XPath 可以用于定位页面上的任意一个元素。（　　　）

三、问答题
（1）\d、\w、\s、[a-zA-Z0-9]、\b、.、*、+、?、x{3}、^、$分别是什么？

（2）写出一个正则表达式来表示邮箱。

（3）如果你需要编写代码来抓取 0.html～999.html 的内容，那么应该使用什么方法抓取？

第3章
数据存储

引言

本章将从简单的文本文件读写出发，重点介绍 CSV 文件读写和数据库操作，同时介绍一些其他形式的数据存储方式。Python 以简洁见长，凭借简单的语法和丰富的类库，使得它比较容易实现复杂的文件读写和数据 I/O（Input/Output，输入/输出）。

学习目标

1. 掌握 Python 中的文件读写功能。
2. 了解 Python 中的 Pillow 与 OpenCV 库。
3. 熟悉 CSV 文件的结构以及 Python 中 CSV 文件的读写方式。
4. 熟悉各种数据库，并掌握数据库的使用。

3.1 Python 中的文件

3.1.1 Python 中的文件读写

谈到 Python 中的文件读写，总会使人想到 open()函数，其最基本的操作如下面的示例。

```python
# 最朴素的 open()函数
f=open('filename.text','r')
# do something
f.close()

# 使用 with，在语句块结束时会自动调用 close()
with open('t1.text','rt') as f: # 'r'代表 read，'t'代表 text，一般't'为默认，可省略
    content=f.read()

with open('t1.txt','rt') as f:
    for line in f:
        print(line)
with open('t2.txt', 'wt') as f:
    f.write(content) # 写入

append_str='append'
with open('t2.text','at') as f:
    # 在已有内容上追加写入，如果使用"w"，则已有内容会被清除
    f.write(append_str)
# 文件的读写操作默认使用系统编码，一般为 ut-f8
# 使用 encoding 设置编码方式
with open('t2.txt', 'wt',encoding='ascii') as f:
    f.write(content)
# 编码错误总是很烦人的，如果你觉得有必要暂时忽略，则可以这样：
with open('t2.txt', 'wt',errors='ignore') as f: # 忽略错误的字符
    f.write(content) # 写入
with open('t2.txt', 'wt',errors='replace') as f: # 替换错误的字符
```

48

```
    f.write(content) # 写入

# 重定向 print() 函数的输出
with open('redirect.txt', 'wt') as f:
    print('your text', file=f)

# 读写字节数据，如图片、音频
with open('filename.bin', 'rb') as f:
    data=f.read()

with open('filename.bin', 'wb') as f:
    f.write(b'Hello World')

# 从字节数据中读写文本（字符串），需要使用编码和解码
with open('filename.bin', 'rb') as f:
    text=f.read(20).decode('utf-8')

with open('filename.bin', 'wb') as f:
    f.write('Hello World'.encode('utf-8'))
```

不难发现，在 open() 的参数中，第一个是文件路径，第二个是模式字符（串），代表了不同的文件打开模式，比较常用的是"r"（代表读）、"w"（代表写）、"a"（代表写，并追加内容），"w"和"a"常常引起混淆，其区别在于，如果用"w"模式打开一个已存在的文件，则会清空文件中的数据，重新写入新的内容；如果用"a"模式打开一个已存在的文件，则不会清空文件中的原有数据，而是继续追加写入数据。open() 函数定义中的模式字符见图 3-1。

Character	Meaning
'r'	open for reading (default)
'w'	open for writing, truncating the file first
'x'	create a new file and open it for writing
'a'	open for writing, appending to the end of the file if it exists
'b'	binary mode
't'	text mode (default)
'+'	open a disk file for updating (reading and writing)
'U'	universal newline mode (deprecated)

图 3-1　open() 函数定义中的模式字符

在一个文件（路径）被打开后，我们就拥有了一个 file 对象（在其他一些语言中常被称为句柄），这个对象也拥有自己的一些属性。

```
f=open('h1.html','r')
print(f.name) # 文件名，即 h1.html
print(f.closed) # 是否关闭，即 False
print(f.encoding) # 编码方式，即 US-ASCII
f.close()
print(f.closed) # True
```

当然，除了简单的 read() 和 write() 方法，还可以使用其他的方法。

```
# t1.txt 的内容：
# line 1
# line 2: cat
# line 3: dog
#
# line 5

with open('t1.txt','r') as f1:
    # 返回是否可读
    print(f1.readable()) # True
    # 返回是否可写
    print(f1.writable()) # False
    # 逐行读取
    print(f1.readline()) # line 1
    print(f1.readline()) # line 2: cat
    # 读取多行到列表中
    print(f1.readlines()) # ['line 3: dog\n', '\n', 'line 5']
    # 返回文件指针当前位置
    print(f1.tell()) # 38
```

```
print(f1.read())  # 指针在末尾，因此没有读取到内容
f1.seek(0)# 重设指针
# 重新读取多行
print(f1.readlines()) # ['line 1\n', 'line 2: cat\n', 'line 3: dog\n', '\n', 'line 5']

with open('t1.txt','a+') as f1:
  f1.write('new line')
  f1.writelines(['a','b','c']) # 根据列表写入
  f1.flush() # 立刻写入，实际上是清空 I/O 缓存
```

3.1.2 对象序列化

Python 程序在运行时，其变量（对象）都是保存在内存中的，一般就把"将对象的状态信息转换为可以存储或传输的形式的过程"称为（对象的）序列化。通过序列化，可以在硬盘上存储这些信息，或者通过网络传输这些信息，并通过反序列化重新将这些信息读入内存（可以是另外一个机器的内存）并使用。在 Python 中主要使用 pickle 模块来实现序列化和反序列化。下面就是一个序列化的例子。

```
import pickle
l1=[1,3,5,7]
with open('l1.pkl','wb') as f1:
  pickle.dump(l1,f1) # 序列化

with open('l1.pkl','rb') as f2:
  l2=pickle.load(f2)
  print(l2) # [1, 3, 5, 7]
```

在 pickle 模块的使用中还存在一些需要注意的细节，比如 dump()和 dumps()两个方法的区别在于 dumps()将对象存储为一个字符串，对应地，可使用 loads()来恢复（反序列化）该对象。从某种意义上说，Python 对象都可以通过这种方式来存储、加载，不过也有一些对象比较特殊，无法进行序列化，如进程对象、网络连接对象等。

3.2　Python 中的字符串

字符串是 Python 中常用的数据类型，Python 为字符串操作提供了很多有用的内置方法，常用的方法如下。

- str.capitalize()：返回一个大写字母开头，其他字母都为小写的字符串。
- str.count(str, beg=0, end=len(string))：返回 str 在 string 中出现的次数，如果设置 beg（开始）或者 end（结束），则返回指定范围内 str 出现的次数。
- str.endswith(obj, beg=0, end=len(string))：判断一个字符串是否以参数 obj 结束，如果指定 beg 或者 end，则只检查指定的范围。返回布尔值。
- str.find()：检测 str 中是否包含 string，这个方法与 str.index()方法类似，不同之处在于 str.index()如果没有找到指定内容，则会出现异常。
- str.format()：格式化字符串。
- str.decode()：以 encoding 指定的编码格式解码。
- str.encode(')：以 encoding 指定的编码格式编码。
- str.join()：以 str 作为分隔符，把参数中的所有元素（以字符串表示）合并为一个新的字符串，要求参数是可迭代对象。
- str.partition(string)：从 string 出现的第一个位置起，把字符串 str 分成一个包含 3 个元素的元组。
- str.replace(str1,str2)：将 str 中的 str1 替换为 str2，这个方法还能够指定替换次数，十分方便。

- str.split(str1="", num=str.count(str1))：以 str1 为分隔符对 str 进行切片，这个函数容易让人联想到 re 模块中的 re.split()方法（见第 2 章相关内容），前者可以视为后者的简化版。
- str.strip()：去掉 str 左右侧的空格。

下面通过一段代码演示上面这些函数的功能。

```
s1='mike'
s2='miKE'
print(s1.capitalize()) # Mike
print(s2.capitalize()) # Mike
s1='aaabb'
print(s1.count('a')) # 3
print(s1.count('a',2,len(s1))) # 1
print(s1.endswith('bb')) # True
print(s1.startswith('aa')) # True
cities_str=['Beijing','Shanghai','Nanjing','Shenzhen']
print([cityname for cityname in cities_str if cityname.startswith(('S','N'))]) # 比较复
杂的用法
# ['Shanghai', 'Nanjing', 'Shenzhen']

print(s1.find('aa')) # 0
print(s1.index('aa'))# 返回：0，index 方法可返回某个 str 在另一个 str 中的位置
print(s1.find('c')) # -1
# print(s1.index('c')) # Value Error

print('There are some cities: '+', '.join(cities_str))
# There are some cities: Beijing, Shanghai, Nanjing, Shenzhen
print(s1.partition('b')) # ('aaa', 'b', 'b')
print(s1.replace('b','c',1)) # aaacb
print(s1.replace('b','c',2)) # aaacc
print(s1.replace('b','c')) # aaacc
print(s2.split('K')) # ['mi', 'E']

s3=' a abc c '
print(s3.strip()) # 'a abc c'
print(s3.lstrip()) # 'a abc c '
print(s3.rstrip()) # ' a abc c'
# 最常见的 format()使用方法
print('{} is a {}'.format('He','Boy')) # He is a Boy
# 指明参数编号
print('{1} is a {0}'.format('Boy','He')) # He is a Boy
# 使用参数名
print('{who} is a {what}'.format(who='He',what='boy')) # He is a boy

print(s2.lower()) # mike
print(s2.upper()) # MIKE, 注意该方法与 capitalize()不同
```

除了这些方法，Python 的字符串还支持其他一些实用方法。另外，如果要对字符串进行操作，则正则表达式往往会成为十分重要的配套工具，关于正则表达式使用的内容可参考第 2 章。

3.3　Python 中的图片

3.3.1　PIL 与 Pillow 模块

Python 图像库（Python Imaging Library，PIL）是 Python 中用于处理图片图像的基础工具，而 Pillow 可以认为是基于 PIL 的一个变体（正式说法是"分支"），在某些场合，PIL 和 Pillow 可以当作同义词使用。下面主要介绍 Pillow。在这之前，如果没有安装 Pillow，则要先通过 pip 安装。Pillow 的主要模块是"Image"，其中的"Image"类是比较常用的。

```python
from PIL import Image, ImageFilter

# 打开图像文件
img=Image.open('cat.jpeg')
img.show() # 查看图像
print(img.size) # 图像尺寸，输出：(289, 174)
print(img.format) # 图像（文件）格式，输出：JPEG
w,h=img.size
# 缩放
img.thumbnail((w//2, h//2))
# 保存缩放后的图像
img.save('thumbnail.jpg', 'JPEG')

img.transpose(Image.ROTATE_90).save('r90.jpg') # 逆时针旋转 90°
img.transpose(Image.FLIP_LEFT_RIGHT).save('l2r.jpg') # 左右翻转

img.filter(ImageFilter.DETAIL).save('detail.jpg') # 不同的滤镜
img.filter(ImageFilter.BLUR).save('blur.jpg')

img.crop((0,0,w//2,h//2)).save('crop.jpg') # 根据参数指定的区域裁剪图像

# 创建新图片
img2=Image.new("RGBA",(500,500),(255,255,0))
img2.save("new.png","PNG") # 会创建一张 500 像素×500 像素的纯色图片

img2.paste(img,(10,10)) # 将 img 粘贴至指定位置
img2.save('combine.png')
```

上述代码的运行结果可见图 3-2～图 3-5 所示的几张图片，图 3-2 所示为缩放后的图片对比，图 3-3 所示为翻转和旋转后的图片，图 3-4 所示为添加滤镜后的图片（模糊效果），图 3-5 所示为粘贴后的图片。

图 3-2　缩放后的图片对比

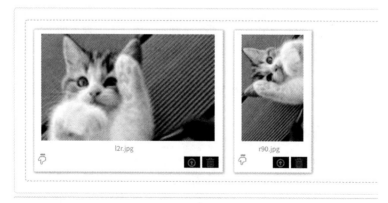

图 3-3　翻转和旋转后的图片

图 3-4　添加滤镜后的图片（模糊效果）　　　　图 3-5　粘贴后的图片

在实际使用中，PIL 的 Image.save()方法常用来做图片格式的相互转换，而缩放等方法也十分实用。在网页抓取中，如果需要保存较小的图片，就可以先进行缩放处理再存储。

3.3.2　Python 与 OpenCV 简介

与基本的 PIL 对比，OpenCV 更像一把瑞士军刀。为了在 Python 中使用 OpenCV，通过 cv2 这个基于 OpenCV 开发的比较新的接口版本来导入 OpenCV 功能。OpenCV 的全称是"Open Source Computer Vision Library"（意为开源计算机视觉库），基于 C 和 C++语言，但经过包装后可在 Java 和 Python 等其他语言中使用。OpenCV 由英特尔（Intel）公司发起，在商业和学术领域免费、开源，2009 年后的 OpenCV 2.0 是目前比较常见的版本。由于免费、开源、功能丰富并且跨平台易于移植，OpenCV 已经成为目前计算机视觉编程与图像处理方面最重要的工具之一。OpenCV 的官网如图 3-6 所示。

图 3-6　OpenCV 的官网

要在 Windows 系统的 Python 中使用 cv2 模块，具体的安装命令为：

```
pip install opencv-python
```

安装完成后，即可在 Python 中对其进行导入。

```
import cv2
```

在 macOS 上，可以使用包管理工具 homebrew 来进行快速安装（见图 3-7）。

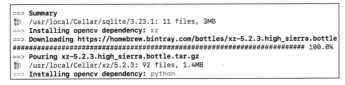

图 3-7　使用包管理工具 homebrew 安装 OpenCV 的过程

使用下面的命令安装 homebrew。

```
/usr/bin/ruby -e "$(curl -fsSL https://raw.githubusercontent.com/Homebrew/
install/master/install)"
```

安装成功后，使用命令 "brew update" 与 "brew install opencv" 即可 "一键" 安装。除了 OpenCV，Redis、MySQL、OpenSSL 等也可以使用这种方法安装。

在 Python 中导入 cv2，如果能查看 cv2 的当前版本，则说明安装成功，如下所示。

```
>>> cv2.__version__
'3.4.0'
```

由于 OpenCV 是比较专业的图像处理工具包，所以对 OpenCV 的具体使用就不展开介绍了，在开发时如果需要用到 OpenCV，则可随时在官网中找到对应的说明。

3.4 CSV 文件

3.4.1 CSV 简介

CSV 的全称是 "Comma Separated Values"（意为逗号分隔值）。CSV 文件以纯文本形式存储表格数据（数字和文本）。CSV 文件由任意数目的记录组成，记录以某种符号（一般就是制表符或者逗号）分隔，每条记录中是一些字段。在进行网络数据抓取时，难免会遇到 CSV 文件数据，而且由于 CSV 文件设计简单，很多时候使用 CSV 文件来保存数据（数据有可能是原生的网页数据，也有可能是已经经过爬虫程序处理后的结果）也十分方便。

3.4.2 CSV 的读写

Python 的 csv 面向的是本地的 CSV 文件，如果需要读取网络资源中的 CSV 文件，则为了让它也能被 csv 以本地文件的形式打开，可以先把它下载到本地，然后定位文件路径，将它作为本地文件打开。如果只需要读取一次而并不想真的保存这个文件（就像一个验证码图片那样，可见第 5 章的相关内容），可以在读取操作结束后用代码删除文件。除此之外，也可以直接把网络上的 CSV 文件当作一个字符串来读，将其转换成一个 StringIO 对象后就能够作为文件来操作了。

 I/O 是 Input/Output 的缩写，意为输入/输出，StringIO 的作用就是在内存中读写字符串。StringIO 针对的是字符串（文本），如果还要操作字节，则可以使用 BytesIO。

使用 StringIO 的优点在于，这种读写是在内存中完成的（本地文件则是从硬盘读取），因此不需要把 CSV 文件保存到本地。例 3-1 是一个直接获取在线 CSV 文件并读取、输出的例子。

【例 3-1】获取在线 CSV 文件并读取、输出。

```python
from urllib.request import urlopen
from io import StringIO
import csv

data=urlopen("https://raw.githubusercontent.com/jasonong/List-of-US-States/master/
states.csv").read().decode()
dataFile=StringIO(data)
dictReader=csv.DictReader(dataFile)
print(dictReader.fieldnames)

for row in dictReader:
  print(row)
```

运行结果为：

```
['State', 'Abbreviation']
{'Abbreviation': 'AL', 'State': 'Alabama'}
{'Abbreviation': 'AK', 'State': 'Alaska'}
...
```

```
{'Abbreviation': 'NY', 'State': 'New York'}
{'Abbreviation': 'NC', 'State': 'North Carolina'}
{'Abbreviation': 'ND', 'State': 'North Dakota'}
{'Abbreviation': 'OH', 'State': 'Ohio'}
{'Abbreviation': 'OK', 'State': 'Oklahoma'}
{'Abbreviation': 'OR', 'State': 'Oregon'}
...
```

这里需要说明的是 DictReader()，DictReader()将 CSV 文件的每一行作为一个字典返回，而 reader()则把 CSV 文件的每一行作为一个列表返回，使用 reader()，我们的输出就会是这样的：

```
['State', 'Abbreviation']
...
['California', 'CA']
['Colorado', 'CO']
['Connecticut', 'CT']
['Delaware', 'DE']
['District of Columbia', 'DC']
['Florida', 'FL']
['Georgia', 'GA']
...
```

根据自己的需要选用读取形式就好。

写入与读取是反向操作，也没有什么复杂之处，下面的简单例子展示了如何写数据到 CSV 文件中。

```python
import csv

res_list=[['A','B','C'],[1,2,3],[4,5,6],[7,8,9]]
with open('SAMPLE.csv', "a") as csv_file:
  writer=csv.writer(csv_file, delimiter=',')
  for line in res_list:
    writer.writerow(line)
```

SAMPLE.csv 的内容如下。

```
A,B,C
1,2,3
4,5,6
```

这里的 writer()与上文的 reader()是相对应的，需要说明的是 writerow()方法。writerow()顾名思义就是写入一行，接收一个可迭代对象作为参数。另外还有一个 writerows()方法，直观地说，writerows()等于多个 writerow()，因此上面的代码与下面的代码是等效的。

```python
res_list=[['A','B','C'],[1,2,3],[4,5,6],[7,8,9]]
with open('SAMPLE.csv', "a") as csv_file:
  writer=csv.writer(csv_file, delimiter=',')
  writer.writerows(res_list)
```

如果说 writerow 会把列表的每个元素作为一列写入 CSV 文件的一行中，writerows 就是把列表中的每个列表作为一行再写入 CSV 文件中。所以如果误用了 writerows，就可能产生啼笑皆非的错误。

```python
res_list=['I WILL BE ','THERE','FOR YOU']
with open('SAMPLE.csv', "a") as csv_file:
  writer=csv.writer(csv_file, delimiter=',')
  writer.writerows(res_list)
```

这里的 "I WILL BE" 是一个字符串，而字符串对象在 Python 中是可迭代对象，所以这样写入文件后，最终的结果是（逗号为分隔符）：

```
I, ,W,I,L,L, ,B,E,
T,H,E,R,E
F,O,R, ,Y,O,U
```

如果 csv 要写入数值，那么也会报错：csv.Error: iterable expected, not int。

另外，有时候.xls 文件作为电子表格（使用 Excel 编辑）也常被当作 CSV 文件的替代文件，处理.xls 文件可以使用 openpyxl 模块，其设计和操作与 csv 类似。

3.5　数据库的使用

在 Python 中使用数据库（主要是关系数据库）是一件非常方便的事情，因为一般都能找到对应的经过包装的 API 库，这些 API 库极大地提高了编写程序的效率。一般只需编写 SQL 语句并通过相应的 API 库执行就可以完成数据库读写。

3.5.1　MySQL 的使用

一般，在 Python 中进行数据库操作需要通过特定的程序模块来实现，其基本逻辑是，首先导入 API，然后设置数据库名、用户、密码等信息来连接数据库，接着执行数据库操作（可以通过直接执行 SQL 语句等方式），最后关闭与数据库的连接。由于 MySQL 是比较简单且常用的轻量级数据库，所以先使用 PyMySQL 模块来介绍在 Python 中如何使用 MySQL。

PyMySQL 是在 Python 3.x 中用于连接 MySQL 数据库的一个库，在 Python 2.x 中使用的是 mysqldb。PyMySQL 是基于 Python 开发的 MySQL 驱动接口，在 Python 3.x 中非常常用。

首先确保在本地机器上已经成功开启了 MySQL 服务（还未安装 MySQL 的话需要先安装，可在 MySQL 官网下载 MySQL 官方安装程序），之后使用 "pip install pymysql" 来安装该模块。上面的准备完成后，创建一个名为 "DB" 的数据库和一个名为 "scraper1" 的用户，密码设为 "password"。

```
CREATE DATABASE DB;
GRANT ALL PRIVILEGES ON *.'DB' TO 'scraper1'@'localhost' IDENTIFIED BY 'password';
```

接着创建一个名为 "users" 的表。

```
USE DB;
CREATE TABLE 'users' (
    'id' int(11) NOT NULL AUTO_INCREMENT,
    'email' varchar(255) COLLATE utf8_bin NOT NULL,
    'password' varchar(255) COLLATE utf8_bin NOT NULL,
    PRIMARY KEY ('id')
) ENGINE=InnoDB DEFAULT CHARSET=utf8 COLLATE=utf8_bin
AUTO_INCREMENT=1 ;
```

现在拥有了一个空表，接着使用 PyMySQL 进行操作，见例 3-2。

【例 3-2】使用 PyMySQL。

```python
import pymysql.cursors
# Connect to the database
connection=pymysql.connect(host='localhost',
                           user='scraper1',
                           password='password',
                           db='DB',
                           charset='utf8mb4',
                           cursorclass=pymysql.cursors.DictCursor)
try:
    with connection.cursor() as cursor:
        sql="INSERT INTO 'users' ('email', 'password') VALUES (%s, %s)"
        cursor.execute(sql, ('example@example.org', 'password'))

    connection.commit()

    with connection.cursor() as cursor:
        sql="SELECT 'id', 'password' FROM 'users' WHERE 'email'=%s"
        cursor.execute(sql, ('example@example.org',))
        result=cursor.fetchone()
        print(result)
finally:
    connection.close()
```

在这段代码中，首先通过 connect()方法进行连接配置并打开数据库连接，在 try 语句块中打开当前 connection 的 cursor()（游标），并通过 cursor 执行特定的 SQL 插入语句。通过 commit()方法提交上述操作，之后再次通过 cursor 实现对刚才插入的数据的查询。最后在 finally 语句块中关闭当前数据库连接。

本程序的输出为：{'id': 1, 'password': 'password'}

考虑到在执行 SQL 语句时可能会发生错误，可以将程序写成下面的形式。

```
try:
    ...
except:
    connection.rollback()
finally:
```

rollback()方法将执行回滚操作。

3.5.2　SQLite 3 的使用

SQLite 3 是一种小巧易用的轻量级关系数据库系统，Python 内置的 sqlite3 模块可以用于与 SQLite 3 数据库进行交互，先使用 PyCharm 创建一个名为"new-sqlite3"的 SQLite 3 数据源（见图 3-8）。

然后使用 sqlite3（此处的"sqlite3"指的是 Python 中的模块）进行建表操作，与上面对 MySQL 的操作类似。

图 3-8　在 PyCharm 中新建 SQLite 3 数据源

```
import sqlite3
conn=sqlite3.connect('new-sqlite3')
print("Opened database successfully")
cur=conn.cursor()
cur.execute(
    '''CREATE TABLE Users
        (ID INT PRIMARY KEY     NOT NULL,
        NAME            TEXT    NOT NULL,
        AGE             INT     NOT NULL,
        GENDER          TEXT,
        SALARY          REAL);'''
)
print("Table created successfully")
conn.commit()
conn.close()
```

接着在 Users 表中插入两条测试数据，可以看到 sqlite3 模块与 pymysql 模块的函数名称非常像。

```
conn=sqlite3.connect('new-sqlite3')
c=conn.cursor()

c.execute(
    '''INSERT INTO Users (ID,NAME,AGE,GENDER,SALARY)
        VALUES (1, 'Mike', 32, 'Male', 20000);''')
c.execute(
    '''INSERT INTO Users (ID,NAME,AGE,GENDER,SALARY)
        VALUES (2, 'Julia', 25, 'Female', 15000);''')
conn.commit()
print("Records created successfully")
conn.close()
```

下面进行读取操作，确认两条数据已经被插入。

```
conn=sqlite3.connect('new-sqlite3')
c=conn.cursor()
cursor=c.execute("SELECT id, name, salary  FROM Users")
```

```
for row in cursor:
  print(row)
conn.close()
# 输出:
# (1, 'Mike', 20000.0)
# (2, 'Julia', 15000.0)
```

要进行其他如更新、删除等操作，只需要更改对应的 SQL 语句即可，除了 SQL 语句的变化，整体的使用方法是一致的。

需要说明的是，在 Python 中通过 API 执行 SQL 语句往往需要使用通配符，但遗憾的是，不同的数据库类型使用的通配符可能并不一样，比如在 SQLite 3 中使用 "?"，而在 MySQL 中使用 "%s"。虽然看上去这像在对 SQL 语句字符串进行格式化（调用 format() 方法），但是这并非一回事。另外，在一切操作完毕，不要忘了通过 close() 关闭数据库连接。

3.5.3　SQLAlchemy 的使用

有时候，为了进行数据库操作，需要一个比底层 SQL 语句更高级的接口，即 ORM（Object Relational Mapping，对象关系映射）接口。SQLAlchemy（见图 3-9）这样的库就能满足这样的需求，它使我们可以在隐藏底层 SQL 的情况下实现

图 3-9　SQLAlchemy 的 Logo

各种数据库的操作。所谓 ORM，就是在数据表与对象之间建立对应关系，让我们得以通过纯粹的 Python 语句来表示 SQL 语句，从而进行数据库操作。

除 SQLAlchemy 之外，Python 中的 SQLObject 和 peewee 等也是 ORM 工具。值得一提的是，虽然是 ORM 工具，但 SQLAlchemy 也支持传统的基于底层 SQL 语句的操作。

使用 SQLAlchemy 进行建表以及增、删、改、查。

```
import pymysql
from sqlalchemy.ext.declarative import declarative_base
from sqlalchemy import create_engine, Column, Integer, String, func
from sqlalchemy.orm import sessionmaker

pymysql.install_as_MySQLdb()  # 如果没有这个语句，则在导入 SQLAlchemy 时可能报错
Base=declarative_base()

class Test(Base):
    __tablename__='Test'
    id=Column('id', Integer, primary_key=True, autoincrement=True)
    name=Column('name', String(50))
    age=Column('age', Integer)


engine=create_engine(
    "mysql://scraper1:password@localhost:3306/DjangoBS",
)

db_ses=sessionmaker(bind=engine)
session=db_ses()

Base.metadata.create_all(engine)

# 插入数据
user1=Test(name='Mike', age=16)
user2=Test(name='Linda', age=31)
user3=Test(name='Milanda', age=5)
session.add(user1)
session.add(user2)
session.add(user3)
session.commit()

# 修改数据，使用 merge 方法()（如果数据存在，则修改数据，如果数据不存在，则插入数据）
```

```
user1.name='Bob'
session.merge(user1)

# 与上面等效的修改方式
session.query(Test).filter(Test.name=='Bob').update({'name': 'Chloe'})
# 删除数据
session.query(Test).filter(Test.id==3).delete()  # 删除'Milanda'
# 查询数据
users=session.query(Test)
print([user.name for user in users])

# 按条件查询
user=session.query(Test).filter(Test.age < 20).first()
print(user.name)

# 在结果中进行统计
user_count=session.query(Test.name).order_by(Test.name).count()
avg_age=session.query(func.avg(Test.age)).first()
sum_age=session.query(func.sum(Test.age)).first()
print(user_count)
print(avg_age)
print(sum_age)

session.close()
```
上面程序的输出为：
```
['Chloe', 'Linda']
Chloe
2
(Decimal('23.5000'),)
(Decimal('47'),)
```

除此之外，SQLAlchemy 中还有其他一些常用到的函数、方法和功能，更多内容可以参考 SQLAlchemy 的官方文档。上面代码演示的 ORM 操作实际上为数据库提供了更高级的封装，在编写类似的程序时往往能获得更好的体验。

3.5.4 Redis 的使用

有必要在这里提到 Redis 数据库，简单地说，Redis 数据库是一个开源的键值对存储数据库，因为不同于关系数据库，往往也被称为数据结构服务器。Redis 是基于内存的，但可以将存储在内存的键值对数据持久化到硬盘。使用 Redis 主要的好处在于，可以避免写入不必要的临时数据，也免去了对临时数据进行扫描或者删除的麻烦，并最终改善程序的性能。Redis 的键值对存储支持 5 种不同数据结构类型的值，这 5 种数据结构类型分别是 STRING（字符串）、LIST（列表）、SET（集合）、HASH（散列）和 ZSET（有序集合）。为了在 Python 中使用 Redis API，我们可以安装 redis 模块，其基本用法如下。

```
import redis

red=redis.Redis(host='localhost', port=6379, db=0)
red.set('name', 'Jackson')
print(red.get('name'))  # b'Jackson'
print(red.keys())  # [b'name']
print(red.dbsize())  # 1
```

redis 模块使用连接池来管理对一个 redis server 的所有连接，这样就避免了每次建立、释放连接的开销。默认每个 Redis 实例都会维护一个自己的连接池。但可以直接建立一个连接池，这样可以实现多个 Redis 实例共享一个连接池。

```
import redis
# 使用连接池
pool=redis.ConnectionPool(host='localhost', port=6379)
```

```
r=redis.Redis(connection_pool=pool)
r.set('Shanghai', 'Pudong')
print(r.get('Shanghai')) # b'Pudong'
```

通过 set()方法设置过期时间。

```
import time
r.set('Shenzhen','Luohu',ex=5) # ex 表示过期时间（单位为 s）
print(r.get('Shenzhen')) # b'Luohu'
time.sleep(5)
print(r.get('Shenzhen')) # None
```

批量设置与读取：

```
r.mset(Beijing='Haidian',Chengdu='Qingyang',Tianjin='Nankai') # 批量
print(r.mget('Beijing','Chengdu','Tianjin')) # [b'Haidian', b'Qingyang', b'Nankai']
```

除了上面的这些基本的操作，redis 还提供了丰富的 API 供开发者与 Redis 数据库交互，由于本节只是简单介绍 Python 中的数据库，这里就不赘述了。

3.5.5 MongoDB 的使用

MongoDB 是一个基于分布式文件存储的数据库，是目前最流行的 NoSQL 数据库之一。MongoDB 由 C++语言编写而成,旨在为 Web 应用提供可扩展的高性能数据存储解决方案。MongoDB 的一个设计原则是以空间换时间，当存储的表格文件大于 5GB 时，MySQL 的性能会显著降低，而 MongoDB 则可以维持海量存储数据下的高性能表现。

以 MySQL 为代表的传统关系数据库一般由数据库、表、记录这 3 个层次的概念组成，而以 MongoDB 为代表的非关系数据库一般分为数据库、集合、文档对象这 3 个层次。

在 Python 中，连接 MongoDB 需要使用 pymongo 库，pymongo 库并未内置在 Python 3 中，因此需要使用 pip 安装 pymongo 库。安装成功后即可导入 pymongo 模块并连接对应的 MongoDB 数据库。pymongo 连接 MongoDB 的代码如下。

```
import pymongo

client=pymongo.MongoClient("mongodb://localhost:27017")
```

连接 MongoDB 之后，就可以进行创建、删除、修改、查找数据库、集合、文档对象的操作了，具体的操作代码如下。

```
import pymongo

client=pymongo.MongoClient("mongodb://localhost:27017")
db=client['test'] # 使用字典方式创建 test 数据库，如果该数据库已被创建，则选择该数据库
db=client.test # 使用属性方式创建 test 数据库，如果该数据库已被创建，则选择该数据库

collection=db['col'] # 使用字典方式创建集合或选择集合
collection=db.col # 使用属性方式创建集合或选择集合

data={'data1':"res"} # 构造数据
collection.insert_one(data) # 向集合 collection 中插入数据
```

插入数据之后，可以使用以下代码来查询集合中的一条数据，以验证数据是否插入成功。

```
import pymongo

client=pymongo.MongoClient("mongodb://localhost:27017")
db=client['test']
collection=db['col']
print(collection.find_one())
```

输出结果如下。

```
{'_id': ObjectId('5b23696ac315325f269f28d1'), 'data1': 'res'}
```

3.6 其他类型的文档

除了一些常见的文件格式，有时候还需要处理一些相对特殊的文档类型文件。先试试读取 docx 文件（.doc 与.docx 是 Microsoft Word 程序的文档格式），以一个内容为“兰花”（一种植物）的百度百科的 Word 文档为例，图 3-10 所示为 Word 文档的内容。

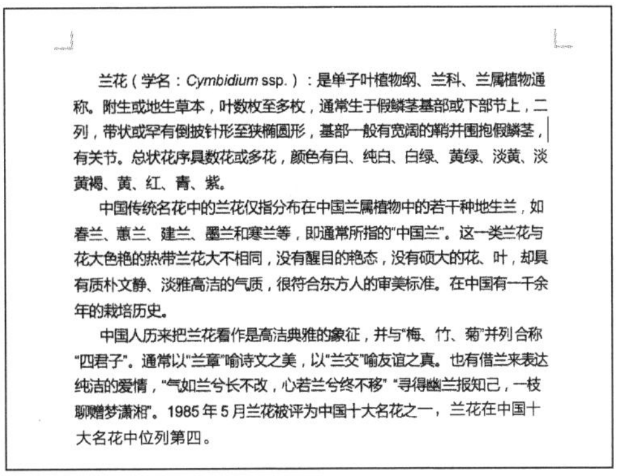

兰花（学名：*Cymbidium* ssp.）：是单子叶植物纲、兰科、兰属植物通称。附生或地生草本，叶数枚至多枚，通常生于假鳞茎基部或下部节上，二列，带状或罕有倒披针形至狭椭圆形，基部一般有宽阔的鞘并围抱假鳞茎，有关节。总状花序具数花或多花，颜色有白、纯白、白绿、黄绿、淡黄、淡黄褐、黄、红、青、紫。

中国传统名花中的兰花仅指分布在中国兰属植物中的若干种地生兰，如春兰、蕙兰、建兰、墨兰和寒兰等，即通常所指的“中国兰”。这一类兰花与花大色艳的热带兰花大不相同，没有醒目的艳态，没有硕大的花、叶，却具有质朴文静、淡雅高洁的气质，很符合东方人的审美标准。在中国有一千余年的栽培历史。

中国人历来把兰花看作是高洁典雅的象征，并与“梅、竹、菊”并列合称“四君子”。通常以“兰章”喻诗文之美，以“兰交”喻友谊之真。也有借兰来表达纯洁的爱情，“气如兰兮长不改，心若兰兮终不移”“寻得幽兰报知己，一枝聊赠梦潇湘”。1985 年 5 月兰花被评为中国十大名花之一，兰花在中国十大名花中位列第四。

图 3-10　Word 文档的内容

要读取这样的 docx 文件，必须先下载安装 python-docx 模块，仍然使用 pip 或者 PyCharm IDE 来进行安装。之后，通过该模块进行文件操作。

```
import docx
from docx import Document
from pprint import pprint

def getText(filename):
  doc=docx.Document(filename)
  fullText=[]
  for para in doc.paragraphs:
    fullText.append(para.text)
  return fullText

pprint(getText('sample.docx'))
```

上面程序的输出为：

```
...
 "兰花（学名：Cymbidium ssp.）：是单子叶植物纲、兰科、兰属植物通称。附生或地生草本，叶数枚至多枚，通常生于假鳞茎基部或下部节上，二列，带状或罕有倒披针形至狭椭圆形，基部一般有宽阔的鞘并围抱假鳞茎，有关节。总状花序具数花或多花，颜色有白、纯白、白绿、黄绿、淡黄、淡黄褐、黄、红、青、紫。"
 "中国传统名花中的兰花仅指分布在中国兰属植物中的若干种地生兰，如春兰、蕙兰、建兰、墨兰和寒兰等，即通常所指的"中国兰"。"
...
```

除了支持读取.docx 文件，python-docx 还支持直接创建文件。

```
import docx
from docx import Document

document=Document()

document.add_heading('This is Title', 0) # 添加标题，如"Doc Title @zhangyang"

p=document.add_paragraph('A plain paragraph ') # 添加段落，如"Paragraph @zhangyang"
p.add_run(' bold text ').bold=True # 添加格式文字
p.add_run(' italic text ').italic=True

document.add_heading('Heading 1', level=1)
document.add_paragraph('Intense quote', style='IntenseQuote')

document.add_paragraph( # 无序列表
    'unordered list 1', style='ListBullet'
)
for i in range(3):
  document.add_paragraph( # 有序列表
    'ordered list {}'.format(i), style='ListNumber'
  )

document.add_picture('cat.jpeg') # 添加图片

table=document.add_table(rows=1, cols=2) # 设置表
```

```
hdr_cells=table.rows[0].cells
hdr_cells[0].text='name'  # 设置列名
hdr_cells[1].text='gender'
d=[dict(name='Bob',gender='male'),dict(name='Linda',gender='female')]
for item in d:  # 添加表中内容
    row_cells=table.add_row().cells
    row_cells[0].text=str(item['name'])
    row_cells[1].text=str(item['gender'])

document.add_page_break()  # 添加分页

document.save('demo1.docx')  # 保存到路径
```

使用 Word 软件打开 demo1.docx 后的效果如图 3-11 所示。

除了 .docx 文件，在采集网络信息时，还可能会有处理 PDF 文件的需求（在某些场合，如下载 slide 或者 paper 时尤其常见）。Python 中也有对应的库可以用来操作 PDF 文件，这里使用 PyPDF2（使用 "pip install PyPDF2" 即可安装）。

首先，可以通过浏览器的打印页面功能生成一个内容为网页的 PDF 文件，将

`https://pythonhosted.org/PyPDF2/PdfFileMerger.html`

这个地址的网页内容保存在 raw.pdf 中（见图 3-12）。

图 3-11　使用 Word 软件打开 demo1.docx 后的效果　　　图 3-12　raw.pdf 的内容

接着使用 PyPDF2 进行简单的 PDF 文件页码粘贴与 PDF 合并操作。

```
from PyPDF2 import PdfFileReader, PdfFileWriter
raw_pdf='raw.pdf'
out_pdf='out.pdf'

# PdfFileReader 对象
```

```
pdf_input=PdfFileReader(open(raw_pdf, 'rb'))

page_num=pdf_input.getNumPages()  # 页数，输出：2
print(page_num)
print(pdf_input.getDocumentInfo())  # 文档信息
# 输出：{'/Creator': 'Mozilla/5.0 (Macintosh; Intel MacOS X 10_13_3) AppleWebKit/
537.36 (KHTML, like Gecko)
#   Chrome/65.0.3325.181 Safari/537.36', '/Producer': 'Skia/PDF m65', '/CreationDate':
"D:20180425142439+00'00'", '/ModDate': "D:20180425142439+00'00'"}

# 返回一个 PageObject
pages_from_raw=[pdf_input.getPage(i) for i in range(2)]
# raw.pdf 共 2 页，这里取出这 2 页

# 获取一个 PdfFileWriter 对象
pdf_output=PdfFileWriter()
# 将一个 PageObject 添加到 PdfFileWriter 中
for page in pages_from_raw:
  pdf_output.addPage(page)
# 输出到文件中
pdf_output.write(open(out_pdf, 'wb'))

from PyPDF2 import PdfFileMerger, PdfFileReader
# 合并两个 PDF 文件
merger=PdfFileMerger()
merger.append(PdfFileReader(open('out.pdf', 'rb')))
merger.append(PdfFileReader(open('raw.pdf', 'rb')))
merger.write("output_merge.pdf")
```

打开 output_merge.pdf，已经成功合并了 out.pdf 与 raw.pdf，由于 out.pdf 是 raw.pdf 的完全复制版本，所以最终的效果是 raw.pdf 前两页的内容与后两页的内容重复（见图 3-13）。

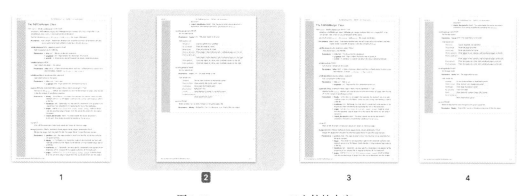

图 3-13　output_merge.pdf 文件的内容

章节实训：使用 Python 3 读写 SQLite 3 数据库

1. 需求说明

使用 Python 提供的 sqlite3 模块，将第 2 章的实训获得的直播间 ID 存入 SQLite 3 数据库中。

2. 实现思路及步骤

（1）Python 提供的 sqlite3 模块可以轻松完成对 SQLite 3 数据库的读写操作，其中 connect()方法可以判断数据库是否存在，如果不存在就自动创建一个，如果存在就打开该数据库。因此，在获取第 2 章的实训结果之后，可以使用 conn=sqlite3.connect('uzinfo.db')方法新建一个数据库。

（2）新建数据库之后，需要获取数据库的游标，使用 cur=conn.cursor()即可。获取到游标之后，就可以对数据库进行任意操作，使用 cur.execute("SQL 语句")可执行对应的 SQL 语句。这里首先创建一个数据表，使用 cur.execute("CREATE TABLE uzi (uid CHAR(25) PRIMARY KEY, zid CHAR(25))")可创建一个名为 uzi 的表。

（3）接下来需要往数据库中写入数据，可以编写一个循环来写入数据，写入数据的语句为 cur.execute('INSERT INTO uzi VALUES (?, ?)',(uid, zid))。写入数据之后，还需要调用 conn.commit()才能执行写入的操作。至此，写入便结束了。

（4）读写数据依然需要使用 cur.execute()操作，这里提取 uzi 数据表中的全部数据，使用 cur.execute('SELECT * FROM uzi')即可查找数据，并且使用 res=cur.fetchall()可将查找到的数据提取出来，最后将数据输出即可。

思考与练习

一、选择题

（1）在 Python 的 open()函数中，使用以下哪个模式字符可以在原本的文件内容上追加内容？（   ）

    A. 'w'　　　　　　　　B. 'r'　　　　　　　　C. 'b'　　　　　　　　D. 'a'

（2）使用以下哪个函数可以去掉字符串首尾的内容？（   ）

    A. str.decode()　　　B. str.strip()　　　C. str.split()　　　D. str.format()

（3）数据库类型是按照（   ）来划分的。

    A. 数据模型　　　　B. 记录形式　　　　C. 数据存取方法　　　D. 文件形式

（4）数据库管理系统更适合于（   ）方面的应用。

    A. CAD　　　　　　B. 过程控制　　　　C. 科学计算　　　　D. 数据处理

二、判断题

（1）os.remove()可以用来删除文件夹。（   ）

（2）使用 readlines()方法时，可以指定读取的行数。（   ）

（3）对 CSV 文件的读写可以不使用任何库。（   ）

（4）关系模型是目前最常用的数据模型。（   ）

（5）数据表的关键字用于唯一标识一条记录，每个表必须具有一个关键字，主关键字只能由一个字段组成。（   ）

三、问答题

（1）在 open()函数的打开模式字符（串）中，'w'与'w+'有什么异同？

（2）如果在 Python 中打开了一个文件但不关闭它会发生什么？

（3）使用一个操作将字符串'abcde'改变为'abcd'，有几种方法？

（4）使用 open()无法直接查看.docx 文件，而使用 python-docx 库则可以查看.docx 文件，这是为什么？

进阶篇

第4章
JavaScript 与动态内容

引言

如果利用 requests 和 BeautifulSoup 来采集一些大型电商网站的页面数据，就可能会出现令人疑惑的现象，那就是对于同一个 URL、同一个页面，我们抓取到的内容与我们在浏览器中看到的内容有所不同。比如有时寻找某一个 <div> 元素，却发现 Python 程序抛出异常，查看 requests.get() 方法的响应数据也没有看到想要的元素信息。这其实代表着网页数据抓取的一个关键问题，我们通过程序获取到的 HTTP 响应内容都是原始的 HTML 数据，但浏览器中的页面其实是在 HTML 数据的基础上，经过 JavaScript 进一步加工和处理后生成的。比如淘宝网的商品评论就是通过 JavaScript 获取 JSON 数据，然后"嵌入"原始 HTML 数据中并呈现给用户的。这种在页面中使用 JavaScript 的网页相对 20 世纪 90 年代的 Web 页面而言几乎是奇迹，但在今天，以 AJAX（Asynchronous JavaScript and XML，异步 JavaScript 与 XML）技术为代表的结合 JavaScript、CSS、HTML 等语言的网页开发技术已经成为绝对的主流。

为了避免要为每一份呈现的网页内容都准备一个 HTML 文件，网站开发者们开始考虑对网页的呈现方式进行变革。Google 公司的 Gmail 邮箱网站是第一个大规模使用 JavaScript 加载网页数据的产品，在此之前，用户为了获取下一页的网页信息，需要访问新的地址并重新加载整个页面，但 Gmail 邮箱网站给了更优雅的方案，用户只需要单击"下一页"按钮，网页（实际上是浏览器）会根据用户交互来对下一页数据进行加载，而这个过程并不需要对整个页面进行刷新，换句话说，JavaScript 使网页可以灵活地加载其中某一部分的数据。后来，随着这种设计的流行，"AJAX"这个词语也成为一个术语，Gmail 作为第一个大规模使用这种模式的商业网站，也成功引领了被称为"Web 2.0"的潮流。

学习目标

1. 了解 JavaScript 语法。
2. 了解 AJAX 技术工作原理。
3. 熟悉 AJAX 数据的抓取。
4. 掌握动态内容的抓取方法。
5. 掌握使用 Selenium 模拟浏览器抓取页面。

4.1 JavaScript 与 AJAX 技术

4.1.1 JavaScript 语言

JavaScript 一般被定义为一种"面向对象、动态类型的解释型语言"，最初由 Netscape（网景）公司推出，目的是作为新一代浏览器的脚本语言，换句话说，不同于 PHP 或者 ASP.NET，JavaScript

不是为"网站服务器"提供的语言，而是为"用户浏览器"提供的语言，从客户端和服务端的角度来说，JavaScript 无疑是一种"客户端"语言。但是由于 JavaScript 受到业界和用户的强烈欢迎，加之开发者社区的活跃，目前的 JavaScript 已经开始向更为综合的方向发展，随着 V8 引擎（可以提高 JavaScript 的解释执行效率）和 Node.js 等技术的出现，JavaScript 甚至已经开始涉足"服务端"，在 TIOBE 排名（一个针对各类程序设计语言受欢迎度的比较排名）上，JavaScript 稳居前十，并与 Python、C#等"分庭抗礼"。有一种说法是，对于今天任何一个正式的网站页面而言，HTML 决定了其基本内容，CSS 描述了其样式布局，JavaScript 则控制了用户与网页的交互。

> JavaScript 的名字使得很多人将其与 Java 语言联系起来，认为它是 Java 的某种派生语言，但实际上，JavaScript 在设计原则上受到 Scheme（一种函数式编程语言）和 C 语言的影响更多，除了变量类型和命名规范等细节，JavaScript 与 Java 关系并不大。Netscape 公司最初将之命名为"LiveScript"，但当时该公司正与 Sun 公司合作，随着 Java 语言获得的巨大成功，遂将名字改为"JavaScript"。JavaScript 推出后受到了业界的一致肯定，对 JavaScript 的支持也成为 2000 年以后出现的现代浏览器的基本要求。浏览器的脚本语言还包括用于 Flash 动画的 ActionScript 等。

为了在网页中使用 JavaScript，开发者一般会把 JavaScript 脚本代码写在 HTML 的<script>元素中。在 HTML 语法中，<script>元素用于定义脚本（见图 4-1），如果需要引用外部脚本文件，则可以在 src 属性中设置其地址。

```
▼<script>
    Do(function() {
      var app_qr = $('.app-qr');
      app_qr.hover(function() {
        app_qr.addClass('open');
      }, function() {
        app_qr.removeClass('open');
      });
    });

  </script>
  </div>
▶<div id="anony-sns" class="section">…</div>
▶<div id="anony-time" class="section">…</div>
▶<div id="anony-video" class="section">…</div>
▶<div id="anony-movie" class="section">…</div>
▶<div id="anony-group" class="section">…</div>
▶<div id="anony-book" class="section">…</div>
▶<div id="anony-music" class="section">…</div>
▶<div id="anony-market" class="section">…</div>
▶<div id="anony-events" class="section">…</div>
▼<div class="wrapper">
    <div id="dale_anonymous_home_page_bottom" class="extra"></div>
  ▶<div id="ft">…</div>
  </div>
  <script type="text/javascript" src="https://img3.doubanio.com/f/shire/72ced6d.../js/
  jquery.min.js" async="true"></script> == $0
```

图 4-1　豆瓣网首页网页源码中的<script>元素

JavaScript 在语法结构上类似于 C++等面向对象的语言，其循环语句、条件语句等与 Python 中的写法有较大的差异，但其弱类型特点会更符合 Python 开发者的使用习惯。一段简单的 JavaScript 脚本代码如例 4-1 所示。

【例 4-1】JavaScript 示例，计算 a+b 和 a*b。

```
function add(a,b) {
    var sum=a+b;
    console.log('%d+%d equals to %d',a,b,sum);
}
function mut(a,b) {
    var prod=a * b;
    console.log('%d * %d equals to %d',a,b,prod);
}
```

使用 Chrome 开发者工具中的"Console"工具（"Console"一般翻译为"控制台"），输入并运

行上述代码，就可以在"Console"中看到对应的执行结果
（见图 4-2）。

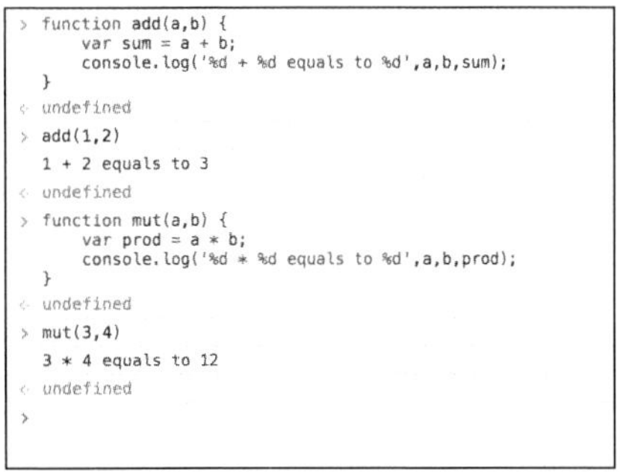

通过例 4-2 展示 JavaScript 的基本概念和语法。

【例 4-2】JavaScript 程序，演示 JavaScript 的基本内容。

```
var a=1; # 变量声明与赋值
# 变量都用 var 关键字定义
var myFunction=function (arg1) { # 注意这个赋值语句，
在 JavaScript 中，函数和变量本质上是一样的
    arg1 +=1;
    return arg1;
}
var myAnotherFunction=function (f,a) { # 函数也可以作为另一个函数的参数被传入
    return f(a);
}
console.log(myAnotherFunction(myFunction,2))
# 条件语句
if (a > 0) {
    a -=1;
} else if (a==0) {
    a -=2;
} else {
    a +=2;
}
# 数组
arr=[1,2,3];
console.log(arr[1]);
# 对象
myAnimal={
    name: "Bob",
    species: "Tiger",
    gender: "Male",
    isAlive: true,
    isMammal: true,
}
console.log(myAnimal.gender); # 访问对象的属性
# 匿名函数
myFunctionOp=function (f, a) {
    return f(a);
}
res=myFunctionOp(# 直接在参数位置写上一个函数
    function(a) {
      return a * 2;
    },
    4)
# 可以联想 lambda 表达式来理解
console.log(res); # 结果为 8
```

```
function add(a,b) {
    var sum = a + b;
    console.log('%d + %d equals to %d',a,b,sum);
}
  undefined
> add(1,2)
  1 + 2 equals to 3
  undefined
> function mut(a,b) {
    var prod = a * b;
    console.log('%d * %d equals to %d',a,b,prod);
}
  undefined
> mut(3,4)
  3 * 4 equals to 12
  undefined
>
```

图 4-2　在"Console"中的执行结果

除了需要对 JavaScript 语法有所了解，为了更好地分析和抓取网页，还需要对目前广为流行的 JavaScript 第三方库有简单的认识。包括 jQuery、Prototype、React 等在内的 JavaScript 库一般会提供丰富的函数和设计完善的使用方法。

如果要使用 jQuery，则可以访问其官网，并将 jQuery 源码下载到本地，再在 HTML 网页中引用。

```
<head>
</head>
<body>
    <script src="jquery-1.10.2.min.js"></script>
</body>
```

也可使用另一种不必在本地保存 JavaScript 文件的方法，即使用 CDN（见下方代码）。百度、新浪等大型互联网公司的网站都会提供常见 JavaScript 库的 CDN。如果网页使用 CDN，则用户向网站服务器请求文件时，CDN 会从离用户最近的服务器上返回响应，这在一定程度上可以提高加载速度。

```
<head>
</head>
<body>
    <script
    src="http://lib.sinaapp.com/js/jquery/1.7.2/jquery.min.js"></script>
</body>
```

 曾经编写过网页的人可能对 CDN 一词不陌生，CDN 即 Content Delivery Network（内容分发网络），一般会用于存放供人们共享使用的代码。Google 的 API 服务提供了存放 jQuery 等 JavaScript 库的 CDN。

4.1.2　AJAX

AJAX 技术与其说是一种"技术"，不如说是一种"方案"。如上文所述，在网页中使用 JavaScript 加载页面中的数据都可以看作使用了 AJAX 技术。AJAX 技术改变了过去用户浏览网站时一个请求对应一个页面的模式，允许浏览器通过异步请求来获取数据，从而使得一个页面能够呈现并容纳更多的内容，同时也意味着页面具有更多的功能。只要用户使用的是主流的浏览器，同时允许浏览器执行 JavaScript，用户就能够享受网站在网页中的 AJAX 内容。

AJAX 技术在逐渐流行的同时，也面临着一些批评和意见。由于 JavaScript 本身是作为脚本语言在浏览器上执行的，因此，浏览器的兼容性不可忽视。另外，由于 JavaScript 在某种程度上实现了业务逻辑的分离（此前的业务逻辑统一由服务器实现），因此在代码维护上也存在一些效率问题。但总体而言，AJAX 技术已经成为现代网站技术的"中流砥柱"，受到了广泛欢迎。AJAX 目前的使用场景十分广泛，很多时候普通用户甚至察觉不到网页正在使用 AJAX 技术。

以知乎首页动态内容的刷新为例（见图 4-3），页面与用户的主要交互方式就是用户通过下拉页面（可通过鼠标滚轮、拖动滚动条等操作实现）查看更多动态内容，而在一部分动态内容（对于知乎而言，包括被关注用户的点赞和回答等）展示完毕，就会显示一段加载动画并呈现后续的动态内容。在这个过程中，页面的加载动画其实只是"障眼法"，此时 JavaScript 脚本请求了服务器的相关数据，并将这些数据加载到页面中。在这个过程中，页面显然没有全部刷新，而是只刷新了一部分，通过这种异步加载的方式完成了对新的内容的获取和呈现，这个过程就是典型的 AJAX 应用。

图 4-3　知乎首页动态内容的刷新

比较尴尬的是，我们编写的爬虫一般不能执行包括"加载新内容"或者"跳到下一页"等功能在内的各类写在网页中的 JavaScript 代码。如本节开头所述，我们的爬虫会获取网站的原始 HTML 页面，由于爬虫没有浏览器那样执行 JavaScript 脚本的能力，因此也就不会执行 JavaScript 代码，我们抓取到的结果就会和浏览器中显示的结果有所差异，很多时候不能直接获取到想要的关键信息。为打破这个尴尬局面，基于 Python 编写的爬虫程序可以做出两种改进，一种是分析 AJAX 内容（需要开发者手动观察和实验），观察其请求目标、请求内容和请求的参数等信息，编写程序来模拟这样的 JavaScript 请求，最终获取信息（这个过程可以叫"逆向工程"）。另外一种改进方式则比较取巧，那就是直接模拟出浏览器环境，使程序得以通过浏览器模拟工具"移花接木"，最终通过浏览器渲染后的页面来获取信息。这两种方式的选择与 JavaScript 在网页中的具体使用方法有关，这将在下一节具体讨论。

4.2　抓取 AJAX 数据

4.2.1　分析数据

在网页中使用 JavaScript 的第一种方式是获取 AJAX 数据并在网页中加载，这实际上是一个"嵌入"的过程，借助这种方式，不需要一个单独的页面请求就可以加载新的数据，网站开发者和浏览网站的用户都能有更好的体验。这个概念与"动态页面"非常接近，动态页面一般是指通过客户端语言来动态改变网页 HTML 元素。显然，这里的"客户端语言"几乎是"JavaScript"的同义词，而"改变网页 HTML 元素"本身就意味着对新请求数据的加载。在上一节末介绍的知乎首页的例子，实际上就是一种非常典型且综合性的动态 HTML 页面，不仅网页中的文本数据是通过 JavaScript（即 AJAX）加载的，而且网页中的各类元素（如<div>或<p>元素）也是通过 JavaScript 代码来生成并最终呈现给用户的。在本小节先考虑最单纯的 AJAX 数据抓取，暂时不考虑那些复杂的页面变化（直观地说，就是各类动画加载效果），可以以苏宁易购和携程网的网页为例，完成一次对 AJAX 数据的逆向工程。

具体地说，网页中的 AJAX 过程一般可以简单地视作一个发送请求、获得数据、显示元素的流程。在第一步发送请求时，客户端主要借助了一个名为 XMLHttpRequest 的对象。在使用 Python 发送请求时的程序语句是这样的：

```python
import requests
res=requests.get('url')
# 执行某请求
```

而浏览器使用 XMLHttpRequest 来发起请求也是类似的，它使用的是 JavaScript 语言而不是 Python 语言。对于 AJAX 而言，发送请求到获得数据的过程当然不止两行代码这么简单。最终，浏览器在 XMLHttpRequest 的 responseText 属性中获取响应内容。常见的响应内容包括 HTML 文本、JSON 数据等（见图 4-4）。

 对 XMLHttpRequest 的定义可以参考 Mozilla（一个脱胎于 Netscape 公司的软件社区组织，旗下软件包括著名的 Firefox 浏览器）给出的说明，"XMLHttpRequest 是一个 API，它为客户端提供了在客户端和服务器之间传输数据的功能。它提供了一个通过 URL 来获取数据的简单方式，并且不会使整个页面刷新。"

图 4-4　通过开发者工具查看 JSON 数据（图中网页为苏宁易购）

之后，JavaScript 将根据获取到的响应内容改变网页 HTML 的内容，使网页源码真正变为在开发者工具中看到的实时网页 HTML 代码。在这个显示元素的过程中，第一步就是通过 JavaScript 进行 DOM 操作（即改变网页文档的操作）。之后浏览器完成对新加载内容的渲染，就看到了最终的网页效果。

提示

文档对象模型（DOM）是 HTML 和 XML 文档的编程接口。DOM 将网页文档解析为一个由节点和对象（包含属性和方法的对象）组成的数据结构。最直接的理解是，DOM 是 Web 页面的面向对象化，便于通过 JavaScript 等语言对页面中的内容（元素）进行更改、增加等操作。"渲染"这个词则没有很严格的定义，可以理解为，浏览器把那些只有程序员才会留心的代码和数据"变为"普通用户所看到的网页画面的过程。

根据上面的分析，我们很容易想到，为了抓取这样的网页内容，不必着眼于网页这个"最终产物"，因为"最终产物"也是经过加工后的结果。如果对那些 AJAX 数据（如商品的客户评论）感兴趣，并且暂时不需要页面中的其他一些数据（如商品的名称标题），那么我们完全可以将注意力集中在 AJAX 请求上，对于很多简单的 AJAX 数据而言，只要知道了 AJAX 请求的 URL，我们的抓取就已经成功了一半。幸运的是，虽然 AJAX 数据可能会进行加密，有一些 AJAX 请求的数据格式也可能非常复杂（尤其是一些大型互联网公司的网站页面），但很多网页中的 AJAX 内容还是不难分析的。

访问和讯网的基金排名页面（见图 4-5），打开开发者工具并进入"Network"选项卡，就能看到很多条记录，这些记录记载了页面加载过程中浏览器和服务器之间的交互。选中"XHR"选项，便能过滤掉其他类型的交互记录，只显示 XHR（即 XMLHttpRequest）。

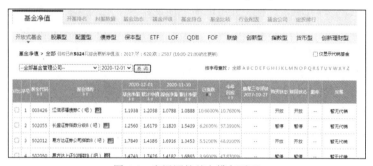

图 4-5 和讯网的基金排名页面

由此得到了网页中的 AJAX 数据请求，对于排名页面而言，把抓取目标设定为获取其"开放式基金某一天"的信息（见图 4-6），这显然是 AJAX 加载的数据。在"Network"选项卡中也能看到"KaifangJingz.aspx"这条记录，选中记录后选择"Preview"就能看到请求到的数据详情。（实际上应该在"Response"中查看响应数据，但"Preview"会将数据以比较易于观察的格式显示，便于开发者预览。）

图 4-6 查看排名页面的 AJAX 加载数据

在"Preview"中看到的是浏览器"解析"（这个词一般是由 parse 翻译而来）得到的数据，在

"Response"中查看到的原始数据（见图 4-7）则不易阅读，但本质是一样的。JavaScript 获取到这些 JSON 数据后，根据对应的页面渲染方法进行渲染，这些数据就呈现在了最终的网页之上。

图 4-7 查看"Response"中的原始数据

为了抓取这些数据，必须研究"Headers"中的关键信息。在"Headers"选项卡中可以查看这次 XMLHttpRequest 请求的各种详细信息，其中比较重要的是 Request URL（请求的 URL）和 Query String Parameters（请求参数）。我们看到 Request URL 为 http://jingzhi.funds.hexun.com/jz/JsonData/KaifangQuJianPM.aspx，之后单击调试工具"Headers"下面的 Query String Parameters 中的"View Source"，可以获得如下查询字符串。

callback=callback&subtype=1&fundcompany=---%E5%85%A8%E9%83%A8%E5%9F%BA%E9%87%91%E7%AE%A1%E7%90%86%E5%85%AC%E5%8F%B8--&enddate=2020-11-24&curpage=1&pagesize=20&sortName=dayPrice&sortType=down&fundisbuy=0

读者对后端开发比较熟悉的话，就会明白其中的"a=x"这样形式的内容实际上就是给后端查询函数传入的具体参数名和参数值。这是一个表单数据，因此可以使用 GET 请求得到返回的 JSON 数据，但还可使用另外一种方式验证，用浏览器默认的 GET 请求方法查看请求的结果，得到的 URL 如下。

http://jingzhi.funds.hexun.com/jz/JsonData/KaifangJingz.aspx?callback=callback&subtype=1&fundcompany=---%E5%85%A8%E9%83%A8%E5%9F%BA%E9%87%91%E7%AE%A1%E7%90%86%E5%85%AC%E5%8F%B8--&enddate=2020-12-01&curpage=1&pagesize=20&sortName=dayPrice&sortType=down&fundisbuy=0

图 4-8 所示为访问 URL 的结果，在浏览器中输入这个地址并访问，会看到图 4-8 所示的网页。

图 4-8 访问 URL 的结果

获得的数据正是包含这个基金排名的 JSON 数据，很显然，其中的 fundName 字段是基金名，num 字段是序号，不同页面返回字段的序号是不一样的。在页面中单击"下一页"按钮，实际上执行的就是将 curpage=2 作为参数递增并获取新数据的操作。

回到我们刚才的基金排名信息，可以发现响应的 JSON 数据中的主要字段包括 fundCode、fundName、list 等（见图 4-9）。假如想通过程序获取这里的基金信息及与排名对应的文本，就需要解析这些 JSON 数据。

```
X  Headers  Preview  Response  Initiator  Timing

▼callback({sum: 8013, total: 6127, up: 2769, flat: 643, down: 2715, today: "2020-09-29", dayBefore: "2020-09-28",…})
   cxLevelday: "2017-10-27"
   dayBefore: "2020-09-28"
   down: 2715
   flat: 643
 ▼list: [{num: "21", fundCode: "000028", fundName: "华富债本混合",…},…]
  ▼0: {num: "21", fundCode: "000028", fundName: "华富债本混合",…}
     bAmass: "1.4829"
     bNet: "1.1049"
     baLink: "http://jijinba.hexun.com/000028,jijinba.html"
     buy: "1"
     buyLink: "https://email.licaike.com/fund/purchase/FirstLoad.action?fundCode=000028&knownChannel=hexun_jjjz_goumai"
     buyStatus: "开放"
     cxLevel: "★★"
     dayPrice: "--"
     discount: "5折"
     dtLink: "https://email.licaike.com/fund/fundplan/InitAdd.action?fundCode=000028&knownChannel=hexun_jjjz_dinggou"
     fundCode: "000028"
     fundLink: "http://jingzhi.funds.hexun.com/000028.shtml"
     fundName: "华富债本混合"
     num: "21"
     ratefee: "0.60%"
     redeemStatus: "开放"
     tAmass: "--"
```

图 4-9　响应的 JSON 数据

4.2.2　数据提取

下面通过携程网酒店详情页的抓取案例，学习如何对 JSON 数据进行提取，对 JSON 数据中的内容进行分析后，发现其中有一些暂时不感兴趣的字段（如 ReplyId 和 ReplyTime 等），如果想编写一个程序，获得该酒店对应的前 5 页常见问答的基本信息，也就是提问和回答的内容，只需要提取该 JSON 数据中的 AskContentTitle 和 ReplyList 字段，从我们对 Python 中 json 库的了解出发，很快便能写出这样的一个简单程序，见例 4-3。

【例 4-3】抓取酒店常见问答的基本信息。

```
import requests
import json
from pprint import pprint

urls=['http://hotels.ctrip.com/Domestic/tool/AjaxHotelFaqLoad.aspx?hotelid=473871&currentPage={}'.format(i) for i in range(1,6)]
for url in urls:
  res=requests.get(url)
  js1=json.loads(res.text)
  asklist=dict(js1).get('AskList')
  for one in asklist:
    print('问: {}\n 答: {}\n'.format(one['AskContentTitle'], one['ReplyList'][0]['ReplyContentTitle']))
```

在上面的代码中，由于只抓取页面中的很小一部分 JSON 数据，因此没有使用 headers 信息，也没有设置任何对爬虫的限制（如访问的时间间隔），urls 是一个根据 currentPage 的值进行构造的 URL 列表，对其中的 URL 进行循环抓取，asklist 将 JSON 数据中的 AskList 字段单独拿出来，以便后续再在其中寻找 AskContentTitle（代表提问的标题）和 ReplyContentTitle（代表回答的标题）。

运行上面的程序可以看到非常整洁的输出（见图 4-10），内容与我们在网页中看到的一致。

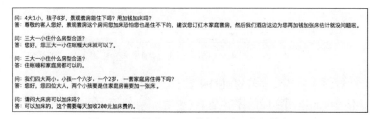

图 4-10　简单的 JSON 数据抓取程序的输出

但这样的简单程序毕竟稍显单薄，主要的不足在于：

（1）只能抓取问答 JSON 数据中的少量信息，回答日期和回答用户身份（普通用户或者酒店经理）没有记录下来；

（2）有一些提问同时拥有多条回答，这里没有完整获取；

（3）没有足够的爬虫限制机制，可能有被服务器拒绝访问的风险；

（4）程序模块化程度不够，不利于后续的调试和使用；

（5）没有合理的数据存储机制，输出完毕，机器的内存和数据存储区中都不再有这些信息了。

从对这些不足的考虑出发，对上面的代码进行重新编写，为它弥补这几条不足，得到的最终程序见例 4-4，对程序的解释可见代码中的注释。

【例 4-4】酒店问答数据抓取程序。

```python
import requests
import time
from pymongo import MongoClient

# client=MongoClient('mongodb://yourserver:yourport/')
client=MongoClient() # 使用 pymongo 对数据库进行初始化，由于使用了本地 MongoDB，因此此处不需要配置
# 等效于 client=MongoClient('localhost', 27017)


# 使用名为 "ctrip" 的数据库
db=client['ctrip']
# 使用其中的集合表：hotelfaq（酒店常见问答）
collection=db['hotelfaq']
global hotel
global max_page_num
# 原始数据获取 URL
raw_url='http://hotels.ctrip.com/Domestic/tool/AjaxHotelFaqLoad.aspx?'
# 根据开发者工具中的 Request Headers 信息设置 headers
headers={
  'Host': 'hotels.ctrip.com',
  'Referer': 'http://hotels.ctrip.com/hotel/473871.html',
  'User-Agent':
    'Mozilla/5.0 (Macintosh; Intel MacOS X 10_13_3) AppleWebKit/537.36 (KHTML, like Gecko)
Chrome/66.0.3359.170 Safari/537.36'
}
# 在此只使用了 Host、Referer、User-Agent 这几个关键字段


def get_json(hotel, page):
  params={
    'hotelid': hotel,
    'page': page
  }
  try:
    # 使用 request 中 get() 方法的 params 参数
    res=requests.get(raw_url, headers=headers, params=params)
    if res.ok: # 成功访问
      return res.json() # 返回 JSON 数据
  except Exception as e:
    print('Error here:\t', e)

# JSON 数据处理
def json_parser(json):
  if json is not None:
    asks_list=json.get('AskList')
    if not asks_list:
      return None
```

```
        for ask_item in asks_list:
            one_ask={}
            one_ask['id']=ask_item.get('AskId')
            one_ask['hotel']=hotel
            one_ask['createtime']=ask_item.get('CreateTime')
            one_ask['ask']=ask_item.get('AskContentTitle')
            one_ask['reply']=[]
            if ask_item.get('ReplyList'):
                for reply_item in ask_item.get('ReplyList'):
                    one_ask['reply'].append((reply_item.get('ReplierText'),
                                            reply_item.get('ReplyContentTitle'),
                                            reply_item.get('ReplyTime')
                                            ))
            yield one_ask # 使用生成器 yield() 方法

# 存储到数据库
def save_to_mongo(data):
    if collection.insert(data): # 插入一条数据
        print('Saving to db!')

# 工作函数
def worker(hotel):
    max_page_num=int(input('input max page num:')) # 输入最大页数（通过观察问答网页可以得到）
    for page in range(1, max_page_num+1):
        time.sleep(1.5) # 设置访问间隔时间，避免服务器由于压力过高而拒绝访问
        print('page now:\t{}'.format(page))
        raw_json=get_json(hotel, page) # 获取原始 JSON 数据
        res_set=json_parser(raw_json)
        for res in res_set:
            print(res)
            save_to_mongo(res)


if __name__=='__main__':
    hotel=int(input('input hotel id:')) # 对本例而言，酒店 ID 为 473871
    worker(hotel)
```

输入之前看到的酒店页面信息，酒店 ID 为 473871，页数为 27，程序运行结束后可以看到成功抓取到了数据（见图 4-11），当然，使用另外一家酒店的页面的酒店 ID 和页数信息也能得到类似的结果。


```
{ "_id" : ObjectId("5af7c79de1c439e78a41e737"), "id" : 2826469, "createtime" : "2016-09-21", "ask" : "特惠房，可以睡两个人吗？", "reply" : [ [ "酒店经理", "可以", "2017-09-16" ], [ "入住用户", "可以", "2017-08-06" ] ] }
{ "_id" : ObjectId("5af7c79de1c439e78a41e738"), "id" : 2826782, "createtime" : "2016-09-21", "ask" : "我刚定的两个特惠房，三个成人一个老人，请问能住得下吗", "reply" : [ [ "酒店经理", "能，欢迎您来", "2017-09-17" ], [ "入住用户", "特惠房只要是大床应该能住下", "2016-10-20" ], [ "入住用户", "注明两个单人床应该没问题", "2016-09-29" ] ] }
{ "_id" : ObjectId("5af7c79de1c439e78a41e739"), "id" : 2777285, "createtime" : "2016-09-10", "ask" : "标准间的大床请问是1.8米的吗", "reply" : [ [ "酒店经理", "1.5/2米的床", "2017-09-16" ], [ "入住用户", "1.5的", "2017-08-29" ] ] }
{ "_id" : ObjectId("5af7c79de1c439e78a41e73a"), "id" : 2774927, "createtime" : "2016-09-09", "ask" : "请问大床一张床是多大", "reply" : [ [ "酒店经理", "您好，宽是1米8长两米的", "2017-09-19" ], [ "入住用户", "问前台服务员", "2017-08-29" ] ] }
```


图 4-11　数据库中的问答内容

除了这种直接在 JSON 数据中抓取信息的方法，还可将 AJAX 数据作为跳板，通过其中的内容来继续下一步抓取。这种模式的典型例子是在一些网页中抓取图片，如在新闻网站或门户网站中，往往会将每一则新闻报道项目中的图片链接地址单独用一份 AJAX 数据传输，并通过网页元素渲染给用户，这时如果打算抓取网页中的图片，可能就要避开网页采集，而直接访问对应的 AJAX 接口，以进行图片的下载保存操作。下面通过一个简单的例子来说明这一点，哔哩哔哩网站的首页有一个“特别推荐”区域，该区域会展示一些推广视频。其中的内容正是通过 AJAX 加载的，在开发者工具中能很清楚地看到这一点（见图 4-12）。

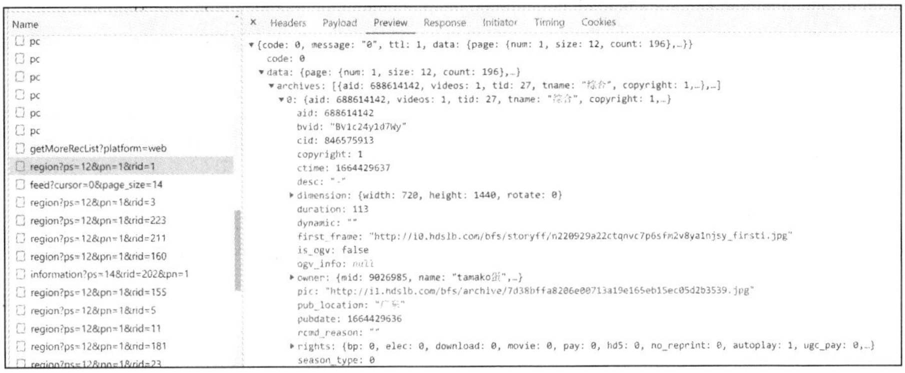

图 4-12　在开发者工具中找到的"特别推荐"数据（使用 Preview）

在 Request Headers 中可以确定一些重要的信息，获取该数据的 URL，而 Host、Referer、User-Agent 等字段可以完全照搬。结合我们之前采集 AJAX 中 JSON 数据和抓取图片的经验，便能够编写出用于抓取"特别推荐"中视频封面图片的爬虫程序，见例 4-5。

【例 4-5】哔哩哔哩"特别推荐"视频封面图片抓取。

```python
import requests
import time
import os

# 原始数据获取 URL
raw_url='https://www.bilibili.com/index/recommend.json'
# 根据开发者工具中的 Request Headers 信息设置 headers
headers={
    'Host':'www.bilibili.com',
    'X-Requested-With': 'XMLHttpRequest',
    'User-Agent':
        'Mozilla/5.0 (Macintosh; Intel MacOS X 10_13_3) AppleWebKit/537.36 (KHTML, like Gecko)
Chrome/66.0.3359.170 Safari/537.36'
    }


def save_image(url):
    filename=url.lstrip('http://').replace('.', '').replace('/', '').rstrip('jpg')+
'.jpg'
    # 将图片地址转化为图片文件名
    try:
        res=requests.get(url, headers=headers)
        if res.ok:
            img=res.content
            if not os.path.exists(filename): # 检查该图片是否已经下载过
                with open(filename, 'wb') as f:
                    f.write(img)
    except Exception:
        print('Failed to load the picture')


def get_json():
    try:
        res=requests.get(raw_url, headers=headers)
        if res.ok:  # 成功访问
            return res.json()  # 返回 JSON 数据
        else:
            print('not ok')
            return False
    except Exception as e:
        print('Error here:\t', e)
```

```
# JSON 数据处理
def json_parser(json):
  if json is not None:
    news_list=json.get('list')
    if not news_list:
      return False
    for news_item in news_list:
      pic_url=news_item.get('pic')
      yield pic_url  # 使用生成器 yield()方法

def worker():
  raw_json=get_json()  # 获取原始 JSON 数据
  print(raw_json)
  urls=json_parser(raw_json)
  for url in urls:
    save_image(url)

if __name__=='__main__':
  worker()
```

这个程序在框架上和之前的酒店问答数据抓取程序非常接近，运行该程序，在本地文件目录下看到下载的图片，如果想在一个特定的目录中存放这些图片，则只需要在文件操作中设置统一的上级目录即可（或者直接更改 filename，变为 ".../parentdir/xxx.jpg" 这样的形式）。

4.3 抓取动态内容

4.3.1 动态渲染页面

在上一节中我们看到，网页会使用 JavaScript 加载数据，对于这种模式，可以分析数据接口来进行直接抓取，这种方式需要对网页的内容、格式和 JavaScript 代码有所研究才能顺利完成。而我们还会碰到另外一些页面，这些页面同样使用 AJAX 技术，但是其结构比较复杂，很多网页中的关键数据由 AJAX 获得，页面元素本身也使用 JavaScript 来添加或修改，甚至我们感兴趣的内容在原始页面中并不显示，需要进行一定的用户交互（如不断下拉滚动条）才会显示。对于这种情况，为了方便，考虑使用模拟浏览器的方法来抓取，而不是通过"逆向工程"去分析 AJAX 接口。使用模拟浏览器的方法的特点是普适性强、开发耗时短、抓取耗时长（模拟浏览器的性能问题始终令人忧虑）等。使用分析 AJAX 接口的方法的特点则刚好相反，甚至在同一个网站、同一个类别的不同网页上，AJAX 接口的具体访问信息都有差别，因此开发过程投入的时间和精力成本是比较大的。对于上一节提到的携程网酒店问答数据抓取程序，也可以用模拟浏览器的方法来做，但鉴于这个 AJAX 接口的形式并不复杂，而且页面结构也相对简单（没有复杂的动画），使用 AJAX 逆向工程会是比较明智的选择。如果碰到页面结构相对复杂或者 AJAX 数据分析比较困难（如数据经过加密）的情况，就需要考虑使用模拟浏览器的方法了。

需要注意的是，"AJAX 数据抓取"和"动态页面抓取"是两个很容易混淆的概念，正如"AJAX 页面"和"动态页面"容易让人混淆一样。可以这样说，动态页面（Dynamic HTML，有时简称为 DHTML）是指利用 JavaScript 在客户端改变页面元素的一类页面，而 AJAX 页面是指利用 JavaScript 请求网页中数据内容的页面，这两者很难分开，因为很少会见到只利用 JavaScript 请求数据或者只利用 JavaScript 改变页面内容的网页，因此，将"AJAX 数据抓取"和"动态页面抓取"分开谈其实也是不太妥当的，我们在这里分开两个概念只是为了从抓取的角度审视网页，实际上这两类网页并没有本质上的不同。

4.3.2 使用 Selenium

在 Python 模拟浏览器进行数据抓取方面，Selenium（见图 4-13）是绕不过去的。Selenium（意为化学元素"硒")是浏览器自动化工具,在设计之初是为了进行浏览器的功能测试,Selenium 的作用直观地说,就是操作浏览器进行一些类似于普通用户的行为,如访问某个地址、判断网页状态、单击网页中的某个元素(按钮)等。使用 Selenium 来模拟浏览器进行的数据抓取其实已经不能算是一种"爬虫"程序,一般谈到爬虫,我们自然会想到独立于浏览器之外的程序,但无论如何,这种方法能够帮助我们解决一些比较复杂的网页抓取任务。由于直接使用了浏览器,麻烦的 AJAX 数据和 JavaScript 动态页面一般都已经渲染完成,利用一些函数,我们完全可以做到随心所欲地抓取,加之开发流程也比较简单,因此有必要进行基本的介绍。

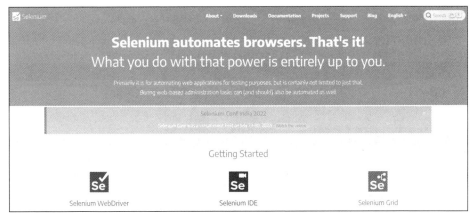

图 4-13　Selenium 官网介绍(2020 年的官网首页)

Selenium 本身只是个工具,而不是一个具体的浏览器,Selenium 支持包括 Chrome 和 Firefox 在内的主流浏览器。为了在 Python 中使用 Selenium,需要安装 Selenium 库(仍然通过"pip install selenium"进行安装)。完成安装后,为了使用特定的浏览器,可能需要下载对应的驱动,以 Chrome 为例,可以在公司的对应站点下载。我们将下载的文件放在某个路径下,并在程序中指明该路径即可。如果想避免每次配置路径,可以将该路径设置为环境变量,这里就不赘述了。

下面通过一个访问"百度新闻"站点的例子来介绍如何引入 Selenium 库,见例 4-6。

【例 4-6】使用 Selenium 的简单例子。

```python
from selenium import Webdriver
import time

browser=Webdriver.Chrome('yourchromedriverpath')
# 如 "/home/zyang/chromedriver"
browser.get('http://www.baidu.com')
print(browser.title) # 输出: "百度一下, 你就知道"
browser.find_element_by_name("tj_trnews").click() # 单击 "新闻"
browser.find_element_by_class_name('hdline0').click() # 单击头条
print(browser.current_url) # 输出: http://news.baidu.com/
time.sleep(10)
browser.quit() # 退出
```

运行上面的代码,会看到 Chrome 程序被打开,浏览器访问百度首页,然后跳转到"百度新闻"页面,之后选择该页面的第一个头条新闻,从而打开新的新闻页。一段时间后,浏览器关闭并退出。控制台会输出"百度一下, 你就知道"(对应 browser.title)和百度官网(对应 browser.current_url)。这对我们而言无疑是一个好消息,如果能获取浏览器的控制权,那么抓取网页某一部分的内容会变得如臂使指。

另外,Selenium 库能够提供实时网页源码,这使得结合 Selenium 和 BeautifulSoup(以及其他在之前章节中提到的网页元素解析方法）成为可能，如果对 Selenium 库自带的元素定位 API 不甚满意，那么这会是一个非常好的选择。使用 Selenium 库的主要步骤如下。

（1）创建浏览器对象，即使用类似下面的语句。

```
from selenium import Webdriver

browser=Webdriver.Chrome()
browser=Webdriver.Firefox()
browser=Webdriver.PhantomJS()
browser=Webdriver.Safari()
...
```

（2）访问页面，主要使用 browser.get()方法，传入目标网页地址，如 browser.get（"http://www.qq.com"），运行后即可使浏览器打开 QQ 主页（见图 4-14）。

图 4-14　使用 browser.get()方法打开 QQ 主页

（3）定位网页元素，可以使用 Selenium 自带的元素查找 API，即：

```
element=browser.find_element_by_id("id")
element=browser.find_element_by_name("name")
element=browser.find_element_by_xpath("xpath")
element=browser.find_element_by_link_text('link_text')
element=browser.find_element_by_tag_name('tag_name')
element=browser.find_element_by_class_name('class_name')
element=browser.find_elements_by_class_name() # 定位多个元素的版本
```

还可以使用 browser.page_source 获取当前网页源码并使用 BeautifulSoup 等网页解析工具定位。

```
from selenium import Webdriver
from bs4 import BeautifulSoup

browser=Webdriver.Chrome('yourchromedriverpath')
url='https://www.douban.com'
browser.get(url)
ht=BeautifulSoup(browser.page_source,'lxml')
for one in ht.find_all('a',class_='title'):
  print(one.text)
# 输出：
# 52 倍人生——戴锦华大师电影课
# 哲学闪耀时——不一样的西方哲学史
# 黑镜人生——网络生活的传播学肖像
# 一个故事的诞生——22 堂创意思维写作课
# 12 文豪——围绕日本文学的冒险
# 成为更好的自己——许燕人格心理学 32 讲
# 控制力幻象——焦虑感背后的心理觉察
# 小说课——毕飞宇解读中外经典
# 亲密而独立——洞悉爱情的 20 堂心理课
# 觉知即新生——终止童年创伤的心理修复课
```

（4）网页交互，对元素进行输入、选择等操作。例如，访问豆瓣网并搜索某一关键词（见例 4-7，使用 Selenium 操作 Chrome 在豆瓣网进行搜索的效果见图 4-15）。

图 4-15　使用 Selenium 操作 Chrome 在豆瓣网进行搜索的效果

【例 4-7】使用 Selenium 配合 Chrome 在豆瓣网进行搜索。

```
from selenium import Webdriver
import time
from selenium.Webdriver.common.by import By

browser=Webdriver.Chrome('yourchromedriverpath')
browser.get('http://www.douban.com')
time.sleep(1)
search_box=browser.find_element(By.NAME,'q')
search_box.send_keys('网站开发')
button=browser.find_element(By.CLASS_NAME,'bn')
button.click()
```

在例 4-7 中使用了 By，这是一个用于网页元素定位的类，为查找元素提供了更抽象的统一接口，实际上，代码中的 browser.find_element(By.CLASS_NAME,'bn')与 browser.find_element_by_class_name('bn')是等效的。

在导航（窗口中的前进与后退）方面，主要使用 browser.back()和 browser.forward()两个函数。

（5）获取元素属性，可供使用的函数方法很多。

```
# one 是一个 selenium.Webdriver.remote.Webelement.WebElement 类的对象
one.text
one.get_attribute('href')
one.tag_name
one.id
...
```

在使用 Selenium 自动化操作浏览器时，除了单击、查找这些操作，实际上还需要一个常用操作，即"下拉页面"，直观地讲，就是在模拟浏览器中实现鼠标滚轮下滑或者向下拖动右侧滚动条的效果。但遗憾的是，Selenium 库本身没有提供这一操作，但主要可以使用两种方法来完成这个操作，一是模拟键盘输入（如按 PgDown 键），二是执行 JavaScript 代码，使用 Selenium 模拟页面下拉滚动见例 4-8。

【例 4-8】使用 Selenium 模拟页面下拉滚动。

```
from selenium import Webdriver
from selenium.Webdriver import ActionChains
from selenium.Webdriver.common.keys import Keys
import time

# 滚动页面
```

```
browser=Webdriver.Chrome('your chrome diver path')
browser.get('https://news.baidu.com/')
print(browser.title) # 输出："百度一下，你就知道"
for i in range(20):
browser.execute_script("window.scrollTo(0,document.body.scrollHeight)") # 使用执行 JS 的
方式滚动
    ActionChains(browser).send_keys(Keys.PAGE_DOWN).perform() # 使用模拟键盘输入的方式滚动
    time.sleep(0.5)

browser.quit() # 退出
```

在上面的代码中，使用 Selenium 操作 Chrome 访问"百度新闻"页面，并执行下拉页面操作，第一种方法使用了 ActionChains（动作链，在一些中文文档中译为"行为链"），这是一个为模拟鼠标操作设计的类，在调用 perform()时，会执行 ActionChains 存储的所有动作，例如：

```
ActionChains(browser).move_to_element(some_element).click(a_button).send_keys(some_ke
ys).perform()
```

这种写法被称为"链式模型"，当然，同样的逻辑可以换种写法：

```
ac=ActionChains(browser)
ac.move_to_element(some_element)
ac.click(a_button)
ac.send_keys(some_keys)
ac.perform()
```

ActionChains 可以允许我们进行一些相对复杂的操作，比如对网页中的一部分进行拖曳并读取页面弹窗的信息。使用 switch_to()方法来切换 frame，通过 Webdriver.common.alert 包中的 Alert 类来读取当前弹窗的信息。利用菜鸟教程中的一个演示页面来说明（见图 4-16），打开开发者工具查看网页结构，可以看到 iframe 这个节点。

图 4-16　演示页面的网页结构

据此可以编写出代码，见例 4-9。

【例 4-9】拖曳网页中的区域并读取弹窗的信息。

```
from selenium import Webdriver
from selenium.Webdriver import ActionChains
from selenium.Webdriver.common.alert import Alert

browser=Webdriver.Chrome('yourchromedriverpath')
url='http://www.runoob.com/try/try.php?filename=jqueryui-api-droppable'
browser.get(url)
# 切换到一个 frame
browser.switch_to.frame('iframeResult')
# 不推荐使用 browser.switch_to_frame()方法
```

```
# 根据 id 定位元素
source=browser.find_element_by_id('draggable') # 被拖曳区域
target=browser.find_element_by_id('droppable') # 目标区域
ActionChains(browser).drag_and_drop(source, target).perform() # 执行动作链
alt=Alert(browser)
print(alt.text) # 输出："dropped"
alt.accept() # 接受弹窗
```

除了上面的方法，另一种下拉页面的方法是使用 execute_script()方法，该方法会在当前的浏览器窗口中执行一段 JavaScript 代码。一般而言，调用 DOM 的 window 对象中的 scrollTo() 方法可以滚动到网页的任意位置，传入的参数"document.body.scrollHeight"则是整个页面的高度，因此该方法执行后会滚动到当前页面的最下方。除了下拉页面之外，利用 execute_script()显然还可以实现很多有意思的效果。

在使用 Selenium 时要注意隐式等待的概念，在 Selenium 中具体的方法为 implicitly_wait()。由于使用了 AJAX 技术（使用 Selenium 的主要出发点就是对付比较复杂的基于 JavaScript 的页面），因此网页中的元素可能是在打开页面后的不同时间加载完成的（取决于网络通信情况和 JavaScript 脚本详细内容等），等待机制保证了浏览器在被驱动时有寻找元素的缓冲时间。显式等待是指使用代码命令浏览器在等待一个确定的条件出现后执行后续操作；隐式等待一般需要先使用元素定位 API 函数来指定某个元素，使用方法类似于下面的代码。

```
from selenium import Webdriver

browser=Webdriver.Firefox()
browser.implicitly_wait(10) # 隐式等待 10 秒
browser.get("the site you want to visit")
myDynamicElement=browser.find_element_by_id('Dynamic Element')
```

如果 find_element_by_id()未能立即获取结果，则程序将保持轮询并等待 10s。由于隐式等待的使用方式不够灵活，而显式等待可以通过 WebDriverWait 结合 ExpectedCondition 等方法进行比较灵活的定制，因此后者是比较推荐的选择，前者可以用在程序前期的调试开发中。

值得一提的是，除了 Chrome 和 Firefox 这样的界面型浏览器，在网络数据抓取中我们还经常看到 PhantomJS 的身影，这是一个被称为"无头浏览器"的工具，所谓"无头"，其实就是指"无界面"，因此 PhantomJS 更像一个 JavaScript 模拟器，而不是一个"浏览器"。无界面带来的好处是性能上的提高和使用上的轻量，但缺点也很明显，由于无界面，因此我们无法实时看到网页，这对程序的开发和调试会造成一定的影响。PhantomJS 可在其官网访问下载，其无界面的特征使用 PhantomJS 时 Selenium 的截图保存函数 browser.save_screenshot()显得十分重要。

4.3.3　PyV8 与 Splash

在介绍 PyV8 之前，需要先认识 V8 引擎。V8 引擎是一款基于 C++编写的 JavaScript 引擎，设计之初是考虑到 JavaScript 的应用愈发广泛，因此需要在其执行性能上有所进步。在 Google 出品 V8 引擎后，V8 引擎就被迅速应用到了包括 Chromium 在内的多个产品中，受到广泛欢迎。比较粗略地说，V8 引擎就是一个能够用来执行 JavaScript 的运行工具。既然 V8 引擎是执行 JavaScript 的利器，只要配合网页 DOM 树解析，理论上就能够当作一个浏览器来使用。为了在 Python 中使用 V8 引擎，需要安装 PyV8 库（使用 pip 安装），使用 PyV8 执行 JavaScript 代码的方法主要是使用 JSContext 对象，见例 4-10。

【例 4-10】使用 PyV8 执行 JavaScript 代码。

```
import PyV8

ct=PyV8.JSContext()
ct.enter()
```

```
func=ct.eval(
"""
    (function(){
        function hi(){
            return "Hi!";
        }
        return hi();
    })
"""
)

print(func()) # 输出"Hi!"
```

由于 PyV8 只能单纯提供 JavaScript 执行环境，无法与实际的网页 URL 对接（除非在脚本基础上做更多的扩展和更改），只能用于单纯的 JavaScript 执行，因此比较常见的使用方式是通过分析网页代码，将网页中用于构造 JSON 数据的 JavaScript 语句写入 Python 程序中，利用 PyV8 执行 JavaScript 并获取必要的信息（比如获取 JSON 数据的特定 URL）。换句话说，单纯使用 PyV8 并不能直接获得最终的网页元素信息。与 V8 引擎不同，Splash 是一个专为 JavaScript 渲染而生的工具，基于 Twisted 和 Qt 5 开发的 Splash 提供了 JavaScript 渲染服务，同时 Splash 也可以作为一个轻量级浏览器，先使用 Docker 安装 Splash（如果机器尚未安装 Docker，则还需要先安装 Docker 服务）。

图 4-17　运行后的输出

```
docker pull scrapinghub/splash
```
之后使用对应的命令来运行 Splash 服务。
```
docker run -p 8050:8050 -p 5023:5023 scrapinghub/
splash
```
运行后会出现类似图 4-17 所示的输出。

访问本地主机 8050 即可看到 Splash 运行后的 Web 页面（见图 4-18）。

可以输入携程网的地址来试验（见图 4-19），Splash 提供了很多信息，包括界面截图、网页源码等。

图 4-18　Splash 运行后的 Web 页面　　　　图 4-19　利用 Splash 访问携程网的结果

在 HAR data 中可以看到渲染过程中的通信情况，这部分内容类似于 Chrome 开发者工具中的 "Network" 选项卡中的内容。

使用 Splash 服务的简单方法是使用 API 来获取渲染后的网页源码，Splash 支持通过 URL 来访问某个页面的渲染结果，这使得我们可以通过 requests 来获取 JavaScript 加载后的页面代码，而非原始的静态源码。

```
http://localhost:8050/render.html?url=targeturl
```

传递一个特定的 URL（targeturl）给该接口，可以获得页面渲染后的代码，还可以指定等待时间，确保页面内的所有内容都被加载完成。下面通过获取京东商城首页活动推荐信息的例子来具体说明 Splash 在 Python 抓取程序中的用法，见例 4-11。

【例 4-11】使用 requests 直接获取京东商城首页活动推荐信息。

```python
import requests
from bs4 import BeautifulSoup

# url='http://localhost:8050/render.html?url=https://www.jd.com'
url='https://www.jd.com'
resp=requests.get(url)
html=resp.text
ht=BeautifulSoup(html)
print(ht.find(id='J_event_lk').get('href')) # 根据开发者工具分析得到元素 id
```

上面的程序试图访问京东商城首页并获取活动推荐信息（图 4-20 中最上方区域的信息），但输出结果为：

```
AttributeError: 'NoneType' object has no attribute 'get'
```

这是因为该元素是 JavaScript 加载的动态内容，因此无法使用直接访问 URL 获取源码的形式来解析。如果使用 Splash 服务，其他代码不变，则得到的输出为：

```
//c-nfa.jd.com/adclick?keyStr=6PQwtwh0f06syGHwQVvRO7pzzm8GVdWoLPSzhvezmOUieGAQ0EB4PPc
snv4tPllwbxK7wW7Kf1CBkRCm1uYvOJnvdYZDppI+XkwTAYaaVUaxLOaI1mk2Xg1G8DT1I9Ea4fLWlvRBkxoM4QrI
NBB7LY7hQn2KQCvRIb1VTSHvkrdxr1ZcSsjvXwtVY5sfkeNsjnSIFtrxkX4xkYbQvHViCGKnFtB6rhrxWO1MpkcMG
5SoRUSOdb56zrttLfl8vNBFcptr0poJNKZrfeMvuWRplv4bRbtDQshzWfMXyqdyQxyNrmP1wRDLNloYOL46zk6YpG
gD9f7DD80JI2OBqrgiZA==&cv=2.0&url=//sale.jd.com/act/ePj4fdN51p6Smn.html
```

访问这个链接便能看到活动详情，说明抓取成功。

图 4-20　京东商城首页的活动推荐信息

这个例子体现出 Splash 的如下优点：提供十分方便的 JavaScript 网页渲染服务；提供简单的 HTTP API；由于不需要浏览器程序，在机器资源上不会有太大的浪费，和 Selenium 相比，这一点尤其突出。还需要说明的是，Splash 的执行脚本是基于 Lua 语言编写的，支持用户自行编辑，并且仍然可以通过 HTTP API 的方式在 Python 中调用，因此，通过 execute 接口（http://localhost:8050/execute?lua_source=...）可以实现很多更复杂的网页解析过程（与页面元素进行交互而非单纯获取页面源码），能够极大地提高抓取的灵活性，可访问 Splash 的文档做更多的了解。除此之外，Splash 还可以配合 Scrapy 框架（Scrapy 框架的内容可见后文）来抓取，在这方面 scrapy-splash（通过 "pip install scrapy-splash" 安装）会是一个比较好的辅助工具。

Lua 语言是主打轻量、便捷的嵌入式脚本编程语言，基于 C 语言编写，可与其他"重量级"语言配合。在游戏插件开发、C 程序嵌入编写方面都有着广泛应用。

章节实训：抓取人民邮电出版社热销图书信息

1. 需求说明

人民邮电出版社官网的热销图书页面是十分经典的动态页面，对该页面进行抓取可以更好地了解网页的动态结构。在本实训中，将通过 HTTP 请求等方式获取数据并将数据序列化存储起来。

2. 实现思路及步骤

（1）首先进入页面，查看开发者工具中的"Network"选项卡，寻找与热销图书信息对应的请求。

（2）使用 requests 模块构造请求，获取到相应的热销图书信息数据。

（3）将获取到的数据序列化，以 JSON 格式存储到本地。

思考与练习

一、选择题

（1）以下哪个不是 HTTP 请求的基本方法？（　　　）

    A. PUT　　　　　　　B. GET　　　　　　　C. POST　　　　　　　D. DEL

（2）以下哪种方式不能获取到动态网页的内容？（　　　）

    A. 使用 Selenium 模拟浏览器打开网页以获取内容

    B. 使用逆向工程分析 AJAX 内容来模拟 JavaScript 请求以获取内容

    C. 直接下载 HTML 文件来获取内容

    D. 以上都可以获取到动态网页的内容

（3）以下哪项不是 Selenium 中定位网页元素的方式？（　　　）

    A. ID　　　　　　　　B. XPath　　　　　　C. ClassName　　　　D. SASS

（4）AJAX 中 JavaScript 的作用是（　　　）。

    A. 控制通信　　　　　　　　　　　　B. 控制文档结构

    C. 控制页面显示风格　　　　　　　　D. 控制以上 3 个对象

二、判断题

（1）JavaScript 文件不一定保存在本地。（　　　）

（2）当浏览器关闭时，Cookie 就会失效。（　　　）

（3）JavaScript 通过 DOM 操作来改变网页的内容。（　　　）

（4）AJAX 技术让网页每次可以只加载一部分内容。（　　　）

三、问答题

（1）AJAX 技术体系的组成部分有哪些？

（2）为什么 Selenium 可以完成自动化测试工作？

第 5 章
模拟登录与验证码

引言

在每个人的互联网体验中，浏览网页都是很重要的一部分，而在各式各样的网页中，有一类网站页面是基于登录功能的，页面中的很多内容对未登录的游客并不开放。目前的趋势是，各类网站都在朝着更注意社交功能开发、更注重用户交互的方向发展，因此，在编写爬虫程序时考虑账号登录就显得很有必要。本章先从 HTML 中的表单说起，使用我们熟悉的 Python 语言及相关工具来探索网站登录这一主题。在本书之前的部分，我们的爬虫基本只使用了 HTTP 中的 GET 方法，本章将注意力主要放在 POST 方法上。

学习目标

1. 熟悉 HTML 请求方法中的 POST 方法。
2. 了解 HTML 中表单的构成。
3. 掌握构造请求以模拟登录的方法。
4. 了解爬虫开发中验证码的处理思路。

5.1　表单

5.1.1　表单与 POST

在之前的爬虫程序编写过程中，我们的程序基本只是在使用 HTTP GET 操作，即仅通过程序去"读"网页中的数据，但每个人在实际的浏览网页过程中，还会大量涉及 HTTP POST 操作。表单（Form）这个概念往往会与 HTTP POST 联系在一起。表单具体是指 HTML 页面中的<form>元素，通过 HTML 页面的表单以 POST 方式发送出信息是最为常见的与网站服务器交互的方式之一。

以登录表单为例，我们访问 hao123 官网的登录界面，使用 Chrome 的开发者工具，可以看到源码中十分明显的<form>元素（见图 5-1，由于 hao123 官网的更新，此处显示的网页元素分析结果可能会有所不同），注意其 method 属性为"post"，即该表单会把用户的输入通过 POST 方式发送出去。

除了用于实现登录的表单，还有用于实现其他功能的表单，而且，网页中表单的输入（字段）信息也不一定必须是用户输入的文本内容，在上传文件时也会用到表单。例如，图床网站提供的主要服务就是在线存储图片，用户上传本地图片文件后，服务器存储并提供一个图片的 URL，这样人们就能通过该 URL 来使用这张图片。这里使用 ImgURL 图床服务来进行分析，访问其网站可以看到，上传按钮（Upload 按钮）本身就在一个<form>节点下，这个表单发送的数据不是文本数据，而是文件（见图 5-2）。

在待上传区域添加一张本地图片，单击上传按钮（Upload 按钮），即可在开发者工具的"Network"选项卡中看到详细的 POST 信息（见图 5-3）。

图 5-1　hao123 网站页面的登录表单

图 5-2　ImgURL 网站中上传图片文件的表单

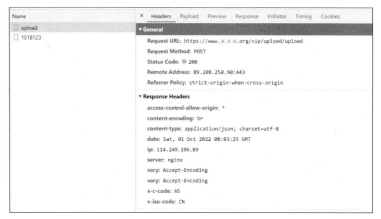

图 5-3　上传图片的 POST 信息

　　需要说明的是，如果网页的任务只是向服务器发送一些简单信息，则表单还可以使用除了 POST 之外的方法，如 HTTP GET。一般而言，如果使用 HTTP GET 方法来发送一个表单，那么发送到服务器的信息（一般是文本数据）将被追加到 URL 中。而使用 HTTP POST 请求，发送的信息会被直接放入 HTTP 请求的主体里。这两种方式的特点很明显，使用 GET 比较简单，适用于发送的信息不复杂且对参数数据安全没有要求的情况（很难想象用户名和密码作为 URL 中追加的查询字符串的一部分被发送）；而 POST 更像"正规"的表单发送方式，用于文件传送的 multipart/form-data 方式也只支持 POST。

5.1.2　POST 发送表单数据

使用 requests 库中的 post 方法可以完成简单的 HTTP POST 操作，下面的代码就是一个基本的模板。

```
import requests
form_data={'username':'user','password':'password'}
resp=requests.post('http://Website.com',data=form_data)
```

这段代码将字典结构的 form_data 作为 post()方法的 data 参数，requests 会将该数据以 POST 方式发送至对应的 URL。虽然很多网站都不允许非人类用户的程序（包括普通爬虫程序）发送登录表单，但我们可以使用自己在该网站上的账号信息来试一试，毕竟简单的登录表单发送程序也不会对网站造成资源压力。以"百度贴吧"为例，我们访问其网站，分析网页结构可以发现，登录表单的主要内容就是用户名与密码（见图 5-4）。

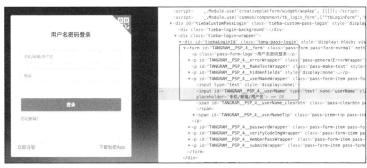

图 5-4　"百度贴吧"的登录表单结构

对于这种结构比较简单的网页表单，可以分析页面源码来获取其字段名并构造自己的表单数据（主要是确定表单每个 input 字段的 name 属性，该名称对应着表单数据被提交到服务器后的变量名称）。而相对比较复杂的表单，可能会向服务器提供一些额外的参数数据，可以使用 Chrome 开发者工具中的"Network"选项卡来分析。进入贴吧首页，打开开发者工具并在"Network"选项卡中选中 Preserve Log 选项（见图 5-5），这样可以保证在页面刷新或重定向时不会清除之前的监控数据。接着，在网页中输入自己的用户名和密码并单击"登录"按钮，很容易就能发现一条有关登录的 POST 表单记录。

图 5-5　有关登录的 POST 表单记录

根据这条记录，首先可以确定 POST 的目标 URL。接着需要注意的是 Request Headers 中的信息，其中的 User-Agent 值可以作为我们伪装爬虫的有力帮助。最后，找到 Form Data，其中的字段包括 username、password、loginversion、supportdv。据此，就可以编写自己的 POST 表单登录程序了。

为了着手编写这个针对"百度贴吧"的登录程序，要通过图 5-5 所示的 Request URL 来模拟登录。需要先引入 requests 库中的 Session 对象，官方文档中对其的描述为"Session 对象让你能够跨请求保持某些参数，也会在同一个 Session 实例发出的所有请求之间保持 Cookie 信息"。因此，如果使用 Session 对象成功登录网站，那么访问网站首页应该会获得当前账号的信息，并且下一次使用 Session 仍然保持着该登录状态。可以看到，登录后的网页中出现了用户头像信息（见图 5-6），现在将这次模拟登录的目标设为获取这个头像并保存在本地。

使用 Chrome 分析网页源码，会发现该头像在<div class="media_horizontal clearfix ">元素中。据此，可以完成这个简单的头像下载程序，见例 5-1。

图 5-6　网页中的用户头像信息

【例 5-1】使用 POST 表单程序登录"百度贴吧"网站。

```
import requests
from bs4 import BeautifulSoup

headers={
  'User-Agent': 'Mozilla/5.0 (Macintosh; Intel MacOS X 10_13_3) '
               'AppleWebKit/537.36 (KHTML, like Gecko) Chrome/66.0.3359.139 Safari/537.36'}
form_data={'username': 'yourname',  # 用户名, 如 123045@163.com
           'password': 'yourpw',   # 密码, 如 123456789
           'loginversion': 'v4',   # 对普通用户隐藏的字段, 该值不需要用户主动设定
           'supportdv': 1}   # 对普通用户隐藏的字段, 该值不需要用户主动设定

session=requests.Session()  # 使用 requests 的 Session()来保持会话状态
session.post(
  'https://passport.baidu.com/v2/api/?login',
  headers=headers, data=form_data)
resp=session.get('https://tieba.baidu.com/#').text
ht=BeautifulSoup(resp, 'lxml') # 根据访问得到的网页数据建立 BeautifulSoup 对象
# 获取"<div class="media_horizontal clearfix ">元素节点下的子元素"
cds=ht.find('div', {'class': 'media_horizontal clearfix '}).findChildren()
print(cds)
# 获取<img>src 中的图片地址
img_src_links=[one.find('img')['src'] for one in cds if one.find('img') is not None]

for src in img_src_links:
  img_content=session.get(src).content
  src=src.lstrip('http://').replace(r'/', '-') # 将图片地址稍加处理并作为文件名
  with open('{src}.jpg'.format_map(vars()), 'wb+') as f:
    f.write(img_content) # 写入文件
```

在上述程序中，BeautifulSoup 和 requests 我们已经非常熟悉了，需要稍加说明的是打开.jpg 文件的这段代码。

```
with open('{src}.jpg'.format_map(vars()), 'wb+') as f:
```

其中，format_map()方法与 format(**mapping)等效。而 vars() 函数是 Python 中的一个内置函数，它会返回一个保存了对象 object 的属性和属性值的字典，在不接收其他参数时，使用 locals()替换这里的 vars()，将会实现同样的功能。除此之外，如果需要知道提交表单后网页的响应地址，则可以通过网页中<form>元素的 action 属性来分析得到。

运行程序后，在本地就能看到下载完成后的头像，如果没有成功进入登录状态，则网站将不会在首页显示这个头像，因此看到这个头像也说明我们的登录模拟已经成功。为了在本地成功运行，在运行上述代码之前需要将其中的账号信息设置为自己的用户名和密码。另外，由于百度贴吧的网页版本更新较快，例 5-1 仅提供一个登录并下载内容的程序框架，读者在使用示例程序时可能需要根据具体的 POST 表单字段和网页结构来修改代码。

值得一提的是，有一些表单会包含单选按钮、复选框等内容（见图 5-7），其实分析其本质仍然是简单的"字段名:字段值"结构，仍然可以使用与上述类似的方法进行 GET 和 POST 操作。获取这些信息的最佳方式就是打开"Network"选项卡并尝试提交一次表单，观察一条 Form Data 的记录。

图 5-7 一个具有单选按钮的表单示例
（单选按钮实际上是<radio>元素）

5.2 Cookie

5.2.1 Cookie 简介

很多人可能都有这样的经历，在清除浏览器的浏览记录时，会看到一个与"Cookies"有关的选项（见图 5-8），对于那些对 Web 开发不太了解的用户而言，这个所谓的"Cookies"可能是非常令人疑惑的，从字面上完全看不出它的功能。"Cookie"的本意是曲奇饼干，在 Web 技术中则是指网站方为了一定的目的而存储在用户本地的数据。如果要将 Cookie 细分的话，可以分为非持久的 Cookie 和持久的 Cookie。

Cookie 的诞生与 HTTP 本身存在的一个小问题有关，即仅通过 HTTP，服务器（网站方）无法辨别用户（浏览器使用者）的身份，换句话说，服务器并不能获知两次请求是否来自同一个浏览器，也不能获知用户的上一次请求信息。要解决这个小问题倒也不困难，最简单的方式之一就是在页面中加入某个独特的参数数据（一般称其为"token"），在下一次请求时向服务器提供这个 token 即可。为了实现这个效果，服务器可能需要在网页的表单中加入一个针对用户的 token 字段，或者是直接在 URL 中加入 token，类似我们在很多 URL query 查询链接中所看到的情况（这种"更改"URL 的方式在用于标识访问用户时，也称为 URL 重写）。而 Cookie 则是更为精巧的一种解决方案，在用户访问网站时，服务器通过浏览器，以一定的规则和格式在用户本地存储一小段数据（一般是一个文本文件），即 Cookie。之后，如果用户继续访问该网站，则浏览器将会把 Cookie 数据发送到服务器，服务器得以通过该数据来识别用户（浏览器）。更概括地说，Cookie 就是保持和跟踪用户在浏览网站时的状态的一种工具。

关于 Cookie，一个非常普遍的场景就是"保持登录状态"，在那些需要输入用户名和密码进行登录的网站中往往会有一个"下次自动登录"选项。图 5-9 所示为百度的用户登录界面，如果勾选这个"下次自动登录"复选框，则下次（比如关闭这个浏览器，然后重新打开）访问网站，会发现自己仍然处于登录后的状态。在第一次登录时，服务器会把包含经过加密的登录信息作为 Cookie 来保存到用户本地（硬盘），在进行新的一次访问时，如果 Cookie 中的登录信息尚未过期（网站会设定登录信息的过期时间），网站收到这份 Cookie 就会自动为用户登录。

图 5-8 Chrome 中的"清除浏览记录"选项　　　图 5-9 百度的用户登录界面

Cookie 和 Session 不是一个概念，Cookie 数据保存在本地（客户端），Session 数据保存在服务器（网站方）。一般而言，Session 是指抽象的客户端与服务器的交互状态（因此往往被翻译成"会话"），其作用是"跟踪"状态，比如保持用户在电商网站加入购物车的商品信息，而 Cookie 这时就可以作为 Session 的一个具体实现手段，在 Cookie 中设置一个标明 Session 的 Session ID。

具体到发送 Cookie 的过程中，浏览器一般把 Cookie 数据放在 HTTP 请求的 Headers 数据中，由于增加了网络流量的使用量，也招致一些人对 Cookie 的批评。另外，由于 Cookie 包含一些敏感信息，因此其容易成为网络攻击的目标，如在跨站脚本攻击（Cross Site Script Attack，CSSA）中，黑客往往会尝试对 Cookie 数据进行窃取。

5.2.2 在 Python 中 Cookie 的使用

Python 提供了 Cookielib 库来对 Cookie 数据进行简单的处理（在 Python 3 中为 http.cookiejar 库），这个模块主要的类有 CookieJar、FileCookieJar、MozillaCookieJar、LWPCookieJar 等。在源码注释中特意说明了这些类之间的继承关系（见图 5-10）。

除了 cookiejar 模块，在编写抓取程序时使用更为广泛的是 requests 中的 Cookie（实际上，requests.cookie 模块中的

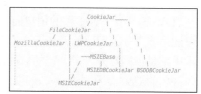

图 5-10　cookiejar 中各类的继承关系

RequestsCookieJar 类就是一种 CookieJar 的继承类），其可以将字典结构信息作为 Cookie 伴随一次请求来发送。

```python
import requests
cookies={
  'cookiefiled1': 'value1',
  'cookiefiled2': 'value2',
  # more cookie info...
}
headers={
  'User-Agent': 'Mozilla/5.0 (Macintosh; Intel MacOS X 10_9_4) AppleWebKit/537.36 (KHTML,
like Gecko) Chrome/36.0.1985.125 Safari/537.36',
}
url='https://www.douban.com'
requests.get(url, cookies=cookies, headers=headers) # 在 get() 方法中加入 Cookie 信息
```

上文提到，Session 可以帮助我们保持会话状态，可以通过这个对象来获取 Cookie。

```python
import requests
import requests.cookies

headers={
  'User-Agent': 'Mozilla/5.0 (Macintosh; Intel MacOS X 10_13_3) '
                'AppleWebKit/537.36 (KHTML, like Gecko) Chrome/66.0.3359.139 Safari/537.36'}
form_data={'username': 'yourname',  # 用户名
           'password': 'yourpw',  # 密码
           'quickforward': 'yes',  # 对普通用户隐藏的字段，该值不需要用户主动设定
           'handlekey': 'ls'}  # 对普通用户隐藏的字段，该值不需要用户主动设定

sess=requests.Session()  # 使用 requests 的 Session() 来保持会话状态
sess.post(
'http://www.1point3acres.com/bbs/member.php?mod=logging&action=login&loginsubmit=
yes&infloat=yes&lssubmit=yes&inajax=1',
    headers=headers, data=form_data)

print(sess.cookies) # 获取当前 Session 的 Cookie 信息
print(type(sess.cookies)) # 输出：<class 'requests.cookies.RequestsCookieJar'>
```

还可以借助 requests.utils 模块中的函数实现一个包含 Cookie 存储和 Cookie 加载双向功能的爬虫类模板。

```python
import requests
import pickle


class CookieSpider:
    # 实现基于 requests 的 Cookie 存储和加载的爬虫类模板
    cookie_file=''

    def __init__(self, cookie_file):
        self.initial()
        self.cookie_file=cookie_file

    def initial(self):
        self.sess=requests.Session()

    def save_cookie(self):
        with open(self.cookie_file, 'w') as f:
            pickle.dump(requests.utils.dict_from_cookiejar(   # dict_from_cookiejar turn a
cookiejar object to dict
                self.sess.cookies), f
            )

    def load_cookie(self):
        with open(self.cookie_file) as f:
            self.sess.cookies=requests.utils.cookiejar_from_dict(  # cookiejar_from_dict turn
a dict into a cookiejar
                pickle.load(f)
            )

    ...
```

5.3　模拟登录网站

5.3.1　分析网站

以国内的问答社区网站"知乎"为例，我们尝试通过 Python 编写一个程序来模拟登录知乎。首先手动访问其首页并登录，进入用户后台界面后可以看到这里有"基本资料"选项卡，其中比较重要的信息包括用户名、个性域名等（见图 5-11）。

图 5-11　知乎用户后台界面的"基本资料"选项卡

接下来，为了查看知乎 Cookie 的字段信息，打开 Chrome 开发者工具的"Application"选项卡，在"Storage"（存储）下的"Cookies"选项中就能看到当前网站的 Cookie 信息，"Name"和 Value 分别是字段名和字段值（见图 5-12）。

图 5-12　查看知乎 Cookie 的字段信息

可以想象这样两种模拟登录的基本思路，第一种是直接在爬虫程序中提交表单（用户名和密码等），通过 requests 的 Session()来保持会话，成功登录；第二种是通过浏览器来辅助，先通过一次手动登录来获取并保存 Cookie，在之后的抓取或者访问中直接加载保存的 Cookie，使得网站方"认为"我们已经登录。显然，第二种方法在应对一些登录过程比较复杂（尤其是登录表单复杂且存在验证码）的情况时比较合适，从理论上说，只要本地的 Cookie 信息仍在期限内，就一直能够模拟出登录状态。再想象一下，其实无论是通过模拟浏览器还是其他方法，只要能够成功还原出登录后的Cookie，模拟登录状态就不再困难了。

5.3.2　Cookie 方法的模拟登录

根据上面讨论的第二种思路，即可着手利用 Selenium 模拟浏览器来保存登录知乎后的 Cookie信息，Selenium 的使用之前已经介绍过，这里需要考虑的是如何保存 Cookie，一种比较简便的方法是通过 Webdriver 对象的 get_cookies()方法在内存中获得 Cookie，接着使用 pickle 将其保存到文件中即可，见例 5-2。

【例 5-2】使用 Selenium 保存登录知乎后的 Cookie 信息。

```python
import selenium.Webdriver
import pickle, time, os


class SeleZhihu():
  _path_of_chromedriver='chromedriver'
  _browser=None
  _url_homepage='https://www.zhihu.com/'
  _cookies_file='zhihu-cookies.pkl'
  _header_data={'Accept': 'text/html,application/xhtml+xml,application/xml;q=0.9,image/
Webp,*/*;q=0.8',
                'Accept-Encoding': 'gzip, deflate, sdch, br',
                'Accept-Language': 'zh-CN,zh;q=0.8',
                'Connection': 'keep-alive',
                'Cache-Control': 'max-age=0',
                'Upgrade-Insecure-Requests': '1',
                'User-Agent': 'Mozilla/5.0 (Windows NT 6.1; WOW64) AppleWebKit/537.36
(KHTML, like Gecko) Chrome/36.0.1985.125 Safari/537.36',
                }

  def __init__(self):
    self.initial()

  def initial(self):
    self._browser=selenium.Webdriver.Chrome(self._path_of_chromedriver)
    self._browser.get(self._url_homepage)

    if self.have_cookies_or_not():
      self.load_cookies()
    else:
```

```
        print('Login first')
        time.sleep(30)
        self.save_cookies()

    print('We are here now')

  def have_cookies_or_not(self):
    if os.path.exists(self._cookies_file):
      return True
    else:
      return False

  def save_cookies(self):
    pickle.dump(self._browser.get_cookies(), open(self._cookies_file, "wb"))
    print("Save Cookies successfully!")

  def load_cookies(self):
    self._browser.get(self._url_homepage)
    cookies=pickle.load(open(self._cookies_file, "rb"))
    for cookie in cookies:
      self._browser.add_cookie(cookie)
    print("Load Cookies successfully!")

  def get_page_by_url(self, url):
    self._browser.get(url)

  def quit_browser(self):
    self._browser.quit()


if __name__=='__main__':
  zh=SeleZhihu()
  zh.get_page_by_url('https://www.zhihu.com/')

  time.sleep(10)
  zh.quit_browser()
```

运行上面的程序，将打开 Chrome 浏览器，如果此前没有本地 Cookie 信息，则提示用户 "Login first"，并等待 30s，在此期间需要手动输入用户名和密码等信息并执行登录操作，之后程序会自行存储登录成功后的 Cookie 信息。还为这个 SeleZhihu 类添加了 load_cookies()方法，在之后访问网站时，如果发现本地存在 Cookie 信息文件，就直接加载。这个逻辑主要通过 initial()方法实现，而 initial()方法会在__init__()中调用。__init__()是 "初始化" 方法，类似于 C++中的构造方法，会在类的实例初始化时被调用。"zhihu-cookies.pkl" 是本地的 Cookie 信息文件名，使用 pickle 序列化保存，这方面的详细内容可以参看第 3 章。

保存 Cookie 后，就可以 "移花接木" 了。"移花接木" 就是将 Selenium 保存的 Cookie 信息拿到其他工具（如 requests）中使用，毕竟使用 Selenium 模拟浏览器的抓取效率低，且性能也成问题。使用 requests 加载本地的 Cookie，并通过解析网页元素来获取个性域名，如果模拟登录成功，就能看到对应的个性域名信息，这部分的程序见例 5-3。

【例 5-3】使用 requests 加载 Cookie，模拟登录知乎并抓取个性域名。

```
import requests, pickle
from bs4 import BeautifulSoup
from pprint import pprint

headers={
  'User-Agent': 'Mozilla/5.0 (Macintosh; Intel MacOS X 10_13_3) '
            'AppleWebKit/537.36 (KHTML, like Gecko) Chrome/66.0.3359.139 Safari/
537.36'}
  sess=requests.Session()
  with open('zhihu-cookies.pkl', 'rb') as f:
```

```
  cookie_data=pickle.load(f)  # 加载 Cookie 信息

for cookie in cookie_data:
  sess.cookies.set(cookie['name'], cookie['value'])  # 为 Session 设置 Cookie 信息
# 访问并获得页面信息
res=sess.get('https://www.zhihu.com/settings/profile', headers=headers).text
ht=BeautifulSoup(res, 'lxml')
# pprint(ht)
node=ht.find('div', {'id': 'js-url-preview'})  # 获得个性域名
print(node.text)
```

运行程序后，顺利的话将会看到输出的个性域名。该程序的抓取目标相对简单，知乎对应的网页也没有使用大量动态内容（指那些经过 JavaScript 刷新或更改的页面元素），如果想要抓取其他页面，则在保持模拟登录机制的基础上改进抓取机制即可，可以结合第 4 章的内容进行更复杂的抓取。关于结合实际网站的模拟登录程序可见第 10 章的相关内容。

还要提到的是处理 HTTP 基本认证（HTTP Basic Access Authentication）的情形，这种验证用户身份的方式一般不会在公开的商业性网站上使用，但在公司内网或者一些面向开发者的网页 API 中较为常见，与目前普遍的通过<form>表单提交登录信息的方式不同，HTTP 基本认证会使浏览器弹出要求用户输入用户名和口令（密码）的窗口，并根据输入的信息进行身份验证。下面通过一个例子来说明这个概念，图 5-13 所示为基本认证的界面，需要输入"Username"和"Password"，该图提供了一个 HTTP 基本认证的示例，需要用户输入用户名"httpwatch"作为"Username"，并输入一个自定义的密码作为"Password"，单击"Sign in"按钮登录后，将显示一个包含之前输入信

图 5-13　基本认证的界面，需要输入
"Username"和"Password"

息的图片。根据以上信息，通过 requests.auth 模块中的 HTTPBasicAuth 类即可通过该认证并下载最终显示的图片到本地，见例 5-4。

【例 5-4】使用 requests 来通过 HTTP 基本认证并下载图片。

```
import requests
from requests.auth import HTTPBasicAuth

url='https://www.httpwatch.com/httpgallery/authentication/authenticatedimage/default.
aspx'

auth=HTTPBasicAuth('httpwatch', 'pw123')  # 将用户名和密码作为对象初始化的参数
resp=requests.post(url, auth=auth)

with open('auth-image.jpeg','wb') as f:
  f.write(resp.content)
```

运行程序后，即可在本地看到 auth-image.jpeg 图片（见图 5-14），说明成功使用程序通过验证。

图 5-14　下载到本地的图片

5.4　验证码

5.4.1　图片验证码

明白模拟表单提交和使用 Cookie 可以说解决了模拟登录的主要难点，但不幸的是，目前的网站

在验证用户身份上总是精益求精，不惜下大力气防范非人类的访问，大型商业性网站尤其如此——它们"设下"的障碍是验证码。不夸张地说，验证码始终是程序模拟登录过程中很令人头疼的一环，也可能是所有爬虫程序所要面对的最大问题之一。我们在日常生活中总会碰到要求输入验证码的情况，从某种意义上来说，验证码其实是一种图灵测试，这从它的英文名（CAPTCHA）的全称"Completely Automated Public Turing Test to Tell Computers and Humans Apart"（全自动区分计算机和人类的图灵测试）就能看出来。从之前模拟登录知乎的过程中可以看到，我们可以通过手动登录并加载 Cookie 的方式"避开"验证码（只是抓取程序避开了验证码，开发者实际并未真正"避开"，毕竟还需要手动输入验证码），另外，由于验证码形式多变、网站页面结构各异，试图用程序全自动破解验证码的投入产出比不高，因此处理验证码十分棘手。考虑到攻克验证码始终是爬虫程序开发中的重要一环，这里简要介绍处理验证码的几种思路。

图片验证码（从狭义上说，就是一类图片中存在字母或数字，需要用户输入对应文字的验证方式）是比较简单的一类验证码（见图 5-15）。

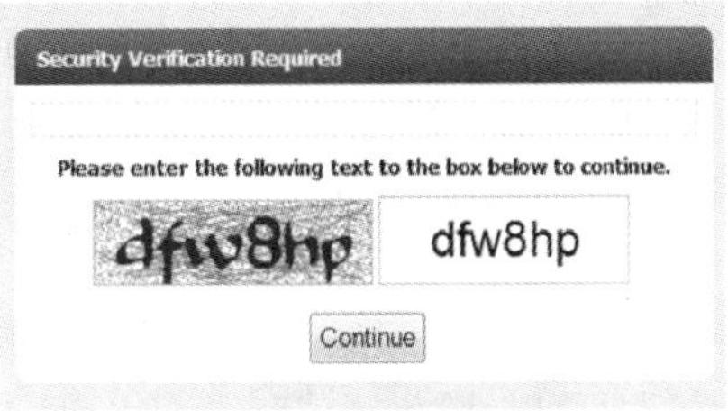

在爬虫程序中应对这样的验证码一般会有几种不同的思路，一是通过程序识别图片，转换为文字并输入；二是手动打码，等于直接避开程序破解验证码的环节；三是使用一些人工打码平台的服务。有关处理图片验证码这方面的讨论很多，下面对这几种方式进行简要介绍。

图 5-15　典型的图片验证码

首先是识别图片并转换到文字的方式，传统上实现这种思路会借助 OCR（Optical Character Recognition，光学字符识别）技术，其步骤包括对图像进行降噪、二值化、分割和识别，这要求验证码图片的复杂度不高，否则很可能识别失败。近年来随着机器学习技术的发展，目前这种图片转文字思路的实现方式拥有了更多的可能性，比如使用卷积神经网络（Convolutional Neural Networks，CNN），只要我们拥有足够多的训练数据，通过训练神经网络模型，就能够达到很高的验证码识别准确度。

手动打码是指在验证码出现时，通过解析网页元素的方式将验证码图片下载下来，由开发者自行输入验证码内容，通过编写好的函数填入对应的表单字段中（或者是网站对应的 HTTP API）从而完成后续抓取工作。这种方式很简单，在开发中也很常用，优点是几乎没有经济成本，缺点也很突出：需要开发者自身劳动，自动化程度低。不过，如果只是应对登录情形的话，配合 Cookie 数据的使用可以做到"毕其功于一役"，初次登录并输入验证码后在一段时间内可以摆脱验证码的烦恼。

使用人工打码平台的服务则是直接将验证码识别的任务"外包"到第三方服务平台，图 5-16 所示为某人工打码平台。在实际使用中，除非遇到需要频繁通过验证的情形，否则对这种打码服务的需求不大。有一些打码平台开放了免费打码的 API（一般会有使用次数和频率的限制），可以在抓取程序中调用，以满足调试和开发的需要。

图 5-16　某人工打码平台

5.4.2 滑动验证

与图片验证码不同，目前广泛使用的滑动验证不仅需要验证用户的视觉能力，还会通过要求拖曳元素的方式防止验证关卡被暴力破解（见图 5-17）。这类滑动验证码其实也存在通过程序进行破解的方式，基本思路就是通过模拟浏览器来实现对拖曳元素的自动拖动，尽可能模仿人类用户的拖动行为，"欺骗"验证。这种方式可以分为主要的几个步骤：获取验证码图像；获取背景图片与缺失部分；计算滑动距离；操作浏览器进行滑动；等待验证完成。这里主要存在两个难点，其一是如何获得

图 5-17　某滑动验证服务

背景图片与缺失部分轮廓，背景图片往往是由一组剪切后的小图拼接而成，因此在程序抓取元素的过程中，可能需要使用 PIL 库做复杂的拼接等工作；其二是如何模拟人类的滑动动作，过于机械的滑动（比如严格的匀速滑动或加速度不变的滑动）可能会被系统识别为机器人。

假设需要登录某个网站，就很有可能需要在输入用户名和密码后通过这种滑动验证。针对这种情况，可以编写一个综合上述步骤的模拟通过滑动验证的程序，见例 5-5。

【例 5-5】通过 Selenium 模拟浏览器方式通过滑动验证的示例。

```python
# 模拟浏览器通过滑动验证的程序示例，目标是在登录时通过滑动验证
import time
from selenium import Webdriver
from selenium.Webdriver import ActionChains
from PIL import Image


def get_screenshot(browser):
    browser.save_screenshot('full_snap.png')
    page_snap_obj=Image.open('full_snap.png')
    return page_snap_obj


# 在一些滑动验证中，获取背景图片可能需要更复杂的机制
# 原始的 HTML 图片元素需要经过拼接整理才能得到最终想要的效果
# 为了解决这类问题，一个思路是直接对网页截图，而不是下载元素中的<img>


def get_image(browser):
    img=browser.find_element_by_class_name('geetest_canvas_img')  # 根据元素类名定位
    time.sleep(2)
    loc=img.loc
    size=img.size

    left=loc['x']
    top=loc['y']
    right=left+size['width']
    bottom=top+size['height']

    page_snap_obj=get_screenshot(browser)
    image_obj=page_snap_obj.crop((left, top, right, bottom))
    return image_obj

# 获取滑动距离
def get_distance(image1, image2, start=57, thres=60, bias=7):
    # 比对 RGB 的值
    for i in range(start, image1.size[0]):
        for j in range(image1.size[1]):
            rgb1=image1.load()[i, j]
            rgb2=image2.load()[i, j]
```

```python
        res1=abs(rgb1[0] - rgb2[0])
        res2=abs(rgb1[1] - rgb2[1])
        res3=abs(rgb1[2] - rgb2[2])

        if not (res1 < thres and res2 < thres and res3 < thres):
            return i - bias
    return i - bias

# 计算滑动轨迹
def gen_track(distance):
    # 也可通过随机数来获得轨迹

    # 将滑动距离增大一点, 即先滑过目标区域, 再滑动回来, 有助于避免被判定为机器人
    distance +=10
    v=0
    t=0.2
    forward=[]

    current=0
    mid=distance * (3 / 5)
    while current < distance:
        if current < mid:
            a=2.35
            # 使用浮点数, 避免机器人判定
        else:
            a=-3.35
        s=v * t+0.5 * a * (t ** 2)    # 使用加速直线运动公式
        v=v+a * t
        current +=s
        forward.append(round(s))

    backward=[-3, -2, -2, -2, ]

    return {'forward_tracks': forward, 'back_tracks': backward}


def crack_slide(browser):    # 破解滑动认证
    # 单击验证按钮, 得到图片
    button=browser.find_element_by_class_name('geetest_radar_tip')
    button.click()
    image1=get_image(browser)

    # 单击滑动, 得到有缺口的图片
    button=browser.find_element_by_class_name('geetest_slider_button')
    button.click()
    # 获取有缺口的图片
    image2=get_image(browser)
    # 计算位移量
    distance=get_distance(image1, image2)
    # 计算轨迹
    tracks=gen_track(distance)
    # 在计算轨迹方面, 还可以使用一些鼠标采集工具事先采集人类用户的正常轨迹, 将采集到的轨迹数据加载到程序中

    # 执行滑动
    button=browser.find_element_by_class_name('geetest_slider_button')
    ActionChains(browser).click_and_hold(button).perform()    # 按住鼠标左键

    for track in tracks['forward']:
        ActionChains(browser).move_by_offset(xoffset=track, yoffset=0).perform()
    time.sleep(0.95)
```

```python
    for back_track in tracks['backward']:
        ActionChains(browser).move_by_offset(xoffset=back_track, yoffset=0).perform()

    # 在滑动终点区域进行小范围的左右位移，模仿人类的行为
    ActionChains(browser).move_by_offset(xoffset=-2, yoffset=0).perform()
    ActionChains(browser).move_by_offset(xoffset=2, yoffset=0).perform()

    time.sleep(0.5)
    ActionChains(browser).release().perform()   # 松开

def worker(username, password):
    browser=Webdriver.Chrome('your chrome driver path')
    try:
        browser.implicitly_wait(3)   # 隐式等待
        browser.get('your target login url')

        # 在实际使用时需要根据当前网页的情况定位元素
        username=browser.find_element_by_id('username')
        password=browser.find_element_by_id('password')
        login=browser.find_element_by_id('login')
        username.send_keys(username)
        password.send_keys(password)
        login.click()

        crack_slide(browser)

        time.sleep(15)
    finally:
        browser.close()

if __name__=='__main__':
    worker(username='yourusername', password='yourpassword')
```

程序的一些说明可详见上方代码中的注释。值得一提的是，这种破解滑动验证的方式以使用 Selenium 自动化操作 Chrome 作为基础，为了在一定程度上降低性能开销，还可以使用 PhantomJS 这样的无头浏览器来代替 Chrome。这种方式的缺点在于无法离开浏览器环境，但退一步说，如果需要自动化完成滑动验证，没有 Selenium 这样的浏览器，自动化工具可能是难以想象的。网络上也出现了一些针对滑动验证的打码 API，但总体上看实用性和可靠性都不高，这种模拟鼠标拖动的方案虽然耗时长，但至少能够取得应有的效果。

将上述程序有针对性地进行填充和改写，运行程序后可看到程序成功模拟出了滑动并通过验证（见图 5-18）。

图 5-18　滑动验证

另外要提到的是，有一些滑动验证服务的数据接口设计较为简单，JavaScript 传输数据的安全性也不高，完全可以采取破解 API 的方式来欺骗验证码服务，不过这种方式普适性不高，往往需要花费大量精力分析对应的数据接口，并且具有一定的道德和法律问题，因此暂不赘述。

当下，除了传统的图形验证码（典型的例子是单词验证码），新式的验证码（或类验证码）手段正在成为主流，如滑动验证、拼图验证、短信验证（一般用于使用手机号快速登录的情形）以及大名鼎鼎的 reCAPTCHA（据称该解决方案甚至会将用户鼠标指针在页面内的移动方式作为一条判定依据）等。不仅在登录环节会遇到验证码，很多时候如果我们的抓取程序运行频率较高，网站方也会通过弹出验证码的方式进行"拦截"，不夸张地说，要做到程序模拟通过验证码的完全自动化很不容易。但无论如何，从总体上看，针对图形验证码，可以通过 OCR、人工打码和神经网络识别等方式应对，这些方式至少能够降低一部分时间和精力成本，因此算是比较可行的；而针对滑动验证，则可以使用模拟浏览器的方法来应对。从省时省力的角度来说，先进行一次人工登录，记录 Cookie，再使用 Cookie 加载登录状态进行抓取也是不错的选择。

章节实训：通过 Selenium 模拟登录 Gitee 并保存 Cookie

1. 需求说明

Gitee 是开源中国社区推出的基于 Git 的代码托管服务。本实训的目标是针对登录网址 Gitee，通过 Selenium 模拟输入操作和单击操作，进而模拟登录，并在登录后将 Cookie 保存下来。

2. 实现思路及步骤

（1）首先访问给定网址，使用开发者工具分析账号输入框、密码输入框、确认按钮所在的 XPath。因为我们发现登录不需要输入验证码，所以不需考虑验证码相关的问题。

（2）使用 Selenium 模拟输入账号、输入密码、单击确认按钮的操作。

（3）使用 save_cookies()方法将登录账号后得到的 Cookie 保存下来。

思考与练习

一、选择题

（1）（ ）是 HTML 的一个重要部分，主要用于采集和提交用户输入的信息。

    A. 图像   B. 列表菜单   C. 表单   D. 文件

（2）表单登录需要使用的请求方法为（ ）。

    A. POST   B. GET   C. PUT   D. DELETE

（3）在 HTML 中，表单的标签是（ ）。

    A. <a>   B. <form>   C. <table>   D. <text>

（4）Requests 提供的（ ）集合允许用户检索在 HTTP 请求中发送的 Cookies。

    A. Form   B. Cookies   C. QueryString   D. SeverVariables

二、判断题

（1）OCR 技术现在已经可以百分之百识别验证码。（ ）

（2）Cookie 一般包含在请求头 Headers 中。（ ）

（3）可以通过 JavaScript 校验表单的输入内容。（ ）

三、问答题

（1）简述什么是 Cookie。

（2）HTTP 基本认证要如何解决？

（3）对于滑动验证，你有什么更好的解决方式吗？

第6章
爬虫数据的分析与处理

引言

网络爬虫抓取到的数值、文本等各类数据，在经过存储和预处理后，可以通过 Python 进行更深层次的分析。本章就以对 Python 应用广泛的文本分析和数据处理与科学计算为例，介绍一些对数据做进一步处理的方法。

学习目标

1. 了解 Python 文本分析相关模块。
2. 了解 Python 处理数据的方法、根据数据绘制图表的方法和进行科学计算的方法。

6.1 Python 与文本分析

6.1.1 文本分析简介

文本分析，也就是通过计算机对文本数据进行分析，这其实是一个不算新的话题，但是近年来随着 Python 在数据分析和自然语言处理领域的广泛应用，使用 Python 进行文本分析变得十分方便。

> 结构化数据一般是指能够存储在数据库里的、可以用二维逻辑表结构来表现的数据。与之相对的，不适合通过数据库二维逻辑表来表现的数据就称为非结构化数据，包括所有格式的办公文档、文本、图片、XML 文件、HTML 文件、各类报表、图像、音频信息和视频信息等。非结构化数据的特征在于，其数据是多种信息的混合，通常无法直接知道其内部结构，只有经过识别以及一定的存储分析后才能体现其价值。

由于文本数据是非结构化数据（或者半结构化数据），所以一般都需要对其进行某种预处理，这时可能遇到如下问题。

（1）数据量问题，这是任何数据预处理过程中都可能碰到的问题，由于现在人们在网络上进行文字信息交流十分频繁，文本数据规模往往也非常大。

（2）在进行文本分析时，往往将文本（词语等）转换为文本向量，但一般在数据处理后，会面临向量维度过高或过于稀疏的问题，如果希望进行进一步的文本分析，就可能需要做一些特定的降维处理。

（3）文本数据的特殊性问题。由于人类语言的复杂性，计算机目前对文本数据进行逻辑和情感上的分析的能力还很有限。近年来机器学习技术火热发展，但机器学习技术在语言处理方面尚未达到其在图像视觉方面的成就。

一般来说，文本分析（有时候也称为文本挖掘）的主要内容包括以下几个方面。

- 语言处理：虽然一些文本分析会涉及较高级的统计方法，但是部分分析还是会更多地涉及自然语言处理过程，如分词、词性标注、句法分析等。
- 模式识别：文本中可能会出现像电话号码、邮箱地址这样的有正规表示方式的实体，通过这些表示方式或者其他模式来识别这些实体的过程就是模式识别。

● 文本聚类：运用无监督机器学习手段归类文本适用于海量文本数据的分析，在发现文本话题、筛选异常文本资料方面应用广泛。

● 文本分类：在给定分类体系下，根据文本特征构建有监督机器学习模型，达到识别文本类型或内容主旨的目的。

Python 发达的第三方库提供了一些文本分析的实用工具。这里要说的是，文本分析与字符串处理并不是一个含义，字符串处理更多的是指对一个字符串在形式上进行一些变换和更改，而文本分析则更多地强调对文本内容进行语义、逻辑上的分析和处理。在整个文本分析过程中，需要使用一些基本的概念和方法，这些概念和方法在各种实现文本分析的工具中一般都会有所体现，它们包括如下几方面。

● 分词：是指将由连续字符组成的句子或段落按照一定规则划分成独立词语的过程。在英文中，由于单词之间是以空格作为自然分隔符的，因此可以直接使用空格作为分词标记，而中文句子内部一般没有分隔符，所以以中文分词比英文分词要更为复杂。

● 停用词：是指在文本中不影响核心语义的"无用"字词，通常为自然语言中常见但没有具体实在意义的助词、虚词、代词，如"的""了""啊"等，停用词的存在直接增加了文本数据的特征维度，提高了文本分析的成本，因此一般需要先设置停用词，并对其进行筛选。

● 词向量：为了能够使用计算机和数学方式分析文本信息，要使用某种方法把文字转变为数学形式，这方面比较常见的解决方法是将自然语言中的字词以数学中向量的形式表示。

● 词性标注：就是说对每个字词进行词性归类（标签），比如"苹果"为名词"吃"为动词等，以便于后续处理。不过在中文语境下词性本身就比较复杂，因此词性标注也是一个值得深入探索的领域。

● 句法分析：是指根据给定的语法体系分析句子的结构，划分句子中词语的语法功能，并判断词语之间的关系，其建立在语义分析的基础上，是对文本逻辑进行分析的关键。

● 情感分析：是指在文本分析过程中对内容中体现的主观情感进行分析和推理的过程，情感分析与舆论分析、意见挖掘等领域有着十分密切的联系。

6.1.2　jieba 与 SnowNLP

首先通过 jieba 和 SnowNLP 这两个中文文本分析工具来熟悉文本分析的简单用途。其中，jieba 是一个由我国开发者开发的中文分词与文本分析工具，可以实现很多实用的文本分析处理。和其他模块一样，通过"pip install jieba"命令安装后，用"import jieba"命令即可使用。接下来通过一些例子来介绍具体的细节。

使用 jieba 进行分词非常方便，jieba.cut() 方法接收 3 个输入参数：待处理的字符串、cut_all（是否采用全模式）、HMM（是否使用 HMM 模型）。jieba.cut_for_search() 方法接收两个参数——待处理的字符串和 HMM，这个方法适合用于搜索引擎构建倒排索引的分词，粒度比较细，使用频率不高。

```
Import jieba

seg_list=jieba.cut("这里曾经有一座大厦", cut_all=True)
print(" / ".join(seg_list))  # 全模式

seg_list=jieba.cut("欢迎使用 Python 语言", cut_all=False)
print(" / ".join(seg_list))  # 精确模式

seg_list=jieba.cut("我喜欢吃苹果，不喜欢吃香蕉。")  # 默认是精确模式
print(" / ".join(seg_list))
```

输出为：

```
这里 / 曾经 / 有 / 一座 / 大厦
欢迎 / 使用 / Python / 语言
我 / 喜欢 / 吃 / 苹果 / , / 不 / 喜欢 / 吃 / 香蕉 / 。
```

jieba.cut()与 jieba.cut_for_research()方法会返回生成器，而 jieba.lcut()以及 jieba.lcut_for_search()方法直接返回列表。

> 迭代器和生成器是 Python 中很重要的概念，实际上列表本身是一个可迭代对象，它们的关系可以简单理解为：迭代器就是一个可以迭代（遍历）的对象，而生成器较为特殊，更适用于对海量数据的操作。

jieba 还支持关键词提取，比如基于 TF-IDF 算法（Term Frequency–Inverse Document Frequency）的关键词提取方法 jieba.analyse.extract_tags(sentence, topK=20, withWeight=False, allowPOS=())，其中：

- sentence 为待提取的文本；
- topK 表示返回几个 TF/IDF 权重最大的关键词，默认值为 20；
- withWeight 表示是否一并返回关键词权重值，默认值为 False；
- allowPOS 仅包括指定词性的词，默认值为空，即不筛选。

```python
import jieba.analyse
import jieba

sentence=
'''
上海市（Shanghai），简称"沪"或"申"，是中国直辖市之一，上海位于中国海岸线中部的长江口，拥有中国最大的外贸港口、最大的工业基地。
'''
res=jieba.analyse.extract_tags(sentence, topK=5, withWeight=False, allowPOS=())
print(res)
```

输出为：

```
['Shanghai', '长江口', '中国', '最大', '直辖市']
```

调用 jieba.posseg.POSTokenizer(tokenizer=None) 方法可以新建自定义分词器，其中 tokenizer 参数可指定内部使用的 jieba.Tokenizer 分词器。

jieba.posseg.dt 为默认词性标注分词器。

```python
from jieba import posseg
words=posseg.cut("我不明白你这句话的意思")
for word, flag in words:
    print('{}:\t{}'.format(word, flag))
```

jieba.tokenize()方法会返回分词结果中词语在原文的起止位置。

```python
result=jieba.tokenize('它是站在海岸遥望海中已经看得见桅杆尖头了的一只航船')
for tk in result:
    print("word %s\t\t start: %d \t\t end:%d" % (tk[0],tk[1],tk[2]))
```

部分输出结果如下。

```
word 遥望       start: 6        end:8
word 海         start: 8        end:9
word 中         start: 9        end:10
word 已经       start: 10       end:12
word 看得见      start: 12       end:15
```

另外，jieba 模块还支持自定义词典、调整词频等，这里就不赘述了。

SnowNLP 是一个主打简洁实用的中文处理类 Python 库，与 jieba 分词不同的是，SnowNLP 是模仿 TextBlob 编写的，拥有更多的功能，但是 SnowNLP 并非基于 NLTK（Natural Language Toolkit，

自然语言处理工具包）库，在使用上仍存在一些不足。

SnowNLP 中的主要方法如下。

```python
from snownlp import SnowNLP

s=SnowNLP('我来自中国，喜欢吃饺子，爱好是游泳。')
# 分词
print(s.words)
# 输出：['我', '来自', '中国', '，', '喜欢', '吃', '饺子', '，', '爱好', '是', '游泳', '。']

# 输出：
# 情感极性概率
print(s.sentiments)    # positive 的概率，输出：0.9959503726200969

# 文字转换为拼音
print(s.pinyin)
# 输出：
# ['wo', 'lai', 'zi', 'zhong', 'guo', '，', 'xi', 'huan',
# 'chi', 'jiao', 'zi', '，', 'ai', 'hao', 'shi', 'you', 'yong', '。']


text=u
'''
深圳，简称"深"，别称"鹏城"，古称南越、新安、宝安，
为广东省省辖市、计划单列市、副省级市。深圳地处广东南部，珠江口东岸，与香港一水之隔，东临大亚湾和大鹏湾，
西濒珠江口和伶仃洋，
南隔深圳河与香港相连，北部与东莞、惠州接壤。
'''

s=SnowNLP(text)
# 关键词提取
print(s.keywords(3))
# 输出：['南', '深圳', '珠江']

# 文本摘要
print(s.summary(5))
# 输出：['南隔深圳河与香港相连', '珠江口东岸', '西濒珠江口和伶仃洋',
#        '为广东省省辖市、计划单列市、副省级市']

# 分句
print(s.sentences)
# ['深圳', '简称"深"', '别称"鹏城"', '古称南越、新安、宝安',
# '为广东省省辖市、计划单列市、副省级市', '深圳地处广东南部',
# '珠江口东岸', '与香港一水之隔', '东临大亚湾和大鹏湾', '西濒珠江口和伶仃洋', '南隔深圳河与香港相连', '北部与东莞、惠州接壤']
```

以上介绍的 jieba 与 SnowNLP 是两个比较简单的中文处理工具，一般如果只是想对文本信息进行初步分析，并且对准确性要求不高，二者就足以满足需求。与 jieba 和 SnowNLP 相比，在文本分析领域 NLTK 是比较成熟的库，接下来将对其进行简单介绍。

6.1.3 NLTK

NLTK 是一个比较完备的提供 Python API 的语言处理工具，提供了丰富的语料和词典资源接口，以及一系列的文本处理库，支持分词、标记、语法分析、语义推理、分文本类等文本分析需求。

NLTK 提供了针对语料与模型等的内置管理器（见图 6-1），使用下面的语句可以管理数据包。

```
import nltk
nltk.download()
```

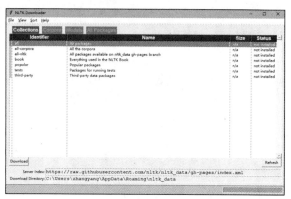

图 6-1　NLTK 内置的管理器

安装需要的语料或模型之后，下面介绍 NLTK 的基本用法，首先是基础的文本解析。
基本的英文分词操作如下。

```
import nltk
sentence="Susie got your number and Susie said it's right."
tokens=nltk.word_tokenize(sentence)
print(tokens)
```

输出为：

```
['Susie', 'got', 'your', 'number', 'and', 'Susie', 'said', 'it', ''s', 'right', '.']
```

这里需要注意的是，如果是首次在计算机上运行这段 NLTK 的代码，则会提示安装 punkt 包，这时通过上面提到的 download() 方法安装即可。这里建议在管理器中同时安装 books，之后可以通过 from nltk.book import *导入其内置文本。导入成功后结果如下。

```
*** Introductory Examples for the NLTK Book ***
Loading text1, …, text9 and sent1, …, sent9
Type the name of the text or sentence to view it.
Type: 'texts()' or 'sents()' to list the materials.
Text1: Moby Dick by Herman Melville 1851
text2: Sense and Sensibility by Jane Austen 1811
text3: The Book of Genesis
text4: Inaugural Address Corpus
text5: Chat Corpus
text6: Monty Python and the Holy Grail
text7: Wall Street Journal
text8: Personals Corpus
text9: The Man Who Was Thursday by G . K . Chesterton 1908
```

这实际上是加载了一些书籍数据，而 text1～text9 为 Text 类的实例对象名称，对应内置的书籍。concordance(word) 方法接收一个单词，会输出输入单词在文本中的上下文（见图 6-2）。

```
In[6]: text1.concordance('America')
Displaying 12 of 12 matches:
 of the brain ." -- ULLOA ' S SOUTH AMERICA . " To fifty chosen sylphs of speci
, in spite of this , nowhere in all America will you find more patrician - like
hree pirate powers did Poland . Let America add Mexico to Texas , and pile Cuba
, how comes it that we whalemen of America now outnumber all the rest of the b
mocracy in those parts . That great America on the other side of the sphere , A
f age ; though among the Red Men of America the giving of the white belt of wam
and fifty leagues from the Main of America , our ship felt a terrible shock ,
```

图 6-2　concordance(word) 方法的输出

similar(word)方法接收一个单词，会输出和输入与该单词具有相同上下文的其他单词，比如寻找与 "American" 具有相同上下文的单词（见图 6-3）。

```
In[4]: text1.similar('American')
English sperm whale entire great last same ancient right oars that
famous old he greenland before beheaded whole particular trumpa
```

图 6-3　similar(word)方法的输出

common_contexts()方法则返回多个单词的共用上下文（见图 6-4）。

```
In[15]: text1.common_contexts(['English','American'])
the_whalers the_whale and_whale of_whalers
```

图 6-4　common_contexts()方法的输出

dispersion_plot(words)方法接收一个单词列表作为参数，绘制每个单词在文本中的分布情况（见图 6-5）。

还可以使用 count()方法进行词频计数，text1.count('her') 的返回值为 "329"，即这个单词在 text1 中出现了 329 次。

FreqDict 也是十分常用的对象，使用 fd1=FreqDist(text1)语句来创建一个 FreqDict 对象。接着使用 most_common()方法查看高频词，比如查看文本中出现次数最多的 20 个单词（见图 6-6）。

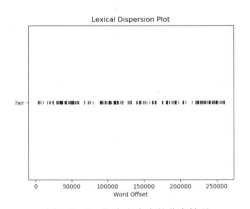

图 6-5　"her" 在文本中的分布情况

```
In[14]: fd1.most_common(20)
Out[14]:
[(',', 18713),
 ('the', 13721),
 ('.', 6862),
 ('of', 6536),
 ('and', 6024),
 ('a', 4569),
 ('to', 4542),
 (';', 4072),
 ('in', 3916),
 ('that', 2982),
 ('"', 2684),
 ('-', 2552),
 ('his', 2459),
 ('it', 2209),
 ('I', 2124),
 ('s', 1739),
 ('is', 1695),
 ('he', 1661),
 ('with', 1659),
 ('was', 1632)]
```

图 6-6　查看文本中出现次数最多的 20 个单词

FreqDict 还自带绘图方法，如绘制高频词折线图，查看出现最多的前 15 项，语句为 fd1.plot(15)，绘制结果如图 6-7 所示。

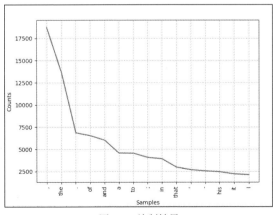

图 6-7　绘制结果

除了用图形方式，还可以使用 tabulate() 方法用表格方式呈现高频词（见图 6-8）。

```
In[16]: fd1.tabulate(15)
    ,    the     .    of   and     a    to     ;    in  that     '     -   his    it     I
18713 13721  6862  6536  6024  4569  4542  4072  3916  2982  2684  2552  2459  2209  2124
```

图 6-8　tabulate() 方法的使用

NLTK 也提供了分词和词性标注的方法，可以使用 nltk.word_tokenize() 方法和 nltk.pos_tag() 方法（见图 6-9）。

```
In[17]: words = nltk.word_tokenize('There is something different with this girl.')
In[18]: words
Out[18]: ['There', 'is', 'something', 'different', 'with', 'this', 'girl', '.']
In[19]: tags = nltk.pos_tag(words)
In[20]: tags
Out[20]:
[('There', 'EX'),
 ('is', 'VBZ'),
 ('something', 'NN'),
 ('different', 'JJ'),
 ('with', 'IN'),
 ('this', 'DT'),
 ('girl', 'NN'),
 ('.', '.')]
```

图 6-9　分词和词性标注的结果

词性标注一般需要先借助语料库进行训练，除了标注西方文字的词性，还可以使用中文语料库实现对中文句子的词性标注。

以上就是 NLTK 中的一些基础方法。需要提到的是，除了下载到本地的 Python 类库之外，还有一些基于并行计算系统和分布式爬虫构建的中文语义开放平台，其基本功能是可供用户免费使用的，用户可以通过 API 实现搜索、推荐、舆情、挖掘等语义分析应用，国内比较有名的平台有哈工大语言云、腾讯云 NLP 平台等。图 6-10 所示为在线文本分析 API。

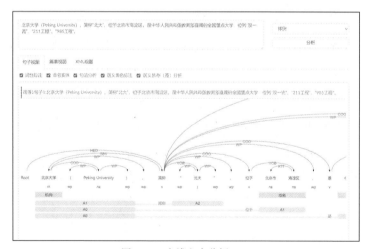

图 6-10　在线文本分析 API

6.1.4　文本分类与聚类

分类和聚类是数据挖掘领域非常重要的概念，在文本分析过程中，分类和聚类也是举足轻重的。文本分类可以预测判断文本的类别，广泛用于垃圾邮件过滤、网页分类、推荐系统等，而文本聚类主要用于用户兴趣识别、文档自动归类等。

分类和聚类核心的区别在于训练样本是否有类别标注。分类模型的构建基于有类别标注的训练样本，属于有监督学习，即每个训练样本的数据对象已经有对应的类别（标签）。通过分类学习，可以构建一个分类函数或分类模型，这也就是常说的分类器，分类器会把数据项映射到已知的某一个类别中。数据挖掘中的分类方法一般都适用于文本分类，这方面常用的方法有决策树、神经网络、朴素贝叶斯分类器、支持向量机（Support Vector Machine，SVM）等。

与分类不同，聚类是一种无监督学习。换句话说，聚类任务预先并不知道类别（标签），所以会根据对信息相似度的衡量来进行信息处理。聚类的基本思想是使属于同类别的项之间的"差距"尽可能小，同时使不同类别的项的"差距"尽可能大。常见的聚类算法包括 k-means（k 均值）算法、K-中心点聚类算法、具有噪声的基于密度的聚类方法（Density-Based Spatial Clustering of Applications with Noise，DBSCAN）等。如果需要通过 Python 实现文本聚类和分类任务，则推荐使用 scikit-learn 库，这是一个功能非常强大的库，提供了包括朴素贝叶斯分类器、k 近邻（K-Nearest Neighbor，KNN）、决策树、k-means 等在内的各种工具。

这里可以使用 NLTK 完成一个简单的分类任务，由于 NLTK 内置了一些统计学习函数，所以操作并不复杂。比如，借助内置的 names 语料库，可以通过朴素贝叶斯分类器来判断输入的姓名是男名还是女名，见例 6-1。

【例 6-1】NLTK 使用朴素贝叶斯分类器判断姓名对应的性别。

```python
def gender_feature(name):
    return {'first_letter': name[0],
            'last_letter': name[-1],
            'mid_letter': name[len(name) // 2]}
    # 提取姓名中的首字母、中位字母、末尾字母，将它们作为特征



import nltk
import random
from nltk.corpus import names

# 获取姓名-性别的数据列表
male_names=[(name, 'male') for name in names.words('male.txt')]
female_names=[(name, 'female') for name in names.words('female.txt')]
names_all=male_names+female_names
random.shuffle(names_all)

# 生成特征集
feature_set=[(gender_feature(n), g) for (n, g) in names_all]

# 拆分为训练集和测试集
train_set_size=int(len(feature_set) * 0.7)
train_set=feature_set[:train_set_size]
test_set=feature_set[train_set_size:]

classifier=nltk.NaiveBayesClassifier.train(train_set)
for name in ['Ann','Sherlock','Cecilia']:
    print('{}:\t{}'.format(name,classifier.classify(gender_feature(name))))
```

使用"Ann"（女名）、"Sherlock"（男名）、"Cecilia"（女名）作为输入，输出为：

```
Ann: female
Sherlock:male
Cecilia:female
```

classifier.show_most_informative_features() 方法可以用来查看一些影响最大的特征值，部分输出如下。

```
Most Informative Features
          mid_letter='w'          male : female=5.8 : 1.0
         first_letter='W'         male : female=4.7 : 1.0
         first_letter='U'         male : female=3.3 : 1.0
           mid_letter='f'         male : female=2.9 : 1.0
```

可见，通过简单的训练，已经能够获得相对让人满意的预测结果。

最后需要说明的是，NLTK 在文本分析和自然语言处理方面拥有很丰富的"沉淀"，语料也支持用户定义和编辑。如上所述，NLTK 在配合一些统计学习方法（这里可以笼统地称为"机器学习"）处理文本时能获得非常好的效果，上面的姓名-性别分类就是一个例子。统计学习方法这部分涉及的数学知识和 Python 工具的使用较为复杂，已经超出了本书的讨论范围，就不赘述了。NLTK 还有很多其他功能，包括分块、实体识别等，都可以帮助人们获得更多、更丰富的文本分析结果。

6.2　数据处理与科学计算

6.2.1　从 MATLAB 到 Python

MATLAB 是什么？官方说法是，"MATLAB 是一种用于算法开发、数据分析、数据可视化以及数值计算的高级技术计算语言和交互式环境"，MATLAB 官网中的介绍如图 6-11 所示。MATLAB 凭借其在科学计算与数据分析领域强大的表现，被学术界和工业界接纳为主流的技术。不过，MATLAB 也有一些劣势，首先，MATLAB 价格高，与 Python 这种下载即用的语言不同，MATLAB 软件价格不菲，这一点导致其受众并不十分广泛。其次，MATLAB 的可移植性与可扩展性都不强，比起在这两方面得天独厚的 Python，可以说是没有优势。最后，随着 Python 语言的发展，以及其简洁和易于编码的特性，使用 Python 进行科研和数据分析的人越来越多。另外，由于 Python 拥有活跃的开发者社区和日新月异的第三方扩展库市场，Python 在科学计算领域逐渐与 MATLAB 并驾齐驱，成为"中流砥柱"。Python 中用于这一领域的工具包括如下几方面。

- NumPy：提供了很多关于数值计算的功能，比如矢量与矩阵处理，以及精密计算。
- Pandas：可以视为 NumPy 的扩展包，在 NumPy 的基础上提供了一些标准的数据模型（如二维数组）和实用的函数（方法）。
- Matplotlib：有可能是 Python 中最负盛名的绘图工具，是模仿 MATLAB 的绘图包。
- SciPy：科学计算函数库，包括线性代数模块、统计学常用函数、信号和图像处理等。

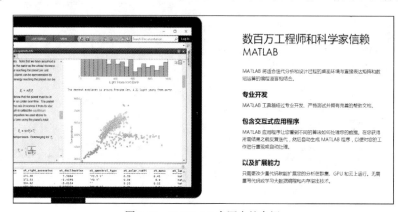

图 6-11　MATLAB 官网中的介绍

作为一门通用的程序语言，Python 的应用范围比 MATLAB 的更广泛，有更多的程序库（尤其是一些十分实用的第三方库）支持。这里以 Python 中常用的科学计算与数值分析库为例，简单介绍 Python 在这个方面的一些应用方法。受篇幅所限，我们将注意力主要放在 NumPy、Pandas 和 Matplotlib 这 3 个最为基础的工具上。

6.2.2　NumPy

NumPy 的名字一般认为是"Numeric Python"的缩写，使用它的方法和使用其他库一样：import

numpy。还可以在导入时给它起一个"外号"，就像这样：

```
import numpy as np
```

NumPy 中的基本操作对象是 ndarray，与原生 Python 中的 list（列表）和 array（数组）不同，ndarray 的名字就暗示了它是一个"多维"的对象。首先可以创建一个这样的 ndarray：

```
raw_list=[I for i in range(10)]
a=numpy.array(raw_list)
pr(a)
```

输出为：

```
array([0, 1, 2, 3, 4, 5, 6, 7, 8, 9])
```

这是一个一维数组。

还可以使用 arange() 方法做等效的构造（提醒一下，Python 中的计数是从 0 开始的），之后通过方法 reshape() 可以重新构造这个数组，如可以构造一个三维数组，其中 reshape() 的参数表示各维度的大小，且按各维度的顺序排列。

```
from pprint import pprint as pr
a=numpy.arange(20) # 构造一个数组
pr(a)
a=a.reshape(2,2,5)
pr(a)
pr(a.ndim)
pr(a.size)
pr(a.shape)
pr(a.dtype)
```

输出为：

```
array([ 0,  1,  2,  3,  4,  5,  6,  7,  8,  9, 10, 11, 12, 13, 14, 15, 16,
       17, 18, 19])
array([[[ 0,  1,  2,  3,  4],
        [ 5,  6,  7,  8,  9]],

       [[10, 11, 12, 13, 14],
        [15, 16, 17, 18, 19]]])
3
20
(2, 2, 5)
dtype('int32')
```

上面通过 reshape() 方法将原来的数组构造为了 2×2×5 的数组（3 个维度）。之后还可进一步查看 a（ndarray 对象）的相关属性：ndim 表示数组的维度，shape 属性为各维度的大小，size 属性表示数组中全部元素的个数（等于各维度大小的乘积），dtype 可用于查看数组中元素的数据类型。

数组的创建方法比较多样，可以直接以列表对象为参数创建，也可以通过特殊的方式，如调用 np.random.rand() 会创建一个各元素的取值为 0～1 的随机数组。

```
a=numpy.random.rand(2,4)
pr(a)
```

输出为：

```
array([[ 0.61546266,  0.51861284,  0.04923905,  0.84436196],
[ 0.98089299,  0.21496841,  0.23208293,  0.81651831]])
```

ndarray 也支持四则运算：

```
a=numpy.array([[1, 2], [2, 4]])
b=numpy.array([[3.2, 1.5], [2.5, 4]])
pr(a+b)
pr((a+b).dtype)
pr(a-b)
pr(a*b)
pr(10*a)
```

上面代码演示了对 ndarray 对象进行基本的四则运算，其输出为：

```
array([[ 4.2,  3.5],
       [ 4.5,  8. ]])
dtype('float64')
array([[-2.2,  0.5],
       [-0.5,  0. ]])
array([[ 3.2,  3. ],
       [ 5. , 16. ]])
array([[10, 20],
       [20, 40]])
```

两个 ndarray 做运算时，会要求其维度满足一定的条件（如加减时维度相同）。另外，a+b 的结果作为一个新的 ndarray，其数据类型已经变为 float64，这是因为 b 数组的元素为浮点数类型，在执行加法时自动将 a 数组的元素转换为了浮点类型。

另外，ndarray 还提供了十分方便的求和、求最大值、求最小值方法。

```
ar1=numpy.arange(20).reshape(5,4)
pr(ar1)
pr(ar1.sum())
pr(ar1.sum(axis=0))
pr(ar1.min(axis=0))
pr(ar1.max(axis=1))
```

axis=0 表示按行，axis=1 表示按列。输出结果为：

```
array([[ 0,  1,  2,  3],
       [ 4,  5,  6,  7],
       [ 8,  9, 10, 11],
       [12, 13, 14, 15],
       [16, 17, 18, 19]])
190
array([40, 45, 50, 55])
array([0, 1, 2, 3])
array([ 3,  7, 11, 15, 19])
```

众所周知，在科学计算中常常用到矩阵的概念，NumPy 也提供了基础的矩阵对象（numpy.matrixlib.defmatrix.matrix）。矩阵和数组的不同之处在于，矩阵一般是二维的，而数组可以是任意维度（正整数）的，另外，矩阵进行的乘法是真正的矩阵乘法（数学意义上的），而数组中的"*"只是让每一组对应元素的数值相乘。

创建矩阵对象也非常简单，可以通过 asmatrix() 把数组转换为矩阵。

```
ar1=numpy.arange(20).reshape(5,4)
pr(numpy.asmatrix(ar1))
mt=numpy.matrix('1 2; 3 4',dtype=float)
pr(mt)
pr(type(mt))
```

输出为：

```
matrix([[ 0,  1,  2,  3],
        [ 4,  5,  6,  7],
        [ 8,  9, 10, 11],
        [12, 13, 14, 15],
        [16, 17, 18, 19]])
matrix([[ 1.,  2.],
        [ 3.,  4.]])
<class ''numpy.matrixlib.defmatrix.matrix'>
```

两个符合要求的矩阵可以进行乘法运算。

```
mt1=numpy.arange(0,10).reshape(2,5)
mt1=numpy.asmatrix(mt1)
mt2=numpy.arange(10,30).reshape(5,4)
mt2=numpy.asmatrix(mt2)
mt3=mt1 * mt2
```

```
pr(mt3)
```

输出为：

```
matrix([[220, 230, 240, 250],
        [670, 705, 740, 775]])
```

访问矩阵中的元素仍然使用类似列表索引的方式。

```
pr(mt3[[1],[1,3]])
```

输出为：

```
matrix([[705, 775]])
```

对于二维数组以及矩阵，还可以进行一些更为特殊的操作，具体包括转置、求逆、求特征向量等。

```
import numpy.linalg as lg
a=numpy.random.rand(2,4)
pr(a)
a=numpy.transpose(a)  # 转置数组
pr(a)
b=numpy.arange(0,10).reshape(2,5)
b=numpy.mat(b)
pr(b)
pr(b.T)  # 转置矩阵
```

上面代码的输出为：

```
array([[ 0.73566352, 0.56391464, 0.3671079 , 0.50148722],
       [ 0.79284278, 0.64032832, 0.22536172, 0.27046815]])
array([[ 0.73566352, 0.79284278],
       [ 0.56391464, 0.64032832],
       [ 0.3671079 , 0.22536172],
import numpy.linalg as lg

a=numpy.arange(0,4).reshape(2,2)
a=numpy.mat(a)  # 将数组构造为矩阵（方阵）
pr(a)
ia=lg.inv(a)  # 求逆矩阵
pr(ia)
pr(a*ia)  # 验证 ia 是否为 a 的逆矩阵，相乘结果应该为单位矩阵
eig_value, eig_vector=lg.eig(a)  # 求特征值与特征向量
pr(eig_value)
pr(eig_vector)
```

上面代码的输出为：

```
matrix([[0, 1],
        [2, 3]])
matrix([[-1.5, 0.5],
        [ 1. , 0. ]])
matrix([[ 1., 0.],
        [ 0., 1.]])
array([-0.56155281, 3.56155281])
matrix([[-0.87192821, -0.27032301],
        [ 0.48963374, -0.96276969]])
```

另外，可以对二维数组进行拼接操作，包括横、纵两种拼接方式。

```
import numpy as np

a=np.random.rand(2,2)
b=np.random.rand(2,2)
pr(a)
pr(b)
c=np.hstack([a,b])
d=np.vstack([a,b])
pr(c)
pr(d)
```

输出为：

```
array([[ 0.39433009,  0.61635481],
       [ 0.90390343,  0.58251318]])
array([[ 0.48100629,  0.89721558],
       [ 0.07523263,  0.33338738]])
array([[ 0.39433009,  0.61635481,  0.48100629,  0.89721558],
       [ 0.90390343,  0.58251318,  0.07523263,  0.33338738]])
array([[ 0.39433009,  0.61635481],
       [ 0.90390343,  0.58251318],
       [ 0.48100629,  0.89721558],
       [ 0.07523263,  0.33338738]])
```

可以使用布尔屏蔽（Boolean Mask）来筛选需要的数组元素并绘图。

```
import matplotlib.pyplot as plt
a=np.linspace(0, 2 * np.pi, 100)
b=np.cos(a)
plt.plot(a,b)
mask=b >=0.5
plt.plot(a[mask], b[mask], 'ro')
mask=b <=- 0.5
plt.plot(a[mask], b[mask], 'bo')
plt.show()
```

结合 NumPy 与 Matplotlib 的绘图效果如图 6-12 所示。

6.2.3　Pandas

Pandas 一般被认为是基于 NumPy 设计的，由于其丰富的数据对象和强大的函数方法，Pandas 成为数据分析与Python 结合的最好范例之一。由于 Pandas 中主要的高级数据结构 Series 和 DataFrame 可以帮助我们用 Python 更为方便简单地处理数据，所以其受众也愈发广泛。

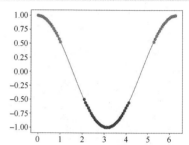

图 6-12　结合 NumPy 与 Matplotlib 的绘图效果

由于 Pandas 一般需要配合 NumPy 使用，因此可以这样导入两个模块：

```
import pandas
import numpy as np
from pandas import Series, DataFrame
```

Series 可以看作一般的数组（一维数组），不过，Series 这个数据类型具有索引（index），这是与普通数组十分不同的一点。

```
s=Series([1,2,3,np.nan,5,1]) # 从列表创建
print(s)

a=np.random.randn(10)
s=Series(a, name='Series 1') # 指明 Series 的 name
print(s)

d={'a': 1, 'b': 2, 'c': 3}
s=Series(d,name='Series from dict') # 从 dict 创建
print(s)

s=Series(1.5, index=[]) # 指明 index
print(s)
```

需要注意的是，如果在使用字典创建 Series 时指明 index，那么 index 的长度要和数据（数组）的长度相等。如果长度不相等，则会被 NaN 填补，类似这样：

```
d={'a': 1, 'b': 2, 'c': 3}
s=Series(d,name='Series from dict',index=['a','c','d','b']) # 从 dict 创建
print(s)
```

输出为：

```
a    1.0
c    3.0
d    NaN
b    2.0
Name: Series from dict, dtype: float64
```

注意这里索引的顺序和创建时索引的顺序是一致的，"d"的索引是"多余的"，因此被分配了 NaN（Not a Number，表示数据缺失）值。

当创建 Series 时的数据只是一个恒定的数值时，会为所有索引对应的元素分配该值，因此，s=Series(1.5, index=['a','b','c','d','e','f','g'])会创建一个所有索引都对应 1.5 的 Series。另外，如果需要查看 index 或者 name，则可以使用 Series.index 或 Series.name 来访问。

访问 Series 的数据仍然使用类似列表的下标方法，或者是直接通过索引名访问，不同的访问方式包括：

```
s=Series(1.5, index=['a','b','c','d','e','f','g']) # 指明 index
print(s[1:3])
print(s['a':'e'])
print(s[[1,0,6]])
print(s[['g','b']])
print(s[s < 1])
```

输出为：

```
b    1.5
c    1.5
dtype: float64
a    1.5
b    1.5
c    1.5
d    1.5
e    1.5
dtype: float64
b    1.5
a    1.5
g    1.5
dtype: float64
g    1.5
b    1.5
dtype: float64
Series([], dtype: float64)
```

想要单纯访问数据值的话，可以使用 values 属性：

```
print(s['a':'e'].values)
```

输出为：

```
[ 1.5  1.5  1.5  1.5  1.5]
```

除了 Series，Pandas 中的另一个主要的高级数据结构是 DataFrame。粗略地说，DataFrame 是将一个或多个 Series 按列逻辑合并后的二维结构，也就是说，其每一列单独取出来就是一个 Series。DataFrame 这种结构很像 MySQL 数据库中的表（Table）结构。仍然可以通过字典（dict）来创建一个 DataFrame，比如通过一个值是列表的字典创建。

```
d={'c_one': [1., 2., 3., 4.], 'c_two': [4., 3., 2., 1.]}
df=DataFrame(d, index=['index1', 'index2', 'index3', 'index4'])
print(df)
```

输出：

```
        c_one  c_two
index1    1.0    4.0
index2    2.0    3.0
index3    3.0    2.0
index4    4.0    1.0
```

但其实，从 DataFrame 的定义出发，应该通过 Series 来创建。DataFrame 有一些基本的属性可供我们访问。

```
d={'one': Series([1., 2., 3.], index=['a', 'b', 'c']),
   'two': Series([1, 2, 3, 4], index=['a', 'b', 'c', 'd'])}
df=DataFrame(d)
print(df)
print(df.index)
print(df.columns)
print(df.values)
```

输出为：

```
   one  two
a  1.0    1
b  2.0    2
c  3.0    3
d  NaN    4
Index(['a', 'b', 'c', 'd'], dtype='object')
Index(['one', 'two'], dtype='object')
[[ 1.   1.]
 [ 2.   2.]
 [ 3.   3.]
 [ nan  4.]]
```

由于"one"这一列对应的 Series 数据少于"two"这一列，因此其中有一个 NaN 值，表示数据空缺。

创建 DataFrame 的方式多种多样，还可以通过二维的 ndarray 来直接创建。

```
d=DataFrame(np.arange(10).reshape(2,5),columns=['c1','c2','c3','c4','c5'],
index=['i1','i2'])
print(d)
```

输出为：

```
    c1 c2 c3 c4 c5
i1   0  1  2  3  4
i2   5  6  7  8  9
```

还可以将各种方式结合起来。利用 describe() 方法可以获得 DataFrame 的一些基本特征信息。

```
df2=DataFrame({ 'A' : 1., 'B': pandas.Timestamp('20120110'), 'C': Series(3.14,
index=list(range(4))), 'D' : np.array([4] * 4, dtype='int64'), 'E' : 'This is E' })
print(df2)
print(df2.describe())
```

输出为：

```
     A          B     C  D           E
0  1.0 2012-01-10  3.14  4  This is E
1  1.0 2012-01-10  3.14  4  This is E
2  1.0 2012-01-10  3.14  4  This is E
3  1.0 2012-01-10  3.14  4  This is E
         A     C    D
count  4.0  4.00  4.0
mean   1.0  3.14  4.0
std    0.0  0.00  0.0
min    1.0  3.14  4.0
25%    1.0  3.14  4.0
50%    1.0  3.14  4.0
75%    1.0  3.14  4.0
max    1.0  3.14  4.0
```

DataFrame 中包括两种形式的排序方法。一种是按行列排序，即按照索引（行名）或者列名进行排序，指定 axis=0 表示按索引（行名）排序，指定 axis=1 表示按列名排序，并可指定升序或降序。第二种排序是按值排序，同样，也可以自由指定列名和排序方式。

```
d={'c_one': [1., 2., 3., 4.], 'c_two': [4., 3., 2., 1.]}
df=DataFrame(d, index=['index1', 'index2', 'index3', 'index4'])
print(df)
```

```
print(df.sort_index(axis=0,ascending=False))
print(df.sort_values(by='c_two'))
print(df.sort_values(by='c_one'))
```

在 DataFrame 中访问（以及修改）数据的方法也非常多样化，比较基本的是使用类似列表索引的方式。

```
dates=pd.date_range('20140101', periods=6)
df=pd.DataFrame(np.arange(24).reshape((6,4)),index=dates, columns=['A','B',
'C','D'])
print(df)
print(df['A']) # 访问"A"这一列
print(df.A) # 同上，另外一种方式
print(df[0:3]) # 访问前三行
print(df[['A','B','C']]) # 访问前三列
print(df['A']['2014-01-02']) # 按列名行名访问元素
```

除此之外，还有很多更复杂的访问方法，主要如下。

```
print(df.loc['2014-01-03']) # 按照行名访问
print(df.loc[:,['A','C']]) # 访问所有行中的A、C两列
print(df.loc['2014-01-03',['A','D']]) # 访问'2014-01-03'行中的A和D列
print(df.iloc[0,0]) # 按照下标访问，访问第1行第1列元素
print(df.iloc[[1,3],1]) # 按照下标访问，访问第2、4行的第2列元素
print(df.ix[1:3,['B','C']]) # 混合索引名和下标两种访问方式，访问第2~3行的B、C两列
print(df.ix[[0,1],[0,1]]) # 访问前两行前两列的元素（共4个）
print(df[df.B>5]) # 访问所有B列数值大于5的数据
```

对于 DataFrame 中的 NaN 值，Pandas 也提供了实用的处理方法，为了演示 NaN 的处理，先为目前的 DataFrame 添加 NaN 值。

```
df['E']=pd.Series(np.arange(1,7),index=pd.date_range('20140101',periods=6))
df['F']=pd.Series(np.arange(1,5),index=pd.date_range('20140102',periods=4))
print(df)
```

这时的 df 是：

```
            A   B   C   D  E   F
2014-01-01  0   1   2   3  1  NaN
2014-01-02  4   5   6   7  2  1.0
2014-01-03  8   9  10  11  3  2.0
2014-01-04 12  13  14  15  4  3.0
2014-01-05 16  17  18  19  5  4.0
2014-01-06 20  21  22  23  6  NaN
```

通过 dropna（丢弃 NaN 值，可以选择按行或按列丢弃）和 fillna 来处理（填充 NaN 部分）。

```
print(df.dropna())
print(df.dropna(axis=1))
print(df.fillna(value='Not NaN'))
```

两个 DataFrame 可以进行拼接（或者说合并），可以为拼接指定一些参数。

```
df1=pd.DataFrame(np.ones((4,5))*0, columns=['a','b','c','d','e'])
df2=pd.DataFrame(np.ones((4,5))*1, columns=['A','B','C','D','E'])
pd3=pd.concat([df1,df2],axis=0) # 按行拼接
print(pd3)
pd4=pd.concat([df1,df2],axis=1) # 按列拼接
print(pd4)
pd3=pd.concat([df1,df2],axis=0,ignore_index=True) # 拼接时丢弃原来的 index
print(pd3)
pd_join=pd.concat([df1,df2],axis=0,join='outer') # 类似 SQL 中的外连接
print(pd_join)
pd_join=pd.concat([df1,df2],axis=0,join='inner') # 类似 SQL 中的内连接
print(pd_join)
```

对于"拼接"，其实还有另一种方法 append，不过 append 和 concat 之间有一些小差异，感兴趣的读者可以进一步了解，这里不赘述。下面要提到的是 Pandas 自带的绘图功能（这里导入 Matplotlib 只是为了使用 show 方法显示图表）。

```python
from matplotlib import pyplot as plt

df=DataFrame(abs(np.random.randn(4,5)),
             columns=['Students','Doctors','Teachers','Drivers','Trader'],
             index=['Beijing','Shanghai','Hangzhou','Shenzhen'])
df.plot(kind='bar')
plt.show()
```

绘制 DataFrame 柱状图如图 6-13 所示。

6.2.4 Matplotlib

matplotlib.pyplot 是 Matplotlib 中常用的模块，几乎就是一个从 MATLAB "迁移"过来的 Python 工具包。每个绘图函数对应某种功能，如创建图形、创建绘图区域、设置绘图标签等。

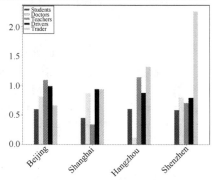

图 6-13　绘制 DataFrame 柱状图

```python
from matplotlib import pyplot as plt
import numpy as np

x=np.linspace(-np.pi, np.pi)
plt.plot(x,np.cos(x), color='red')
plt.show()
```

这是一段基本的绘图代码，plot()函数会进行绘图工作，还需要使用 show()函数将图表显示出来，使用 pyplot 绘制 cos 函数的图像如图 6-14 所示。

在绘图时，可以通过一些参数设置图表的样式，比如颜色可以使用英文字母（表示对应颜色）、RGB 数值、十六进制颜色等来设置；线条样式可设置为"："（表示点状线）、"-"（表示实线）等；点样式可以设置为"."（表示圆点）、"s"（方形）、"o"（圆形）等。可以对这 3 种默认提供的样式直接进行组合设置，使用一个参数字符串，第一个字母为颜色，第二个字母为点样式，最后是线段样式。

```python
x=np.linspace(0, 2*np.pi, 50)
plt.plot(x, np.sin(x),'c:',
         x, np.sin(x-np.pi/2),'b-.')
plt.show()
```

另外，还可以添加 x、y 轴标签，函数标签，图表名称等（见图 6-15）。

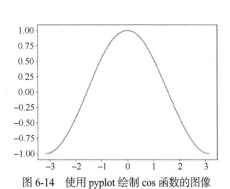

图 6-14　使用 pyplot 绘制 cos 函数的图像

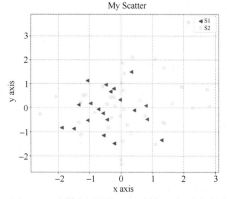

图 6-15　为散点图添加 x、y 轴标签与图表名称

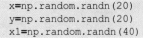
```python
x=np.random.randn(20)
y=np.random.randn(20)
x1=np.random.randn(40)
```

```
y1=np.random.randn(40)
# 绘制散点图
plt.scatter(x,y,s=50,color='b',marker='<',label='S1') # s:表示散点尺寸
plt.scatter(x1,y1,s=50,color='y',marker='o',alpha=0.2,label='S2') # alpha 表示透明度
plt.grid(True) # 为图表打开网格效果
plt.xlabel('x axis')
plt.ylabel('y axis')
plt.legend() # 显示图例
plt.title('My Scatter')
plt.show()
```

为了在一张图表中使用子图，需要添加一个额外的语句，即在调用 plot() 函数之前先调用 subplot()函数。该函数的第一个参数代表子图的总行数，第二个参数代表子图的总列数，第三个参数代表子图的活跃区域。图 6-16 所示为绘制子图。

```
x=np.linspace(0, 2 * np.pi, 50)
plt.subplot(2, 2, 1)
plt.plot(x, np.sin(x), 'b',label='sin(x)')
plt.legend()
plt.subplot(2, 2, 2)
plt.plot(x, np.cos(x), 'r',label='cos(x)')
plt.legend()
plt.subplot(2, 2, 3)
plt.plot(x, np.exp(x), 'k',label='exp(x)')
plt.legend()
plt.subplot(2, 2, 4)
plt.plot(x, np.arctan(x), 'y',label='arctan(x)')
plt.legend()
plt.show()
```

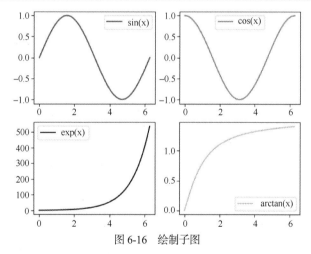

图 6-16　绘制子图

另外几种常用的图表绘图方式如下。

```
# 条形图
x=np.arange(12)
y=np.random.rand(12)
labels=['Jan','Feb','Mar','Apr','May','Jun','Jul','Aug','Sep','Oct','Nov','Dec']
plt.bar(x,y,color='blue',tick_label=labels) # 条形图（柱状图）
# plt.barh(x,y,color='blue',tick_label=labels) # 横条
plt.title('bar graph')
plt.show()

# 饼图
size=[20,20,20,40] # 各部分占比
```

```
plt.axes(aspect=1)
explode=[0.02,0.02,0.02,0.05] # 突出显示
plt.pie(size,labels=['A','B','C','D'],autopct='%.0f%%',explode=explode,shadow=True)
plt.show()

# 直方图
x=np.random.randn(1000)
plt.hist(x, 200)
plt.show()
```

下面介绍 3D 绘图功能，绘制 3D 图像主要通过 mplot3d 模块实现，它主要包含 4 个大类。

- mpl_toolkits.mplot3d.axes3d()
- mpl_toolkits.mplot3d.axis3d()
- mpl_toolkits.mplot3d.art3d()
- mpl_toolkits.mplot3d.proj3d()

其中，axes3d() 下面主要包含各种实现绘图的类和方法，通过下面的语句实现：

```
from mpl_toolkits.mplot3d.axes3d import Axes3D
```

导入后开始制作图：

```
from mpl_toolkits.mplot3d import Axes3D

fig=plt.figure() # 定义 figure
ax=Axes3D(fig)
x=np.arange(-2, 2, 0.1)
y=np.arange(-2, 2, 0.1)
X, Y=np.meshgrid(x, y) # 生成网格数据
Z=X**2+Y**2
ax.plot_surface(X, Y, Z ,cmap=plt.get_cmap('rainbow')) # 绘制 3D 曲面
ax.set_zlim(-1, 10) # Z 轴区间
plt.title('3d graph')
plt.show()
```

图 6-17 所示为 3D 绘图下的 $z=x^2+y^2$ 函数曲线，运行代码后绘制出的图表见图 6-17。

Matplotlib 中还有很多实用的工具及其细节用法（如等高线图、图形填充、图形标记等），在有需求时查询其用法和 API 即可。掌握上面的内容即可绘制一些基础的图表，方便做进一步的数据分析或者做数据可视化应用。如果需要更多图表示例，则可以访问官方页面，其中提供了十分丰富的图表示例。

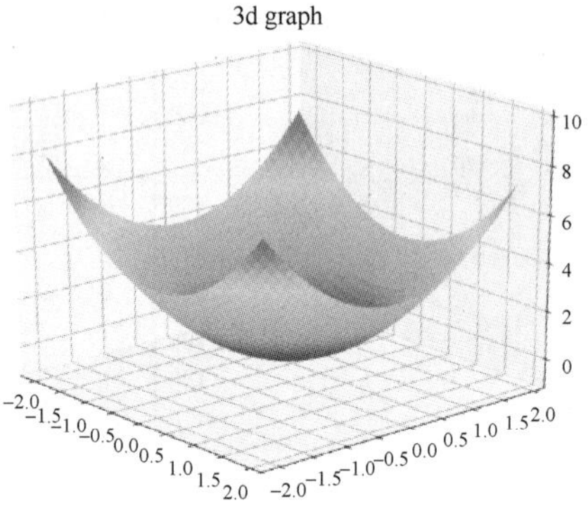

图 6-17　3D 绘图下的 $z=x^2+y^2$ 函数曲线

6.2.5　Scipy 与 SymPy

Scipy 也是基于 NumPy 的库，它包含众多的数学、工程计算中常用的函数，如线性代数、常微分方程数值求解、信号处理、图像处理、稀疏矩阵等。Sympy 是数学符号计算库，可以用来进行数学公式的符号推导，比如求定积分。

```
from sympy import integrate
from sympy.abc import a,x,y
a=integrate(x,
            (x,0,2.0)
            )
print(a) # 输出为 2.0
```

Scipy 和 SymPy 在信号处理、概率统计等方面还有其他更复杂的应用，但超出了主题的范围，在此就不讨论了。

章节实训：美国新冠疫情每日新增人数的可视化

1．需求说明

读取并实现美国新冠疫情数据中每日新增人数的可视化显示。

2．实现思路及步骤

（1）寻找新冠疫情数据的数据源，下载对应的 CSV 格式或 JSON 格式的数据。

（2）读取数据，并从数据中筛选出美国新冠疫情数据中每日新增人数数据。

（3）使用 Matplotlib 库绘制对应的柱状图。

思考与练习

一、选择题

（1）关于 import 引用，以下选项中描述错误的是（　　　）。

    A．使用 import turtle 引入 turtle 库

    B．可以使用 from turtle import setup 引入 turtle 库

    C．使用 import turtle as t 引入 turtle 库，取别名为 t

    D．import 保留字用于导入模块或者模块中的对象

（2）NumPy 中计算元素个数的方法是（　　　）。

    A．np.sqrt()　　　　　　B．np.size()　　　　　　C．np.length()　　　　　　D．np.identity()

二、判断题

（1）df.tails()方法是用来创建数据的。（　　　）

（2）在一定条件下，ndarray 与 list 可以相互转换。（　　　）

三、问答题

（1）对文本进行分词处理的目的是什么？

（2）对比 MATLAB，Python 在数据处理上有什么优势？

提高篇

第7章
爬虫的灵活性和多样性

引言

有时，编写爬虫程序可能并不是为了抓取某些"网页"上的信息，而是为了"曲线救国"，将原本无法通过爬虫解决的需求转化为爬虫问题。爬虫程序本身是十分灵活的，只要结合合适的应用场景和开发工具，就能获得意想不到的效果。本章将打开思路，从多个角度讨论爬虫程序的可能性，了解新的网页数据定位工具，并介绍在线爬虫平台和爬虫部署等方面的内容。

学习目标

1. 基于抓取微信数据的案例了解爬虫的灵活性。
2. 了解 PyQuery 库的使用。
3. 了解在线爬虫应用平台的使用方法。
4. 了解爬虫的部署与管理。

7.1　爬虫的灵活性——以微信数据抓取为例

7.1.1　用 Selenium 抓取网页版微信数据

群聊功能是微信十分常用的一个功能，但与 QQ 不同的是，微信群聊没有显示群成员性别比例的选项，我们就算对所在群聊的群成员性别比例感兴趣，也无法得到直观的（见图 7-1）信息。对于人数很少的群，可以自行统计，但如果群成员太多，就很难方便地得到性别比例结果。这个问题可以使用一种灵活的爬虫方法来解决：利用微信的网页版，可以使用 Selenium 操控浏览器，通过解析群聊中的群成员信息来分析群成员性别比例。

微课视频：抓取微信
群聊成员信息

首先考虑整体思路，通过 Selenium 访问网页版微信，可以在网页中打开群聊并查看群成员头像，通过头像旁的性别分类图标来完成对群成员性别的统计，最终通过统计出的数据来绘制性别比例图。

在使用 Selenium 访问网页版微信时，首先需要扫码登录，登录成功后还需调出想要统计的群聊子页面，这些操作都需要时间。因此在抓取正式开始之前，需要让程序等待一段时间，最简单的方法就是 time.sleep() 方法。

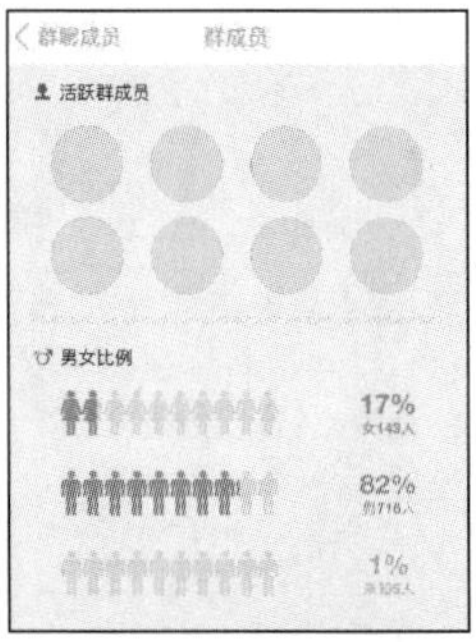

图 7-1　QQ 群查看群成员性别比例

通过 Chrome 开发者工具分析网页，可以发现群成员头像的 XPath 路径都是采用的类似于 "//*[@id="mmpop_chatroom_members"]/div/div/div[1]/div[3]/img" 这样的格式。通过 XPath 定位元素后，通过 click() 方法模拟一次单击，之后再定位群成员的性别图标，便能够获取性别信息，将这些数据保存在字典类型的变量中（由于网页版微信的更新，读者在分析网页时得到的 XPath 可能与上述并不一致，但整个抓取的框架与例 7-1 是类似的。对于变更了的网页，进行一些细节上的修改，即可完成新的程序），再通过已保存的字典数据制作图，见例 7-1。

【例 7-1】WechatSelenium.py，使用 Selenium 工具分析微信群成员的性别比例。

```python
from selenium import Webdriver
import selenium.Webdriver, time, re
from selenium.common.exceptions import WebDriverException
import logging
import matplotlib.pyplot as pyplot
from collections import Counter

path_of_chromedriver='your path of chromedriver'
driver=Webdriver.Chrome(executable_path=path_of_chromedriver)
logging.getLogger().setLevel(logging.DEBUG)

if __name__=='__main__':

  try:
    driver.get('https://wx.qq.com')
    time.sleep(20)  # waiting for scanning QRcode and open the GroupChat page
    logging.debug('Starting traking the Webpage')
    group_elem=
    driver.find_element_by_xpath('//*[@id="chatArea"]/div[1]/div[2]/div/span')
    group_elem.click()
    group_num=int(str(group_elem.text)[1:-1])
    # group_num=64
    logging.debug('Group num is {}'.format(group_num))

    gender_dict={'MALE': 0, 'FEMALE': 0, 'NULL': 0}
    for i in range(2, group_num+2):
      logging.debug('Now the {}th one'.format(i-1))
      icon=driver.find_element_by_xpath('//*[@id="mmpop_chatroom_members"]/div/
div/div[1]/div[%s]/img' % i)
      icon.click()
      gender_raw=
      driver.find_element_by_xpath('//*[@id="mmpop_profile"]/div/div[2]/div[1]/
i').get_attribute('class')
      if 'women' in gender_raw:
        gender_dict['FEMALE'] +=1
      elif 'men' in gender_raw:
        gender_dict['MALE'] +=1
      else:
        gender_dict['NULL'] +=1

      myicon=
      driver.find_element_by_xpath('/html/body/div[2]/div/div[1]/div[1]/div[1]/img')
      logging.debug('Now click my icon')
      myicon.click()
      time.sleep(0.7)
      logging.debug('Now click group title')
      group_elem.click()
      time.sleep(0.3)

    print(gender_dict)
    print(gender_dict.items())
    counts=Counter(gender_dict)

    pyplot.pie([v for v in counts.values()],
            labels=[k for k in counts.keys()],
            pctdistance=1.1,
            labeldistance=1.2,
            autopct='%1.0f%%')
    pyplot.show()

  except WebDriverException as e:
    print(e.msg)
```

上面的代码中需要解释的主要是 matplotlib 的使用和 Counter 对象。pyplot 是 matplotlib 的一个子模块，该模块提供了和 MATLAB 类似的绘图 API，可以使用户快捷地绘制二维图表。其中一些主要参数的含义如下。

- labels，饼图的标签（文本列表）。
- labeldistance，文本离圆心的距离，比如 1.1 是指 1.1 倍半径的长度。
- autopct，饼图中各项百分比的文本显示格式。
- shadow，饼图是否有阴影。
- pctdistance，百分比文本离圆心的距离。
- startangle，起始绘制的角度，默认是从 x 轴正方向逆时针画，一般会设定为 90，即从 y 轴正方向画起。
- radius，饼图半径。

Counter 可以用来统计值出现的次数，这是一个无序的容器类型，它以字典的键值对形式存储计数结果，其中元素作为键，其计数（出现次数）作为值，计数可以是任意非负整数。Counter 的常用方法如下。

```python
from collections import Counter

# 以下是几种初始化 Counter 的方法
c=Counter()  # 创建一个空的 Counter 类
print(c)
c=Counter(
  ['Mike','Mike','Jack','Bob','Linda','Jack','Linda']
)  # 从一个可迭代对象（列表、元组、字符串等）创建
print(c)
c=Counter({'a': 5, 'b': 3})  # 从一个字典对象创建
print(c)
c=Counter(A=5, B=3, C=10)  # 从一组键值对创建
print(c)

# 获取一段文字中出现频率前 10 的字符
s='I love you, I like you, I need you'.lower()
ct=Counter(s)
print(ct.most_common(3))

# 返回一个迭代器。元素被重复了多少次，在该迭代器中就包含多少个该元素
print(list(ct.elements()))

# 使用 Counter 对文件计数
with open('tobecount', 'r') as f:
  line_count=Counter(f)
print(line_count)
```

上面的代码的输出会是：

```
Counter()
Counter({'Mike': 2, 'Jack': 2, 'Linda': 2, 'Bob': 1})
Counter({'a': 5, 'b': 3})
Counter({'C': 10, 'A': 5, 'B': 3})
[(' ', 8), ('i', 4), ('o', 4)]
['i', 'i', 'i', 'i', ' ', ' ', ' ', ' ', ' ', ' ', ' ', ' ', 'l', 'l', 'o', 'o', 'o', 'o',
'v', 'e', 'e', 'e', 'e', 'y', 'y', 'y', 'u', 'u', 'u', ',', ',', 'k', 'n', 'd']
Counter({'dog\n': 3, 'cat\n': 2, 'whale\n': 2, 'lion\n': 1, 'tiger\n': 1, 'dolphin\n':
1, 'cat': 1})
```

collections 模块是 Python 的一个内置模块，其中包含字典、集合、列表、元组以外的一些特殊的容器类型。

- OrderedDict 类：有序字典，是字典的子类。
- namedtuple()函数：命名元组，是一个工厂函数。
- Counter 类：计数器，是字典的子类。
- deque：双向队列。
- defaultdict：使用工厂函数创建字典，带有默认值。

运行例 7-1 使用 Selenium 抓取数据的程序并扫码登录微信，打开希望统计分析的群聊页面，等待程序运行完毕，会看到图 7-2 所示的饼状图，图中显示了当前群聊的群成员的性别比例，实现了和在 QQ 群查看群成员性别比例类似的效果。

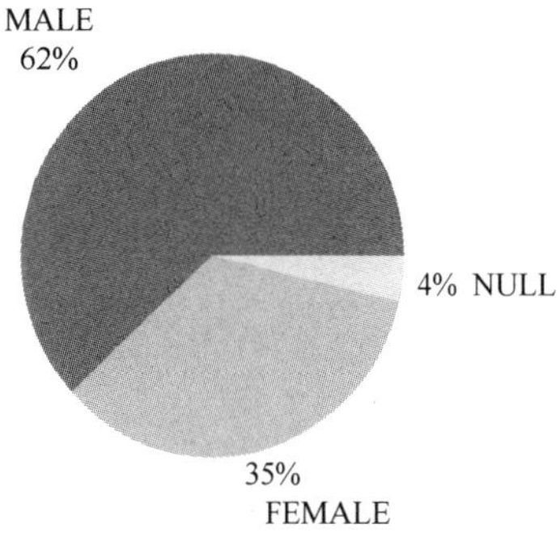

图 7-2　使用 pyplot 绘制的微信群
成员性别比例饼状图

7.1.2　基于 Python 的微信 API 工具

虽然上面的程序实现了目的，但从总体来看还很简陋，如果需要对微信中的其他数据进行分析，则很可能需要重构绝大部分代码。另外使用 Selenium 模拟浏览器的速度毕竟很慢，如果结合微信提供的开发者 API，就能达到更好的效果。如果能够直接访问 API，这时的"爬虫"抓取的就是纯粹的网络通信信息，而不是网页的元素。

itchat 是一个简洁高效的开源微信个人号接口库，仍然是通过 pip 安装（当然，也可以直接在 PyCharm 中安装），itchat 的使用非常方便，比如使用 itchat 给微信文件传输助手发信息。

```
import itchat
itchat.auto_login()
itchat.send('Hello', toUserName='filehelper')
```

auto_login()方法即微信登录，可附带 hotReload 参数和 enableCmdQR 参数，如果将这两个参数设置为 True，则分别开启短期免登录和命令行显示二维码功能。具体来说，如果给 auto_login()方法传入值为 True 的 hotReload，那么即使程序关闭，在一定时间内重新开启程序也可以不用重新扫码。该方法会生成一个静态文件 itchat.pkl，用于存储登录的状态。如果给 auto_login()方法传入值为 True 的 enableCmdQR，那么可以在登录时使用命令行显示二维码，这里需要注意的是，默认情况下控制台背景色为黑色，如果背景色为浅色（白色），则可以将 enableCmdQR 赋值为负值。

get_friends()方法可以帮助我们轻松获取所有的好友（其中好友首位是自己，如果不设置 update 参数，则返回本地的信息）。

```
friends=itchat.get_friends(update=True)
```

借助 pyplot 模块以及上面介绍的 itchat 的使用方法，就能够编写一个简洁实用的微信好友性别分析程序，见例 7-2。

【例 7-2】itchatWX.py，使用第三方库分析微信数据。

```
import itchat
from collections import Counter
import matplotlib.pyplot as plt
import csv
from pprint import pprint


def anaSex(friends):
    sexs=list(map(lambda x: x['Sex'], friends[1:]))
    counts=list(map(lambda x: x[1], Counter(sexs).items()))
    labels=['Unknow', 'Male', 'Female']
    colors=['Grey', 'Blue', 'Pink']
    plt.figure(figsize=(8, 5), dpi=80) # 调整图表大小
    plt.axes(aspect=1)
    # 绘制饼图
    plt.pie(counts,
            labels=labels,
```

```
                colors=colors,
                labeldistance=1.1,
                autopct='%3.1f%%',
                shadow=False,
                startangle=90,
                pctdistance=0.6
                )
       plt.legend(loc='upper right',)
       plt.title('The gender distribution of {}\'s WeChat Friends'.format(friends[0]
['NickName']))
       plt.show()

   def anaLoc(friends):
       headers=['NickName', 'Province', 'City']
       with open('location.csv', 'w', encoding='utf-8', newline='', ) as csvFile:
          writer=csv.DictWriter(csvFile, headers)
          writer.writeheader()
          for friend in friends[1:]:
             row={}
             row['NickName']=friend['RemarkName']
             row['Province']=friend['Province']
             row['City']=friend['City']
             writer.writerow(row)

   if __name__=='__main__':

       itchat.auto_login(hotReload=True)
       friends=itchat.get_friends(update=True)
       anaSex(friends)
       anaLoc(friends)
       pprint(friends)
       itchat.logout()
```

其中，anaSex()和 anaLoc()分别为分析好友性别与分析好友所在地区的函数。anaSex()会将性别比例绘制饼图，而 anaLoc()函数会将好友及其所在地区信息保存至 CSV 文件中。这里需要解释下面的代码。

```
sexs=list(map(lambda x: x['Sex'], friends[1:]))
counts=list(map(lambda x: x[1], Counter(sexs).items()))
```

这里的 map()是 Python 中的一个特殊函数，原型为 map(func, *iterables)，函数执行时对*iterables（可迭代对象）中的 item 依次执行 function(item)，返回一个迭代器，之后使用 list()将其变为列表对象。lambda 可以理解为匿名函数，以上述代码中的第一处为例，表示输入 x，返回 x 的'Sex'字段值。

friends 是一个以字典数据为元素的列表，由于其首位元素是我们自己的微信账户，所以使用 friends[1:]获得所有好友的列表。因此，调用 list(map(lambda x: x['Sex'], friends[1:]))将获得一个包含所有好友性别的列表，微信中好友的性别值包括 Unkown、Male 和 Female 这 3 种，其对应的数值分别为 0、1、2。如果输出该 sexs 列表，则得到的结果如下。

```
[1, 2, 1, 1, 1, 1, 0, 1…]
```

第二行通过 Collection 模块中的 Counter()对这 3 种不同的取值进行统计，Counter 对象的 items()方法返回一个元组的集合，该元组的第一维元素表示键，即 0、1、2，该元组的第二维元素表示对应的键的数目，且该元组的集合是排序过的，即其键按照 0、1、2 的顺序排列。通过执行 map()方法的匿名函数就可以得到这 3 种不同性别值的数目。

main 中的 itchat.logout()的作用为注销登录状态。执行该程序后，就能看到绘制出的微信好友性别比例图（见图 7-3）。

在本地查看 location.csv 文件，结果类似这样：

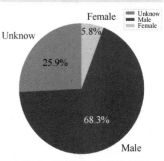

图 7-3　微信好友性别比例图

……
王小明,北京,海淀
李小狼,江苏,无锡
陈小刚,陕西,延安
张辉,北京,
刘强,北京,西城
……

至此，对微信好友的性别分析和所在地区分析都已经圆满完成。仅就微信接口库而言，除了 itchat，Python 开发社区还有很多不错的工具。由我国开发者开发的 wxPy、wxBot 等使用也非常方便。对微信接口库感兴趣的读者可在网上做更深入的了解。

7.2　爬虫的多样性

7.2.1　在 BeautifulSoup 和 XPath 之外

对于 PyQuery 这个 Python 库，从它的名字就大概能够猜到，这是一个类似于 jQuery 的东西。实际上，PyQuery 的主要用途就是以类 jQuery 的形式来解析网页，并且支持 CSS 选择器，使用起来与 XPath 和 BeautifulSoup 一样简洁方便。在前面的内容中主要是使用 XPath（Python 中的 lxml 库）和 BeautifulSoup（如 bs4 库）来解析网页和寻找元素，接下来将学习使用 PyQuery 这一尚未接触的工具。

 jQuery 是目前非常流行的 JavaScript 函数库，jQuery 的基本思想是 "选择某个网页元素，对其进行一些操作"，其语法和使用也基本都基于这个思想，因此将 jQuery 的形式迁移到 Python 网页解析中也是十分合适的。

安装 PyQuery 依然是使用 pip 命令（pip install pyquery），下面通过豆瓣网首页的例子来介绍它的基本使用，首先是 PyQuery 对象的初始化，以下是几种不同的初始化方式。

```
from pyquery import PyQuery as pq
import requests

ht=requests.get('https://www.douban.com/').text # 获取网页内容
doc=pq(ht) # 初始化一个网页文档对象

print(doc('a'))
# 输出所有<a>节点
# < a href="https://www.douban.com/gallery/topic/3394/?from=hot_topic_anony_sns" class=
"rec_topics_name" > 你人生中哪件小事产生了蝴蝶效应？ < / a >
# …

# 使用本地文件初始化
doc=pq(filename='h1.html')

# 直接使用一个 URL 来初始化
doc1=pq('https://www.douban.com')
print(doc1('title'))
# 输出: <title>豆瓣</title>
```

通过 jQuery，以 CSS 选择器（可使用 Chrome 开发者工具得到，见图 7-4）来定位网页中的元素：

```
# 元素选择
print(doc1('#anony-sns > div > div.main > div > div.notes > ul > li.first > div.title > a'))
# 一种简便的选择器表达式获取方式是在 Chrome 的开发者工具中选中元素，复制（ "Copy selector"）得到

print(doc1('div.notes').find('li.first').find('div.author').text())
# 在<div class="notes">节点下寻找 class 为'first'的<li>节点，输出其文本
# find() 方法会将符合条件的所有节点选择出来
```

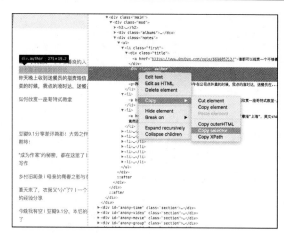

图 7-4　通过 Chrome 开发者工具复制选择器

上面的语句输出会是：

```
<a href="https://www.douban.com/note/669285810/">猫咪会如何与你告别</a>
皇后大道西的日记
```

可以通过定位到的一个节点来获取其子节点。

```
# 查找子节点
print(doc1('div.notes').children())
# 在子节点中查找符合 class 为'title'这个条件的节点
print(doc1('div.notes').children().find('.title'))
```

上面的语句会获得所有<div class="notes"></div>下的子节点，第二句将获得子节点中 class 为 "title"的节点，输出为：

```
<ul>
    <li class="first">
    <div class="title">
        <a href="https://www.douban.com/note/669285810/">猫咪会如何与你告别</a>
    </div>
    <div class="author">
        皇后大道西的日记
    </div>
    <p>2018 年 5 月 11 日，星期五，一周里最清闲的一天。上午没有课，下午的课正好轮到不是我……</p>
    </li>
    ...
    </ul>

<div class="title">
        <a href="https://www.douban.com/note/669285810/">猫咪会如何与你告别</a>
    </div>
```

同样，可以获取某个节点的兄弟节点，通过 text()方法获取元素的文本内容。

```
# 查找兄弟节点，获取文本
print(doc1('div.notes').find('li.first').siblings().text())
```

输出为：

一周豆瓣热门图书 │《斯通纳》之后，他用这部书信体小说重塑了罗马皇帝的一生　今晚我有空 │ 豆瓣 9.1 分，本尼的演技可以说是超神了　谁都可以指责一个不够善良的人　猫咪会如何与你告别　一周豆瓣热门图书 │ 他曾是嬉皮一代的文化偶像，代表作在沉寂半世纪后首出中文版　如何欣赏一座哥特式教堂　明明想写作的你，为什么迟迟没有动笔？　海内文章谁是我——关于我所理解的汪曾祺及其作品　乡村旧闻录 │ 母亲的青春之影与苍老之门

除了子节点、兄弟节点，还可获取父节点。

```
# 查找父节点
print(type(doc1('div.notes').find('li.first').parent()))
```

```
# 输出: <class 'pyquery.pyquery.PyQuery'>
# 查找父节点、子节点、兄弟节点都可以使用 find()方法
```

当需要遍历节点时，使用 items()方法来获取一组节点的列表。

```
# 使用 items()方法获取节点的列表
li_list=doc1('div.notes').find('li').items()
for li in li_list:
  print(li.text())
  # 选取<li>节点中的<a>节点，获取其属性
  print(li('a').attr('href'))
  # 另外一种等效的获取属性的方法
  # print(li('a').attr.href)
  # 请读者注意，输出内容可能随时间变化而变化，下面内容仅作示例用途
```

输出为：

```
https://www.douban.com/note/668572260/
一周豆瓣热门图书 | 《斯通纳》之后，他用这部书信体小说重塑了罗马皇帝的一生
https://www.douban.com/note/670570293/
今晚我有空 | 豆瓣 9.1 分，本尼的演技可以说是超神了
https://www.douban.com/note/670345306/
谁都可以指责一个不够善良的人
https://www.douban.com/note/669885213/
......
```

PyQuery 还支持所谓的伪类选择器，其语法对用户非常友好。

```
# 其他的一些选择方式
from pyquery import PyQuery as pq
doc1=pq('https://baike.baidu.com')
# 获取<div class="content_dpk">类的第一个子节点下的第一个子节点
print(doc1.find('div.content_dpk').find(':first-child').find(':first-child'))
print('-*'*20)
print(doc1.find('div.content_dpk').find(':nth-child(1)'))
# 若为:nth-child(3)，则获取第三个子节点
print('-*'*20)
print(doc1('p:contains("英国")')) # 获取内容包含"英国"的 p 节点
```

输出为：

```
<em class="cmn-icon cmn-icons cmn-icons_arrow-l-2"/>
-*-*-*-*-*-*-*-*-*-*-*-*-*-*-*-*-*-*-*-*
<a href="javascript:void(0)" class="btn pre"><em class="cmn-icon cmn-icons cmn-icons_
arrow-l-2"/></a>
<em class="cmn-icon cmn-icons cmn-icons_arrow-l-2"/><em class="cmn-icon cmn-icons
cmn-icons_arrow-r-2"/>
-*-*-*-*-*-*-*-*-*-*-*-*-*-*-*-*-*-*-*-*
<p class="text-con">英国人每年要消费掉 3.8 亿份炸鱼薯条。</p>
```

由上面的基本用法可见，PyQuery 拥有不输 BeautifulSoup 的简洁，其函数接口使用起来也十分方便，可以将它作为与 lxml、BeautifulSoup 并列的几大爬虫网页解析工具之一。

7.2.2　在线爬虫应用平台

随着爬虫技术的广泛应用，目前还出现了一些旨在提供网络数据采集服务或爬虫辅助服务的在线应用平台，这些服务在一定程度上能够帮助我们减少一些编写复杂抓取程序的成本，其中的一些优秀产品也具有很强大的功能。国外的 import.io 就是一个提供网络数据采集服务的平台，允许用户通过 Web 页面来筛选并收集对应的网页数据，另外一款产品 ParseHub 则提供了可以下载到 Windows、macOS 的桌面应用，这个应用基于 Firefox 开发，支持页面结构分析、可视化元素抓取等多种功能（见图 7-5）。

在 Chrome 浏览器的插件市场中甚至还出现了一些用于网页数据抓取的扩展程序（如比较主流的 Web Scraper）。

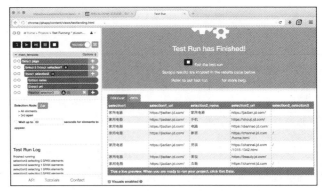

图 7-5　使用 ParseHub 应用抓取京东商城首页的商品分类

　　国内的网络数据采集平台可以说是方兴未艾，八爪鱼网站（见图 7-6）、后羿采集器的腾讯数码新闻采集爬虫服务（见图 7-7）、集搜客等都是相对具有一定市场的服务平台，其中神箭手主打面向开发者的服务（官方介绍是"一个大数据和人工智能的云操作系统"），提供了一系列具有很强实用价值的 API，同时还提供了有针对性的云爬虫服务，这些对于开发者而言是非常方便的。

图 7-6　八爪鱼网站

图 7-7　后羿采集器的腾讯数码新闻采集爬虫服务

　　这些在线爬虫应用平台往往能够很方便地解决一些简单的爬虫需求，而一些 API 服务则能够大大简化编写爬虫的流程，感兴趣的读者可对此做深入了解。随着机器学习、大数据技术的逐渐发展，数据采集服务也会迎来更广阔的市场和更大的“利好”。

7.2.3　使用 urllib

虽然我们在爬虫程序编写中大量使用到的是 requests，但由于 urllib 是经典的 HTTP 库，而网络上使用 urllib 来编写爬虫程序的样例也很多，因此这里有必要讨论 urllib 的具体使用。在 Python 中，urllib 算是一个比较特殊的库。从功能上说，urllib 库是用于操作 URL（主要就是访问 URL）的 Python 库，在 Python 2.x 中，urllib 库分为 urllib 和 urllib2。这两个名称十分相近的库的关系比较复杂，但简单地说，urllib2 是作为 urllib 的扩展而存在。它们的主要区别如下。

- urllib2 可以接收 Request 对象为 URL 设置头信息，修改用户代理，设置 Cookie 等。与之对比，urllib 只能接收一个普通的 URL。
- urllib 会提供一些比较原始基础的方法，但在 urllib2 中并不存在这些方法，如 urlencode()方法。

Python 2.x 中的 urllib 库可以实现基本的 GET 和 POST 操作，下面的这段代码会根据 params 发送 POST 请求，即使用百度搜索引擎的关键词查询 URL 演示 POST 请求，读者还可以使用其他网址。

```
import urllib
params=urllib.urlencode({'wd': 1})
f=urllib.urlopen("https://www.baidu.com/s?", params)
print f.read()
```

而在 Python 2.x 的 urllib2 中，urlopen()方法是非常常用且简单的方法，它会打开一个 URL，url 参数可以是一个字符串 url 或者一个 Request 对象。

```
import urllib2
response=urllib2.urlopen('http://www.baidu.com/')
html=response.read()
print html
```

urlopen()还可以以一个 Request 对象为参数。调用 urlopen()方法后，该方法会针对请求的 URL 返回一个 response 对象，可以用 read()方法操作这个 response。

```
import urllib2
req=urllib2.Request('http://www.baidu.com/')
response=urllib2.urlopen(req)
the_page=response.read()

print the_page
```

上面代码的 Request 对象描述了一个 URL 请求，Request 类的定义如图 7-8 所示。

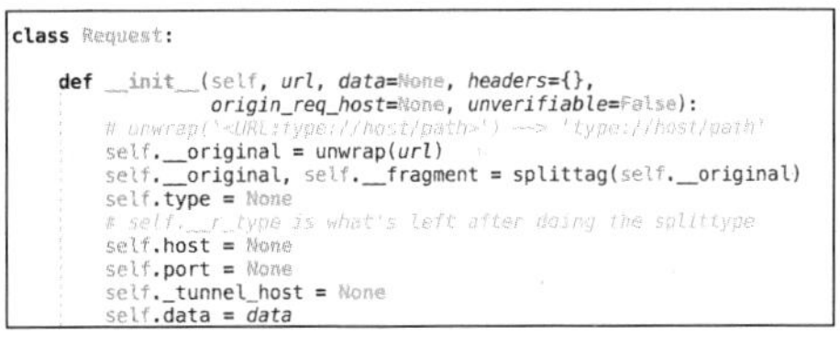

```
class Request:

    def __init__(self, url, data=None, headers={},
                 origin_req_host=None, unverifiable=False):
        # unwrap('<URL:type://host/path>') --> 'type://host/path'
        self.__original = unwrap(url)
        self.__original, self.__fragment = splittag(self.__original)
        self.type = None
        # self.__r_type is what's left after doing the splittype
        self.host = None
        self.port = None
        self._tunnel_host = None
        self.data = data
```

图 7-8　Request 类的定义

其中 url 是一个字符串，代表一个有效的 URL。data 用于指定发送到服务器的数据，使用 data 时的 HTTP 请求是唯一的，即 POST，没有 data 时默认为 GET。headers 是字典类型，它可以作为参数在 Request 中直接传入，也可以把其中的每个键和值作为参数通过调用 add_header()方法来添加。

```
import urllib2
req=urllib2.Request('http://www.baidu.com/')
req.add_header('User-Agent', 'Mozilla/5.0')
r=urllib2.urlopen(req)
```

当不能正常处理一个 response 时，urlopen()方法会抛出一个 URLError。另外一种异常 HTTPError 则是在特别的情况下被抛出的 URLError 的一个子类。抛出 URLError 异常通常是因为没有网络连接，也就是没有路由到指定的服务器，或指定的服务器不存在，比如下面这段代码。

```
import urllib2
req=urllib2.Request('http://www.baidu.com/')
try:
   response=urllib2.urlopen(req)
except urllib2.URLError,e:
   print e.reason
```

其输出是：

```
[Errno 8] nodename nor servname provided, or not known
```

　　另外，因为每个来自服务器的响应都有一个 "Status Code"（状态码），有时，对于不能处理的请求，urlopen() 将抛出 HTTPError 异常，典型的异常状态码如 404（没有找到页面）、403（禁止请求）、401（需要验证）等。下面使用知乎的 404 页面来说明。

```python
import urllib2
req=urllib2.Request('http://www.zhihu.com/404')
try:
    response=urllib2.urlopen(req)
except urllib2.HTTPError,e:
    print e.code
    print e.reason
    print e.geturl()
```

上面代码的输出是：

```
404
Not Found
https://www.zhihu.com/404
```

　　如果需要同时处理 HTTPError 和 URLError 两种异常，则应该把捕获处理 HTTPError 的部分放在 URLError 的前面，原因在于，HTTPError 是 URLError 的子类。

　　在 Python 3 中，urllib 库整理了 Python 2.x 中 urllib 和 urllib2 的内容，合并了它们的功能，并以 4 个不同模块呈现，它们分别是 urllib.request、urllib.error、urllib.parse、urllib.robotparser。Python 3 的 urllib 相对于 Python 2.x 的更为简洁了。如果要在这些库中做选择，则应该首先考虑使用 urllib（Python 3 的库）。

　　urllib.request 模块主要用来实现访问网页等基本操作，是很常用的一个模块。比如，模拟浏览器发起一个 HTTP 请求，这就需要用到 urllib.request 模块。urllib.request 同时也能够获取请求返回结果，使用 urllib.request.urlopen() 方法来访问 URL 并获取其内容。

```python
import urllib.request

url="http://www.baidu.com"
response=urllib.request.urlopen(url)
html=response.read()
print(html.decode('utf-8'))
```

这样会输出百度首页的网页源码。在某些情况下，请求可能出于网络原因无法得到响应，这时可以手动设置超时时间。当请求超时时，可以采取进一步措施，如选择直接丢弃该请求。

```python
import urllib.request

url="http://www.baidu.com"
response=urllib.request.urlopen(url,timeout=3)
html=response.read()
print(html.decode('utf-8'))
```

　　根据 URL 下载一张图片也很简单，仍通过 response 的 read() 方法来完成。下面代码中的 URL 为百度图片网站上一张图片的地址。

```python
from urllib import request

url='https://img2.baidu.com/it/u=853977860,513898504&fm=253&fmt=auto&app=138&f=JPEG?w=500&h=313.jpg'
response=request.urlopen(url)

data=response.read()
with open('pic.jpg', 'wb') as f:
    f.write(data)
```

urlopen() 方法是这样定义的：

```python
urllib.request.urlopen(url, data=None, [timeout, ]*, cafile=None, capath=None, cadefault=False, context=None)
```

　　其中 url 为需要打开的网址，data 为使用 Post 请求提交的数据（如果没有 data 参数，则使用 GET 请求），timeout 即访问超时时间。需要注意的是，直接用 urllib.request 模块的 urlopen() 方法获取页面的话，page 的数据格式为 bytes 类型，需要调用 decode() 解码，将其转换成 str 类型。

可以通过调用一些 HTTPResponse 的方法来获取更多信息。

- read()、readline()、readlines()、fileno()、close()：对 HTTPResponse 类型数据进行操作。
- info()：返回 HTTPMessage 对象，表示远程服务器返回的头信息。
- getcode()：返回 HTTP 状态码。如果是 HTTP 请求，则 200 表示请求成功完成。
- geturl()：返回请求的 URL。

用一段代码试一下。

```
from urllib import request

url='http://www.baidu.com'
response=request.urlopen(url)
print(type(response))
print(response.geturl())
print(response.info())
print(response.getcode())
```

response 对象相关方法的输出如图 7-9 所示。

```
E:\PyCharmProjections\venv\Scripts\python.exe E:/PyCharmProjections/79.py
<class 'http.client.HTTPResponse'>
http://www.baidu.com
Bdpagetype: 1
Bdqid: 0x9792439f0011e722
Content-Type: text/html; charset=utf-8
Date: Sat, 01 Oct 2022 09:05:50 GMT
P3p: CP=" OTI DSP COR IVA OUR IND COM "
P3p: CP=" OTI DSP COR IVA OUR IND COM "
Server: BWS/1.1
Set-Cookie: BAIDUID=2D75894EC285E7EB4411CF920AE246F2:FG=1; expires=Thu, 31-Dec-37 23:55:55 GMT; max-age=2147483647; path=/; domain=.baidu.com
Set-Cookie: BIDUPSID=2D75894EC285E7EB4411CF920AE246F2; expires=Thu, 31-Dec-37 23:55:55 GMT; max-age=2147483647; path=/; domain=.baidu.com
Set-Cookie: PSTM=1664615150; expires=Thu, 31-Dec-37 23:55:55 GMT; max-age=2147483647; path=/; domain=.baidu.com
Set-Cookie: BAIDUID=2D75894EC285E7EB5232D3E8EB354A3A:FG=1; max-age=31536000; expires=Sun, 01-Oct-23 09:05:50 GMT; domain=.baidu.com; path=/; version=1; comment=bd
Set-Cookie: BDSVRTM=0; path=/
Set-Cookie: BD_HOME=1; path=/
Set-Cookie: H_PS_PSSID=36560_36885_34812_37486_37402_36569_37407_36789_37500_26350_37446; path=/; domain=.baidu.com
Traceid: 166461515003597347082109218663965006908450
Vary: Accept-Encoding
X-Frame-Options: sameorigin
X-Ua-Compatible: IE=Edge,chrome=1
Connection: close
Transfer-Encoding: chunked


200
```

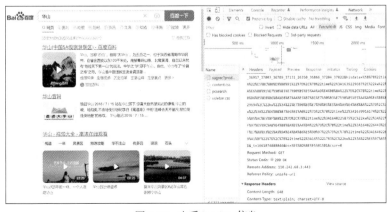

图 7-9　response 对象相关方法的输出

当然，还可以设置一些 headers 信息，以模拟浏览器访问网站（正如我们在爬虫开发中常做的那样）。在这里设置 User-Agent 信息。打开百度首页（或者任意一个网站），然后打开 Chrome 的开发者工具（按 F12 键），这时出现一个窗口。切换到“Network”选项卡。然后输入某个关键词（这里输入“华山”），之后单击网页中的“百度一下”，让网页发生一个动作。此时看到下方的窗口出现了一些数据。将界面右上方的选项卡切换到“headers”，会看到对应的请求头信息（见图 7-10），在这些信息中找到 User-Agent 对应的信息。将其复制出来，作为 urllib.request 执行访问时的 User-Agent 信息，这时需要用到 request 模块中的 Request 对象来“包装”我们的这个请求。

图 7-10　查看 headers 信息

编写代码如下。

```python
import urllib.request

url='https://www.baidu.com'
header={
    'User-Agent':'Mozilla/5.0 (X11; Fedora; Linux x86_64) AppleWebKit/537.36 (KHTML, like
Gecko) Chrome/58.0.3029.110 Safari/537.36'
    }
request=urllib.request.Request(url, headers=header)
reponse=urllib.request.urlopen(request).read()

fhandle=open("./zyang-htmlsample-1.html","wb")
fhandle.write(reponse)
fhandle.close()
```

上面的代码中给出了要访问的网址，然后调用 urllib.request.Request()函数创建一个 Request 对象，第一个参数传入要访问的 url，之后传入 headers 信息。然后通过 urlopen()打开该 Request 对象即可读取并保存网页内容。在本地打开 zyang-htmlsample-1.html 文件，即可看到百度的首页（见图 7-11）。

图 7-11　本地保存的 HTML 文件（百度首页）

除了访问网页（即 HTTP 中的 GET 请求），在进行注册、登录等操作时，也会用到 POST 请求。仍使用 request 模块中的 Request 对象来构建一个 POST 操作，代码如下（下面的示例代码使用豆瓣网的登录页面地址进行演示，实际的 url 与 postdata 等参数的内容要以读者的目标网站为准）。

```python
import urllib.request
import urllib.parse
url='https://www.douban.com/accounts/'
postdata={
  'username': 'yourname',
  'password': 'yourpw'
}
post=urllib.parse.urlencode(postdata).encode('utf-8')
req=urllib.request.Request(url, post)
r=urllib.request.urlopen(req)
```

其他请求类型（如 PUT）则可以通过 Request 对象这样实现：

```python
import urllib.request
data='some data'
req=urllib.request.Request(url='http://accounts.douban.com', data=data,method='PUT')
with urllib.request.urlopen(req) as f:
    pass
print(f.status)
print(f.reason)
```

urllib.parse 的目标是解析 url 字符串，可以使用它分解或合并 url 字符串。可以试试用它来转换一个包含查询信息的 URL。

```
import urllib.parse

url='https://www.baidu.com/s?ie=utf-8&f=8&rsv_bp=1&tn=baidu&wd=cat&oq=cat'
result=urllib.parse.urlparse(url)
print(result)
print(result.netloc)
print(result.geturl())
```

这里使用函数 urlparse()，把一个包含搜索查询词 "cat" 的百度 URL 作为参数传给它。它返回了一个 ParseResult 对象，可以使用这个对象了解更多关于 URL 的信息（如网络位置）。上面代码的输出如下。

```
ParseResult(scheme='https', netloc='www.baidu.com', path='/s', params='', query=
'ie=utf-8&f=8&rsv_bp=1&tn=baidu&wd=cat&oq=cat', fragment='')
www.baidu.com
https://www.baidu.com/s?ie=utf-8&f=8&rsv_bp=1&tn=baidu&wd=cat&oq=cat
```

urllib.parse 也可以在其他场合发挥作用，比如使用百度搜索引擎来进行一次搜索。

```
import urllib.parse
import urllib.request
data=urllib.parse.urlencode({'wd': 'OSCAR'})
print(data)
url='http://baidu.com/s'
full_url=url+'?'+data
response=urllib.request.urlopen(full_url)
```

使用 urllib 就足以完成一些简单的爬虫，比如通过 urllib 编写一个在线翻译程序。使用金山词霸翻译来实现这个功能，首先进入金山词霸网页并通过 Chrome 开发者工具来检查页面。仍选择 "Network" 选项卡，在左侧输入翻译内容，并观察 POST 请求（见图 7-12 ）。

图 7-12　金山词霸页面上的 POST 请求

查看 Form Data 中的数据（见图 7-13 ），发现这个表单的构成较为简单，不难通过程序直接发送。

有了这些信息，结合我们之前掌握的有关 request 和 parse 模块的知识，就可以写出一个简单的翻译程序。

▼ Form Data	view source	view URL encoded
(empty)		
f: zh		
t: ja		
w: 爱		

图 7-13　金山词霸翻译的表单数据

```
import urllib.request as request
import urllib.parse as parse
import json

if __name__=="__main__":
  query_word=input("输入需翻译的内容: \t")
  query_type=input("输入目标语言，英文或日文: \t")
  query_type_map={
```

```
    '英文': 'en',
    '日文': 'ja',
  }
url='http://fy.iciba.com/ajax.php?a=fy'
headers={
  'User-Agent': 'Mozilla/5.0 (Macintosh; Intel MacOS X 10_13_3) AppleWebKit/
537.36 (KHTML, like Gecko) Chrome/64.0.3282.186 Safari/537.36'
  }
formdata={
  'f': 'zh',
  't': query_type_map[query_type],
  'w': query_word,
  }

# 使用 urlencode()进行编码
data=parse.urlencode(formdata).encode('utf-8')
# 创建 Request 对象
req=request.Request(url, data, headers)
response=request.urlopen(req)
# 读取信息
content=response.read().decode()
# 使用 JSON
translate_results=json.loads(content)

# 找到翻译结果
translate_results=translate_results['content']['out']
# 输出翻译结果
print("翻译的结果是: \t%s" % translate_results.split('<')[0])
```

运行程序，输入对应的信息就能看到翻译的结果。

输入需翻译的内容：   我爱你
输入目标语言，英文或日文：日文
翻译的结果是：あなたのことが好きです

urllib 还有两个模块，其中 urllib.robotparser 模块比较特殊，它是由一个单独的 RobotFileParser 类构成的。这个类的目标是网站的 robot.txt 文件。使用 robotparser 解析 robot.txt 文件可以得知网站方面认为网络爬虫不应该访问哪些内容，一般使用 can_fetch()方法来对一个 URL 进行判断。还有 urllib.error 模块，它主要负责提供"由 urllib.request 引发的异常类"（按照官方文档的说法），urllib.error 模块有两个方法：URLError 和 HTTPError。

官方文档在介绍 urllib 库时推荐人们尝试第三方库 Requests，这是一个高级的 HTTP 客户端接口。不过熟悉 urllib 库也是需要的，这会有助于我们理解 Requests 的设计。

7.3　爬虫的部署和管理

7.3.1　使用服务器部署爬虫

使用一些强大的爬虫框架（如前面提到过的 Scrapy 框架），可以开发出效率高、扩展性强的各种爬虫程序。在抓取时，我们可以使用自己的机器来完成整个运行过程，但问题在于，机器资源是有限的，尤其是在抓取数据量比较大的数据时，直接在自己的机器上运行爬虫不仅不方便，也不现实。这时一个不错的方案是将我们本地的爬虫部署到远程服务器上运行。

在部署之前，首先需要拥有一台远程服务器，购买 VPS 是一个比较方便的选择。虚拟专用服务器（Virtual Private Server，VPS）是指将一台服务器分区成多个虚拟专用服务器的服务。每个 VPS

都可分配独立公网 IP 地址、独立操作系统，为用户和应用程序模拟出"独占"使用计算资源的体验。这么听起来，VPS 似乎很像现在流行的云服务器，但二者并不相同。云服务器（Elastic Compute Service，ECS）是一种简单高效、处理能力可弹性伸缩的计算服务，其特点是能在多种服务器资源（CPU、内存等）中调度；VPS 一般只是在一台物理服务器上分配资源。当然，VPS 相比于 ECS 价格低廉很多。作为普通开发者，如果只是需要做一些小网站或者简单程序，使用 VPS 就已能够满足需求了。接下来就从购买 VPS 服务开始，介绍在 VPS 部署普通爬虫的过程。

VPS 提供商众多，这里推荐国外的提供商，他们提供的 VPS 堪称物美价廉，其中有名的包括 Linode、Vultr、Bandwagon 等。为方便起见，以 Bandwagon 作为示例（见图 7-14），主要原因是它支持使用支付宝付款，不需要信用卡（其他很多 VPS 服务的支付方式是使用支付 VISA 的信用卡），而且可供选择的服务项目也比较多样化。

图 7-14　Bandwagon 的服务项目

进入 Bandwagon 的网站，注册账号并输入相关信息，包括姓名、所在地等（见图 7-15）。

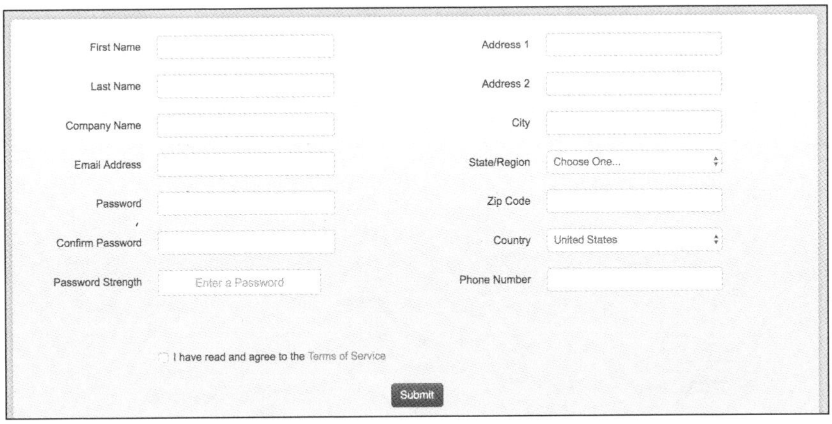

图 7-15　Bandwagon 的注册账号页面

注册完毕，拿到账号之后，选择合适的 VPS 服务项目并订购。这里需要注意订购周期（年度、季度等）和架构（OpenVZ 或者 KVM）两个关键信息。一般而言，如果选择年度周期，则平均计算下来会享受更低的价格。至于 OpenVZ 和 KVM，它们作为不同的架构各有特点。由于 KVM 架构提供更好的内核优化，也有不错的稳定性，因此在此选择 KVM。付款成功回到管理后台，单击

"KiviVM Control Panel"进入控制面板。

OpenVZ 是基于 Linux 内核和作业系统的虚拟化技术，是操作系统级别的。OpenVZ 的特点就是允许物理机器（一般就是服务器）运行多个操作系统，这被称为 VPS 或虚拟环境（Virtual Environment，VE）。KVM 则是嵌在 Linux 操作系统标准内核中的一个虚拟化模块，是完全虚拟化的。

在管理后台安装 CentOS 6 系统（见图 7-16），单击左侧的"Install new OS"，选择带 bbr 加速的 CentOS 6 x86 系统，然后单击"reload"，等待安装完成。这时系统会提供对应的密码和端口（之后还可以更改），之后即可开启 VPS（单击"start"按钮）。

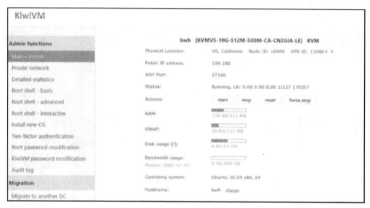

图 7-16　KVM 后台管理面板

成功开启 VPS 后，在本地机器（如自己的笔记本电脑上）使用 ssh 命令即可登录 VPS。

```
ssh username@hostip -p sshport
```

其中，username 和 hostip 分别为用户名和服务器 IP 地址，sshport 为设定的 SSH 端口。执行 ssh 命令后，若看到带有"Last Login"字样的提示就说明登录成功。

当然，如果想要更好的计算资源，还可以使用一些国内的云服务器（见图 7-17），阿里云云服务器就是值得推荐的选择，在购买过程中配置想要的预装系统（如 Ubuntu 14.04），成功购买并开机后即可使用 SSH 等方式连接访问，以及部署自己的程序。

图 7-17　阿里云云服务器

7.3.2　本地爬虫程序的编写

对于这次要编写的爬虫程序，我们打算将目标定为论坛网站。很多时候，论坛网站中的一些用户发表的帖子是一种有价值的信息。一亩三分地社区论坛是一个比较典型的国内论坛，上面有很多关于留学和国外生活的帖子，受到年轻人的普遍喜爱，我们希望在论坛页面中抓取特定的帖子，将帖子的关键信息存储到本地文件，同时通过程序将这些信息发送到自己的电子邮箱中。从技术上说，可以通过 requests 模块获取到页面的信息，通过简单的字符串处理，再将这些信息通过 smtplib 库发送到邮箱中。

使用 Chrome 开发者工具分析网页，我们是希望提取帖子的标题信息，还是使用右键复制其 XPath 路径。另外，Chrome 浏览器其实还提供了一些对于解析网页有用的扩展程序，Xpath Helper 就是这样一款扩展程序（见图 7-18）。输入查询（即 XPath 表达式）后会输出并高亮显示网页中的对应元素（见图 7-19），从而帮助我们验证 XPath 路径，保证了爬虫程序编写的准确性。根据验证了的 XPath，就可以着手编写抓取帖子信息的爬虫程序了，见例 7-3。

图 7-18　在 Chrome 扩展程序中搜索 XPath Helper

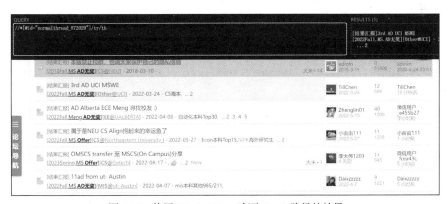

图 7-19　使用 XPath Helper 验证 Xpath 路径的效果

【例 7-3】crawl-1p.py，抓取一亩三分地社区论坛帖子的爬虫程序。

```
from lxml import html
import requests
from pprint import pprint
import smtplib
from email.mime.text import MIMEText
import time, logging, random
```

```python
import os

class Mail163():
  _sendbox='yourmail@mail.com'
  _receivebox=['receive@mail.com']
  _mail_password='password'
  _mail_host='server.smtp.com'
  _mail_user='yourusername'
  _port_number=465  # 465 是 smtp 服务器的默认端口号

  def SendMail(self, subject, body):
    print("Try to send...")
    msg=MIMEText(body)
    msg['Subject']=subject
    msg['From']=self._sendbox
    msg['To']=','.join(self._receivebox)
    try:
      smtpObj=smtplib.SMTP_SSL(self._mail_host, self._port_number)  # 获取服务器
      smtpObj.login(self._mail_user, self._mail_password)  # 登录
      smtpObj.sendmail(self._sendbox, self._receivebox, msg.as_string())  # 发送邮件
      print('Sent successfully')
    except:
      print('Sent failed')


# Global Vars
header_data={
  'Accept':
'text/html,application/xhtml+xml,application/xml;q=0.9,image/Webp,*/*;q=0.8',
  'Accept-Encoding': 'gzip, deflate, sdch, br',
  'Accept-Language': 'zh-CN,zh;q=0.8',
  'Upgrade-Insecure-Requests': '1',
  'User-Agent': 'Mozilla/5.0 (Windows NT 6.1; WOW64) AppleWebKit/537.36 (KHTML, like Gecko)
Chrome/36.0.1985.125 Safari/537.36',
  }
url_list=[
  'http://www.1point3acres.com/bbs/forum.php?mod=forumdisplay&fid=82&sortid=
164&%1=&sortid=164&page={}'.format(i) for i
  in range(1, 5)]
url='http://www.1point3acres.com/bbs/forum-82-1.html'
mail_sender=Mail163()
shit_words=['PhD', 'MFE', 'Spring', 'EE', 'Stat', 'ME', 'Other']
DONOTCARE='DONOTCARE'
DOCARE='DOCARE'
PWD=os.path.abspath(os.curdir)
RECORDTXT=os.path.join(PWD, 'Record-Titles.txt')
ses=requests.Session()


def SentenceJudge(sent):
  for word in shit_words:
    if word in sent:
      return DONOTCARE

  return DOCARE


def RandomSleep():
  float_num=random.randint(-100, 100)
  float_num=float(float_num / (100))
  sleep_time=5+float_num
  time.sleep(sleep_time)
  print('Sleep for {} s.'.format(sleep_time))
```

```python
def SendMailWrapper(result):
  mail_subject='New AD/REJ @ 一亩三分地: {}'.format(result[0])
  mail_content='Title:\t{}\n' \
               'Link:\n{}\n' \
               '{} in\n' \
               '{} of\n' \
               '{}\n' \
               'Date:\t{}\n' \
               '---\nSent by Python Toolbox.' \
    .format(result[0], result[1], result[3], result[4], result[5], result[6])

  mail_sender.SendMail(mail_subject, mail_content)


def RecordWriter(title):
  with open(RECORDTXT, 'a') as f:
    f.write(title+'\n')
  logging.debug("Write Done!")


def RecordCheckInList():
  checkinlist=[]
  with open(RECORDTXT, 'r') as f:
    for line in f:
      checkinlist.append(line.replace('\n', ''))

  return checkinlist


def Parser():
  final_list=[]
  for raw_url in url_list:
    RandomSleep()
    pprint(raw_url)
    r=ses.get(raw_url, headers=header_data)
    text=r.text
    ht=html.fromstring(text)
    for result in ht.xpath('//*[@id]/tr/th'):
      # pprint(result)
      # pprint('------')
      content_title=result.xpath('./a[2]/text()')  # 0
      content_link=result.xpath('./a[2]/@href')  # 1
      content_semester=result.xpath('./span[1]/u/font[1]/text()')  # 2
      content_degree=result.xpath('./span[1]/u/font[2]/text()')  # 3
      content_major=result.xpath('./span/u/font[4]/b/text()')  # 4
      content_dept=result.xpath('./span/u/font[5]/text()')  # 5
      content_releasedate=result.xpath('./span/font[1]/text()')  # 6

      if len(content_title)+len(content_link) >=2 and content_title[0] !='预览':
        final=[]
        final.append(content_title[0])
        final.append(content_link[0])

        if len(content_semester) > 0:
          final.append(content_semester[0][1:])
        else:
          final.append('No Semester Info')
        if len(content_degree) > 0:
          final.append(content_degree[0])
        else:
          final.append('No Degree Info')
        if len(content_major) > 0:
          final.append(content_major[0])
        else:
          final.append('No Major Info')
```

```python
        if len(content_dept) > 0:
          final.append(content_dept[0])
        else:
          final.append('No Dept Info')
        if len(content_releasedate) > 0:
          final.append(content_releasedate[0])
        else:
          final.append('No Date Info')
        # print('Now :\t{}'.format(final[0]))
        if SentenceJudge(final[0]) !=DONOTCARE and \
                  SentenceJudge(final[3]) !=DONOTCARE and \
                  SentenceJudge(final[4]) !=DONOTCARE and \
                  SentenceJudge(final[2]) !=DONOTCARE:
          final_list.append(final)
      else:
        pass

  return final_list

if __name__=='__main__':

  print("Record Text Path:\t{}".format(RECORDTXT))
  final_list=Parser()
  pprint('final_list:\tThis time we have these results:')
  pprint(final_list)
  print('*' * 10+'-' * 10+'*' * 10)
  sent_list=RecordCheckInList()
  pprint("sent_list:\tWe already sent these:")
  pprint(sent_list)
  print('*' * 10+'-' * 10+'*' * 10)
  for one in final_list:
    if one[0] not in sent_list:
      pprint(one)
      SendMailWrapper(one)  # 发送新帖子
      RecordWriter(one[0])   # 把新帖子写入 TXT
      RandomSleep()

  RecordWriter('-' * 15)

  del mail_sender
  del final_list
  del sent_list
```

在上面的代码中，Mail163 类是一个邮件发送类，其对象可以理解为一个抽象的发信操作。负责发信的是 SendMail()方法，shit_words 是一个包含屏蔽词的列表，SentenceJudge()方法通过该列表判断信息是否应该保留。SendMailWrapper()方法包括了 SendMail()方法，以便在邮件中发出格式化的文本。RecordWriter()方法负责将抓取的信息保存到本地中，RecordCheckInList()则负责读取本地已保存的信息，如果本地已保存（即旧帖子），则不再将帖子添加到发送列表 sent_list 中（见 main中的语句）。

Parser()是负责解析网页和爬虫逻辑的主要部分，其中连续的 if-else 语句块则用来判断帖子是否包含我们关心的信息。编写爬虫程序完毕，可以先使用自己的邮箱在本地测试，发送邮箱和接收邮箱都设置为自己的邮箱。

7.3.3　爬虫的部署

编辑并调试好爬虫程序后，使用 scp -P 可以将本地的脚本文件传输（实际上是一种远程复制）到服务器上。实际上，scp 是 secure copy 的缩写，这个命令用于在 Linux 下进行远程文件复制，和它类似的命令有 cp，不过 cp 是在本机进行复制。

将文件从本地机器复制到远程机器的命令如下。

```
scp local_file remote_username@remote_ip:remote_file
```

将 remote_username 和 remote_ip 等参数替换为自己想要的内容（比如将 remote_username 换为 "root"，因为 VPS 的用户名一般是 root），执行命令并输入密码即可。如果需要通过端口号传输，则命令为：

```
scp -P port local_file remote_username@remote_ip:remote_file
```

当 scp 执行完毕，我们的远程机器上便有了一份本地爬虫程序的备份。这时可以选择直接手动运行这个爬虫程序，只要远程服务器的运行环境满足要求，就能成功运行这个爬虫程序。也就是说，一般只要安装好爬虫程序所需的 Python 环境与各个扩展库即可，可能还需要配置数据库，本例中的爬虫程序较为简单，数据通过文件存取，故暂不需要这一环节。不过，还可以使用一些简单的命令将爬虫程序变得更"自动化"一些，其中 Linux 系统下的 crontab 定时命令就是一个很方便的工具。

crontab 是一个控制计划任务的命令，而 crond 是 Linux 下用来周期性地执行某种任务或等待处理某些事件的一个守护进程。如果发现机器上没有 crontab 服务，则可以通过 yum install crontabs 来安装。crontab 的基本命令行格式是 crontab [-u user] [-e | -l | -r]，其中，-u user 表示用来指定某个用户的 crontab 服务；-e 表示编辑某个用户的 crontab 文件内容。如果不指定用户，则表示编辑当前用户的 crontab 文件。-l 表示显示某个用户的 crontab 文件内容，如果不指定用户，则表示显示当前用户的 crontab 文件内容。-r 参数表示从 /var/spool/cron 目录中删除某个用户的 crontab 文件，如果不指定用户，则默认删除当前用户的 crontab 文件，等于归零操作。

在用户建立的 crontab 文件中，每一行都代表一项任务，每行的每个字段都代表一项设置，它的格式共分为 6 个字段，前 5 个字段是时间设定段，第 6 个字段是要执行的命令段。

执行 crontab 命令的时间格式如图 7-20 所示。

```
# .------------ minute (0 - 59)
# | .---------- hour (0 - 23)
# | | .-------- day of month (1 - 31)
# | | | .------ month (1 - 12) OR jan,feb,mar,apr ...
# | | | | .---- day of week (0 - 6) (Sunday=0 or 7)  OR
#sun,mon,tue,wed,thu,fri,sat
# | | | | |
# * * * * *  command to be executed
```

图 7-20　执行 crontab 命令的时间格式

在远程服务器上执行 crontab -e 命令，添加一行：

```
0 * * * * python crawl-1p.py
```

之后保存并退出（对于 vi 编辑器而言，即按 Esc 键后输入 ":wq"），使用 crontab -l 命令可查看到这项定时任务。之后要做的就是等待程序每隔一小时运行一次，并将抓取到的格式化信息发送到你的邮箱。不过需要说明的是，在这个程序中将邮箱用户名、密码等信息直接写入程序是不可取的，正确的方式是在运行程序时通过参数传递，这里为了重点展示远程爬虫，省去了对数据安全性的考虑。

7.3.4　实时查看运行结果

根据在 crontab 中设置的时间间隔，等待程序自动运行后，进入自己的邮箱，可以看到远程服务器上的爬虫自动发送来的邮件（见图 7-21），其内容即抓取到的论坛数据（见图 7-22）。这个程序还没有考虑性能上的问题，另外，在抓取的论坛数据较多时应该考虑使用数据库进行存储。

图 7-21　邮件列表

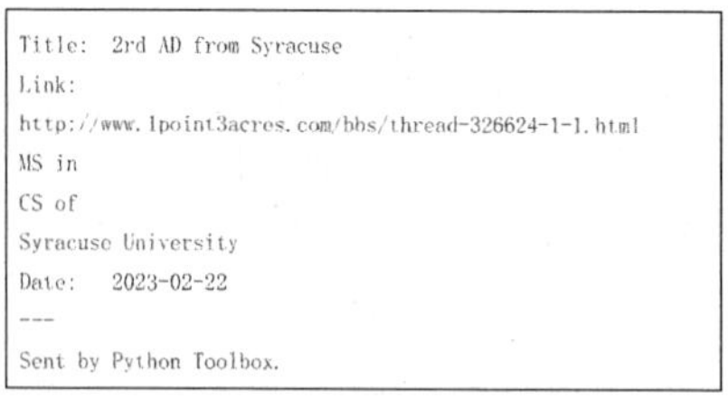

图 7-22　邮件正文内容示例

能够获得这样的结果说明本次对爬虫程序的远程部署已经成功。本例中的爬虫程序较为简单，如果涉及更复杂的内容，则可能还需要用到一些专为此设计的工具。

7.3.5　使用框架管理爬虫

Scrapy 作为一个非常强大的爬虫框架，其受众广泛，正因如此，在被大家作为基础爬虫框架进行开发的同时，它也衍生出了一些其他的实用工具，如 Scrapyd，它能够用来方便地部署和管理 Scrapy 爬虫。

如果在远程服务器上安装 Scrapyd，启动服务，就可以将自己的 Scrapy 项目直接部署到远程主机上。另外，Scrapyd 还提供了一些便于操作的方法和 API，借此我们可以控制 Scrapy 项目的运行。Scrapyd 的安装依然是执行 pip 命令来完成。

```
pip install scrapyd
```

安装完成后，在 Shell 中通过 scrapyd 命令直接启动服务，在浏览器中根据 Shell 中的提示输入地址，即可看到 scrapyd 已在运行中。

scrapyd 的常用命令（在本地机器的命令）如下。

- 列出所有爬虫：

```
curl http://localhost:6800/listprojects.json
```

- 启动远程爬虫：

```
curl http://localhost:6800/schedule.json -d project=myproject -d spider=somespider
```

- 查看爬虫：

```
curl http://localhost:6800/listjobs.json?project=myproject
```

另外，在启动爬虫后会返回一个 jobid，如果想停止刚才启动的爬虫，就需要通过这个 jobid 执行新命令。

```
curl http://localhost:6800/cancel.json -d project=myproject -d job=jobid
```

但这些都不涉及爬虫部署的操作，在控制远程的爬虫程序运行之前，需要将爬虫代码上传到远程服务器上，这就涉及打包和上传等操作。为了解决这个问题，可以使用另一个包 Scrapyd-Client 来完成。安装指令如下，仍然是通过 pip 安装。

```
pip3 install scrapyd-client
```

熟悉 Scrapy 爬虫的读者可能会知道，每次创建 Scrapy 新项目之后都会生成一个配置文件 scrapy.cfg（见图 7-23）。打开此配置文件进行一些配置。

```
# Automatically created by: scrapy startproject
#
# For more information about the [deploy] section see:
# https://scrapyd.readthedocs.org/en/latest/deploy.html

[settings]
default = newcrawler.settings

[deploy]
#url = http://localhost:6800/
project = newcrawler
```

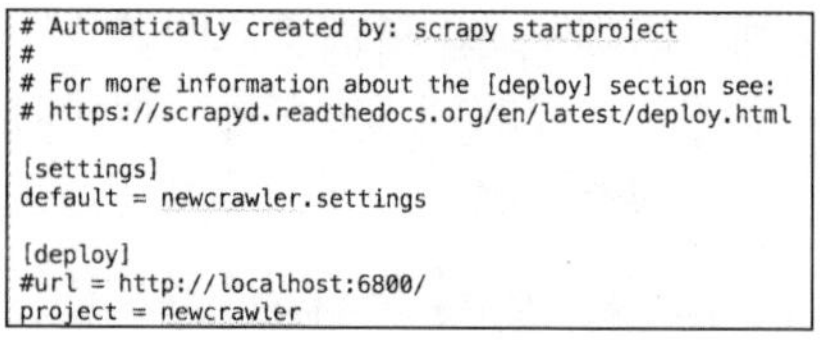

图 7-23　Scrapy 爬虫中的 scrapy.cfg 文件内容

```
#Scrapyd 的配置名
[deploy:scrapy_cfg1]
```

```
#启动 Scrapyd 服务的远程主机 IP 地址，localhost 默认为本机
url=http://localhost:6800/
#url=http:xxx.xxx.xx.xxx:6800   # 服务器的 IP 地址
username=yourusername
password=password
#项目名称
project=ProjectName
```

完成之后就能够省略 scp 等烦琐操作，通过"scrapyd-deploy"命令实现一键部署。如果还要实时监控远程服务器上 Scrapy 爬虫程序的运行状态，则可以通过请求 Scrapyd 的 API 来实现。Scrapyd-API 库能近乎完美地满足这个要求，安装这个 API 库后，就可以通过简单的 Python 语句来查看远程爬虫的状态（如下面的代码），得到的输出结果是以 JSON 数据形式呈现的爬虫运行情况。

```
from scrapyd_api import ScrapydAPI
scrapyd=ScrapydAPI('http://host:6800')
scrapyd.list_jobs('project_name')
```

当然，在爬虫的部署和管理方面，还有一些更为综合性、功能更为强大的工具，比如由我国开发者开发的 Gerapy，这是一个基于 Scrapy、Scrapyd、Scrapyd-Client、Scrapy-Redis、Scrapyd-API、Scrapy-Splash、Django、Jinjia2 等众多强大工具开发的库，能够帮助用户通过网页界面查看并管理爬虫。

安装 Gerapy 仍然通过 pip。

```
pip3 install gerapy
```

pip3 指明了是为 Python 3 安装，当计算机中同时存在 Python 2 与 Python 3 环境时，使用 pip2 和 pip3 便能够区分这一点。

安装完成之后，可以马上使用 gerapy 命令。初始化命令是：

```
gerapy init
```

该命令执行完毕会在本地生成一个 gerapy 文件夹，进入该文件夹（cd 命令），可以看到有一个 projects 文件夹（ls 命令）。之后执行数据库初始化命令：

```
gerapy migrate
```

它会在 gerapy 目录下生成一个 SQLite 数据库，同时建立数据库表。之后执行 runserver 命令（见图 7-24）。

```
gerapy runserver
```

```
Django version 2.0.2, using settings 'gerapy.server.server.settings'
Starting development server at http://127.0.0.1:8000/
Quit the server with CONTROL-C.
```

图 7-24　执行 runserver 命令的结果

在浏览器中打开"http://localhost:8000/"，就可以看到 Gerapy 的主界面（见图 7-25）。

图 7-25　Gerapy 的主界面

Gerapy 的主要功能是项目管理，可以通过它配置、编辑和部署我们的 Scrapy 爬虫。如果想对一个 Scrapy 项目进行管理和部署，则将项目移动到 gerapy 下的 projects 文件夹中即可。

接下来进行打包和部署，单击打包按钮，Gerapy 提示打包成功，之后便可以开始部署。当然，对于已部署的项目，Gerapy 也能够监控其状态。Gerapy 甚至提供了基于图形用户界面（Graphical User Interface，GUI）的代码编辑页面（见图 7-26）。

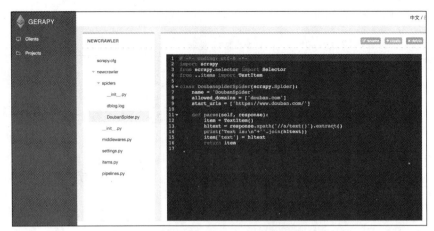

图 7-26　Gerapy 中的代码编辑页面

　　Scrapy 中的 CrawlSpider 是一个非常常用的模板，我们已经看到，CrawlSpider 通过一些简单的规则来完成爬虫的核心配置（如抓取逻辑等），基于这个模板，如果要新创建一个爬虫程序，则只需要写好对应的规则即可。Gerapy 利用了 Scrapy 的这一特性，用户如果写好规则，Gerapy 就能够自动生成 Scrapy 项目代码。

　　单击项目页面右上角的"Greate"按钮，可以增加一个可配置爬虫。然后在此处添加实体、抓取规则和抽取规则（见图 7-27）。配置完所有相关规则内容后，生成代码，只需要继续在 Gerapy 的Web 页面操作，即可完成对项目部署和运行，也就是说，通过 Gerapy 完成了从创建到运行完毕的所有工作。

图 7-27　Gerapy 通过页面编辑爬虫（实体和规则等）

章节实训：基于 PyQuery 抓取菜鸟教程

1. 需求说明

基于 PyQuery 抓取 runoob 菜鸟教程的 Python 3 教程所有页面中的代码，并将其输出在控制台上。

2. 实现思路及步骤

（1）首先获取给出的地址对应的网站左侧边栏中给出的页面链接并保存下来。

（2）遍历获取到的页面，使用 PyQuery 选中所有代码。

（3）将代码输出到控制台上。

思考与练习

一、选择题

（1）以下哪个不是应用于爬虫方向的库？（　　　）

 A．requests   B．PyQuery   C．BeautifulSoup D．nlth

（2）在使用 Python3 时，不宜使用以下哪个库？（　　　）

 A．urllib   B．requests   C．urllib2   D．lxml

（3）想要编辑 crontab 文件中的内容，应该使用的命令是（　　　）。

 A．crontab -l   B．crontab -r   C．crontab -u   D．crontab -e

二、判断题

（1）break 是 Python 中用于跳出循环的逻辑运算符。（　　　）

（2）在 Python 中，使用===进行严格相等的判断。（　　　）

（3）**也是一种 Python 运算符。（　　　）

三、问答题

（1）Python 中的 pass 语句具有什么含义？

（2）Python 可以使用 pip 和 conda 两种工具管理包，请在网上查找相关资料并说明这两种工具管理包各自的优势。

（3）根据图 7-20 中的 crontab 指令时间格式说明，写出创建每周五 00:00～06:00 每 3 分钟执行一次 python run.py 任务的指令。

第 8 章
Selenium 模拟浏览器与网站测试

引言

爬虫程序是为采集网络数据而生的，不过作为与网站进行交互的程序，爬虫还可以用于网站测试。对于很多 Web 应用而言，通常会将注意力放在后端的各项测试之上，前端界面测试一般会由一个程序员自行完成。我们可以轻松地使用 Python 编写的爬虫程序，尤其是浏览器模拟，来对网站进行测试，将可能需要手动的 GUI 操作使用代码实现自动化。事实上，Selenium 这个工具本身就是为网页测试开发出来的，使用 Selenium Webdriver 可以使网站开发者十分方便地进行 UI 测试，其丰富的 API 可以帮助我们访问 DOM、模拟键盘输入，甚至运行 JavaScript 代码。

学习目标

1. 了解常见的测试方式以及 Python 的单元测试。
2. 熟悉 Selenium 框架。
3. 掌握利用 Selenium 进行测试的方法。

8.1 测试

8.1.1 什么是测试

在人们提到"测试"时，通常指的是"单元测试"。单元测试（有时候也叫模块测试）就是开发者编写一段代码，用于检验被测代码的一个较小的、明确的功能是否正确。所以通常而言，一个单元测试是用于判断某个特定条件（或者场景）下某个特定方法的行为，而一个小模块的所有单元测试都会集中到同一个类（Class）中，并且每个单元测试都能够独立运行。当然，单元测试的代码与生产代码也是相互独立的，一般会保存在独立的项目和目录中。

作为程序开发中的重要一环，单元测试的作用包括确保代码质量、改善代码设计、保证代码重构不会引入新问题（以方法为单位进行重构时，只需要重新运行测试就基本可以保证重构没引入新问题）。

除了单元测试，我们还会听到"集成测试""系统测试"等其他名词。集成测试就是在软件系统集成过程中所进行的测试，一般安排在单元测试完成之后，目的是检查模块之间的接口是否正确。系统测试则是对已经集成好的软件系统进行彻底的测试，目标在于验证软件系统的正确性和性能等是否满足要求。本章将主要讨论单元测试。

8.1.2 什么是 TDD

按照理解，测试似乎是在程序代码完成之后再实现的部分，毕竟测试的是代码，但是测试却可以先行，而且会收到良好的效果，这就是所谓的测试驱动的开发（Test Driven Development，TDD），换句话说，TDD 就是先写测试用例，再写代码。《代码大全》中有如下说法。

- 在开始写代码之前先写测试用例，并不比之后再写测试用例要多花多少工夫，只是调整测试用例编写活动的工作顺序而已。

- 假如你首先编写测试用例，那么你将可以更早发现缺陷，同时也更容易修正它们。
- 首先编写测试用例，将迫使你在开始写代码之前至少思考一下需求和设计，而这往往会催生更高质量的代码。
- 在编写代码之前先编写测试用例能更早地把需求上的问题暴露出来。

实际上，《代码整洁之道》中描述了 TDD 的三定律。

- 定律一：在编写不能通过的单元测试前，不可编写生产代码。
- 定律二：只可编写刚好无法通过的单元测试，不能编译也算不通过。
- 定律三：只可编写刚好足以通过当前失败测试的生产代码。产品代码只需让当前失败的单元测试成功通过即可，不要多写。

无论是先写测试用例还是后写测试用例，测试都是需要重视的环节，我们的最终目的是提供可用的完善的程序模块。

8.2　Python 的单元测试

8.2.1　使用 unittest

可以使用 Python 自带的 unittest 模块编写单元测试，见例 8-1。

【例 8-1】TestStringMethods.py，使用 unittest 模块编写单元测试简单示例。

```python
import unittest

class TestStringMethods(unittest.TestCase):

    def test_upper(self):
        self.assertEqual('test'.upper(), 'TEST')     # 判断两个值是否相等

    def test_isupper(self):
        self.assertTrue('TEST'.isupper())            # 判断值是否为 True
        self.assertFalse('Test'.isupper())           # 判断值是否为 False
```

在 PyCharm 中运行这个程序，可以看到与普通的脚本不同，这个程序被作为一个测试来运行（见图 8-1）。

图 8-1　在 PyCharm 中运行 TestStringMethods.py

当然，也可以使用命令行来运行。

```
python3 -m unittest TestStringMethods
```

输出为：

```
...
Ran 2 tests in 0.000s

OK
```

使用-v 参数执行命令可以获得更多信息（见图 8-2）。

```
test_isupper (TestStringMethods.TestStringMethods) ... ok
test_upper (TestStringMethods.TestStringMethods) ... ok

----------------------------------------------------------------------
Ran 2 tests in 0.000s

OK
```

图 8-2　运行 TestStringMethods 的信息

以上输出说明测试都已通过。如果还想换一种方式，即使用运行普通脚本的方式来执行测试，如执行 "python3 TestStringMethods.py"，那么还需要在脚本末尾增加两行代码：

```
if __name__=='__main__':
    unittest.main()
```

在这个示例中创建了一个 TestStringMethods 类，并继承了 unittest.TestCase。其中的方法名都以 "test" 开头，表明该方法是测试方法。实际上，不以 "test" 开头的方法在测试时不会被 Python 解释器执行。因此，如果添加这样的一个方法：

```
def nottest_isupper(self):
    self.assertEqual('TEST'.upper(),'test')
```

虽然'TEST'.upper()与'test' 并不相等，但是这个测试仍然会通过，因为 nottest_isupper 方法不会被执行。在上述的各个方法中使用了断言（Assert）来判断运行的结果是否和预期相符。

- assertEqual，判断两个值是否相等；
- assertTrue/assertFalse，判断表达式的值是 True 还是 False。

而断言方法主要分为 3 种类型。

- 检测两个值的大小关系：相等、大于、小于等。
- 检查逻辑表达式的值：True、False。
- 检查异常。

常用的 unittest 断言方法见表 8-1。

表 8-1　　　　　　　　　　　　　　　　常用的 unittest 断言方法

断言方法	意义解释
assertEqual(a, b)	判断 a==b
assertNotEqual(a, b)	判断 a!=b
assertTrue(x)	bool(x) is True
assertFalse(x)	bool(x) is False
assertIs(a, b)	a is b
assertIsNot(a, b)	a is not b
assertIsNone(x)	x is None
assertIsNotNone(x)	x is not None
assertIn(a, b)	a in b
assertNotIn(a, b)	a not in b
assertIsInstance(a, b)	isinstance(a, b)
assertNotIsInstance(a, b)	not isinstance(a, b)

有时候还需要在每个测试方法执行前和执行后做一些操作，比如，需要在每个测试方法执行前连接数据库，执行后断开连接。可以使用 setUp()（启动）和 teardown()（退出）方法，这样就不需

要再在每个测试方法中编写重复的代码。改写刚才的测试类：

```
import unittest

class TestStringMethods(unittest.TestCase):
  def  setUp(self):
    print("set up the test")

  def  tearDown(self):
    print("tear down the test")

  def test_upper(self):
    self.assertEqual('test'.upper(), 'TEST')  # 判断两个值是否相等

  def test_isupper(self):
    self.assertTrue('TEST'.isupper())  # 判断值是否为 True
    self.assertFalse('Test'.isupper())  # 判断值是否为 False

  def nottest_isupper(self):
    self.assertEqual('TEST'.upper(),'test')
```

再次使用命令"python3 -m　unittest -v　TestStringMethods"来运行测试（见图 8-3）。

```
test_isupper (TestStringMethods.TestStringMethods) ... set up the test
tear down the test
ok
test_upper (TestStringMethods.TestStringMethods) ... set up the test
tear down the test
ok

----------------------------------------------------------------------
Ran 2 tests in 0.000s

OK
```

图 8-3　再次运行 TestStringMethods 的测试

可见，在测试类运行测试之前和之后会分别运行 setUp() 和 tearDown()。需要注意的是，这两个方法是在每个测试开始之前和结束之后都运行，不是把 TestStringMethods 这个测试类作为一个整体而只在开始之前和结束之后运行一次。

8.2.2　其他方法

除了 Python 内置的 unittest，我们还有不少别的选择，pytest 模块就是个不错的选择，pytest 兼容 unittest，目前很多开源项目都在用 pytest。其安装也是一如既往的方便，即"pip install pytest"。

pytest 的功能比较全面、可扩展，并且其语法很简洁，甚至比 unittest 还要简洁，见例 8-2。

【例 8-2】pytestCalculate.py，pytest 模块示例。

```
def add(a, b):
  return a+b

def test_add():
  assert add(2, 4)==6
```

使用 pytest pytestCalculate.py 命令执行测试，pytestCalculate 的测试结果如图 8-4 所示。

```
========================= test session starts =========================
platform darwin -- Python 3.8.10, pytest-7.1.3, pluggy-1.0.0
rootdir: /Users/yizhi/Downloads
collected 1 item

pytestCalculate.py .                                          [100%]

========================== 1 passed in 0.00s ==========================
```

图 8-4　pytestCalculate 的测试结果

当需要编写多个测试用例时，可以将其放到一个测试类当中。

```
def add(a, b):
  return a+b

def mul(a, b):
  return a * b

class TestClass():
  def test_add(self):
    assert add(2, 4)==6

  def test_mul(self):
    assert mul(2,5)==10
```

编写时需要遵循一些原则：

- 测试类以 Test 开头，并且不能带有 __init__()方法；
- 测试方法名以 test_开头；
- 断言使用基本的 assert 来实现。

仍然可以使用"pytest pytestCalculate.py"来运行这个测试，输出结果会显示"2 passed in 0.03 seconds"。

当然，除了 unittest 和 pytest，Python 中的单元测试工具还有很多，感兴趣的读者可以自行了解。

8.3　使用 Python 网络爬虫测试网站

把 Python 单元测试的概念与网络爬虫程序结合起来，就可以实现简单的网站测试功能。我们不妨来测试一下论坛类网站（即以用户发帖和回帖为主要内容的网站），这里为了举例简单，从一个十分基础的功能单元切入：顶帖对网站内容排序的影响。也就是说，在众多页面中，展示在前面的页面（即页码较小）中的帖子的最后回复时间（日期）一定新于后面页面中帖子的最后回复时间，而同一页面的帖子列表中上面帖子的最后回复时间（日期）也一定新于下面的帖子。以"经管之家"社区为例，爬虫见例 8-3。

【例 8-3】Newsmth_pg.py，"经管之家"社区的爬虫。

```
import requests, time
from lxml import html

import requests, time
from lxml import html
from pprint import pprint

class NewsmthCrawl():
    header_data = {"Accept": "text/html,application/xhtml+xml,application/xml;q=0.9,
image/Webp,*/*;q=0.8",
                "Accept-Encoding": "gzip, deflate, sdch, br",
                "Accept-Language": "zh-CN,zh;q=0.8",
                "Connection": "keep-alive",
                "Upgrade-Insecure-Requests": "1",
                "User-Agent": "Mozilla/5.0 (Windows NT 6.1; WOW64) AppleWebKit/537.36
(KHTML, like Gecko) Chrome/36.0.1985.125 Safari/537.36",
                }

    def set_startpage(self, startpagenum):
        self.start_pagenum = startpagenum

    def set_maxpage(self, maxpagenum):
        self.max_pagenum = maxpagenum

    def set_kws(self, kw_list):
        self.kws = kw_list
```

```
def keywords_check(self, kws, str):
    if len(kws) == 0 or len(str) == 0:
        return False
    else:
        if any(kw in str for kw in kws):
            return True
        else:
            return False

def get_all_items(self):
    res_list = []
    ses = requests.Session()
    raw_urls = ["https://bbs.pinggu.org/forum-2177-{}.html".format(i)
                for i in range(self.start_pagenum, self.max_pagenum)]
    for url in raw_urls:
        resp = ses.get(url, headers=NewsmthCrawl.header_data)
        h1 = html.fromstring(resp.content)
        raw_xpath = r"//*[@id]"
        for one in h1.xpath(raw_xpath):
            tup = (
            one.xpath('./tr/td[2]/a//text()'),
            one.xpath('./tr/td[2]/a/@href'),
            one.xpath('./tr/td[2]/p/em[3]/a[3]/span/@title')
            )
            if tup[1] == []:
                continue
            res_list.append(tup)
        time.sleep(1.2)
    return res_list
```

这个爬虫的核心方法是 get_all_items()，这个方法会返回一个列表，列表中的每个元素都是一个元组，元组中有 3 个元素：帖子的标题、帖子的链接、帖子的最后回复日期。爬虫会对"经管之家"社区的"经管文库"版面进行爬取。另外，keywords_check()方法会接收两个参数，kws 和 str，用于判断 kws 列表中是否存在某个关键词也在 str 这个字符串中，返回布尔值。不过在目前的 get_all_items()方法中还没有进行关键词检测，这个方法也没有在任何地方被调用。简单运行这个爬虫，输出 get_all_items()的结果，见图 8-5。

```
(['2005-2021年省级面板数据:泰尔指数、城镇/农村人口、人均可支配收入'],
 ['https://bbs.pinggu.org/thread-11318209-1-1.html'],
 ['2023-1-14 12:34:19']),
(['内蒙古12个地级市地区生产总值 产业增加值 GDP2020-2000年201918'],
 ['https://bbs.pinggu.org/thread-10510598-1-1.html'],
 ['2023-1-14 12:24:21']),
(['【课题申报书汇总】高校教育教学改革、课程思政、课程建设、教材教法申请书申报书合集'],
 ['https://bbs.pinggu.org/thread-11186599-1-1.html'],
 ['2023-1-14 12:20:07']),
(['内蒙古人口普查年鉴2020（全五册）（EXCEL白金典藏版）'],
 ['https://bbs.pinggu.org/thread-11303637-1-1.html'],
 ['2023-1-14 11:46:54']),
(['云南省16个地级市地区生产总值 产业增加值 GDP2020-2002年201918'],
 ['https://bbs.pinggu.org/thread-10543551-1-1.html'],
 ['2023-1-14 11:42:27']),
```

图 8-5　get_all_items 方法的结果

对应地，编写一个测试类，存放在 test_newsmth.py 中，见例 8-4。

【例 8-4】test_newsmth.py，"经管之家"社区爬虫的测试类。

```
import datetime
from newsmth_pg import NewsmthCrawl

class TestClass():
  def test_lastreplydatesort(self):
    Nsc = NewsmthCrawl()
    Nsc.set_startpage(3)
    Nsc.set_maxpage(5)
    tup_list = Nsc.get_all_items()
    for i in range(1, len(tup_list)):
      dt_new = datetime.datetime.strptime(tup_list[i-1][-1][0], "%Y-%m-%d %H:%M:%S")
      dt_old = datetime.datetime.strptime(tup_list[i][-1][0], "%Y-%m-%d %H:%M:%S")
      assert dt_new >= dt_old
```

这个测试类只有一个测试方法，test_lastreplydatesort()的目标是获取所有"最后回复的日期时间"，然后逐个比对。因为多个帖子可能会有同一个回复时间，所以在断言语句中是 ">=" 而不是 ">"。另外，dt_new 和 dt_old 都是使用 strptime() 构造的 datetime 对象，关于 strptime() 方法，第 10 章有相关的介绍。一如既往地，执行 "pytest test_newsmth.py" 来进行测试，最终测试通过，如图 8-6 所示。

```
================================== test session starts ===================================
platform darwin -- Python 3.5.2, pytest-3.0.7, py-1.4.33, pluggy-0.4.0
rootdir:
plugins: celery-4.0.2
collected 1 items

test_newsmth.py .

=============================== 1 passed in 10.26 seconds ================================
```

图 8-6　pytest 测试 "经管之家" 社区爬虫的结果

8.4　使用 Selenium 测试

虽然使用 Python 单元测试让我们能够对网站的内容进行一定程度的测试，但是对于测试页面功能，尤其是涉及 JavaScript 时，简单的爬虫就显得有点黔驴技穷了。十分幸运的是，我们有 Selenium 这个工具，与 Python 单元测试不同的是，Selenium 并不要求单元测试必须是一个测试方法，另外，测试通过的话也不会有什么提示。之前已经介绍过 Selenium，必须强调的是，Selenium 测试可以在 Windows、Linux 和 macOS 上的 Mozilla 和 Firefox 中运行，能够覆盖如此多的平台正是 Selenium 的一个突出优点。毕竟不同于普通的 Python 测试，Selenium 测试可以从终端用户的角度来测试网站。而且在不同平台的不同浏览器中测试，也更容易发现浏览器的兼容性问题。

8.4.1　使用 Selenium 测试常用的网站交互

使用 Selenium 进行网站测试的基础是自动化浏览器与网站的交互，包括页面操作、数据交互等。我们之前曾对 Selenium 的基本使用做过简单说明，有了网站交互（而不是典型爬虫程序避开浏览器界面的策略），就能够完成很多测试工作，比如找出异常表单、HTML 排版错误、页面交互问题。

一般开始页面交互的第一步都是定位元素，即使用 find_element(s)_by_* 系列方法。对于一个给定的元素（最好已经定位到了这个元素），Selenium 能够执行的操作也很多，包括单击（click() 方法）、双击（double_click() 方法）、键盘输入（send_keys() 方法）、清除输入（clear() 方法）等。Selenium 甚至可以模拟浏览器的前进或后退，即使用 driver.forward() 和 driver.back() 或者访问网站弹出的对话框（driver.switch_to_alert()）。

Selenium 中的动作链（Action Chain）也是十分方便的。可以用它来完成多个动作，其效果与对一个元素显式执行多个操作是一致的。例 8-5 是一个使用 Selenium 模拟登录豆瓣网的例子。

【例 8-5】使用 Selenium 模拟登录豆瓣网。

```python
from selenium import Webdriver
from selenium.Webdriver import ActionChains

path_of_chromedriver='your path of chrome driver'
driver=Webdriver.Chrome(path_of_chromedriver)
driver.get('https://www.douban.com/login')
email_field=driver.find_element_by_id('email')
pw_field=driver.find_element_by_id('password')
submit_button=driver.find_element_by_name('login')

email_field.send_keys('youremail@mail.com')
pw_field.send_keys('yourpassword')
submit_button.click()
```

将最后 3 行代码改写为：

```
actions=ActionChains(driver).\
  click(email_field).send_keys('youremail@mail.com') \
  .click(pw_field).send_keys('yourpassword').click(submit_button)

actions.perform()
```

效果完全一致。第一种方式是在两个字段上调用 send_keys()，然后单击登录按钮。第二种方式是使用一个动作链来单击每个字段并输入信息，然后登录。实际上，不仅可以使用 Webdriver 自带的方法进行交互，还拥有十分强大的 execute_script()方法。

```
last_height=driver.execute_script("return document.body.scrollHeight")
while True:
  # 向下拉动至底部
  driver.execute_script("window.scrollTo(0, document.body.scrollHeight);")
  new_height=driver.execute_script("return document.body.scrollHeight")
  if new_height==last_height:
    break
  last_height=new_height
```

上面的代码就是一个使用 JavaScript 脚本来进行页面交互的例子，其实现的功能是不断下拉到页面底端（即向下拖曳浏览器右侧的滚动条）。

如果使用 PhantomJS 等无界面浏览器来进行测试，就会发现 Selenium 的截图保存是一个十分友好的功能。以下代码都能够完成截图动作。

```
driver.save_screenshot('screenshot-douban.jpg')
driver.get_screenshot_as_file('screenshot-douban.png')
```

截图的意义至少在于，当你搞不清楚测试问题所在时，看看此时的网站实时界面总是个不错的选择。

8.4.2　结合 Selenium 进行单元测试

Selenium 可以轻而易举地获取网站的相关信息，而单元测试可以评估这些信息是否满足测试条件，因此，结合 Selenium 进行单元测试就成为了十分自然的选择。下面的示例对百度搜索进行测试，在搜索框搜索"天气"关键词，检测查找结果，如果查询结果异常（显示"查询限制"），则测试不通过，见例 8-6。

【例 8-6】TestBaiduSearch.py，一个使用 Selenium 测试百度搜索的程序。

```
import unittest,time
from selenium import webdriver
from selenium.webdriver.common.keys import Keys
from selenium.webdriver.common.by import By


class TestBaidu(unittest.TestCase):
  # 将此更换为你自己的 chromedriver 文件路径即可
  path_of_chromedriver=r"C:\Users\allen\Desktop\publishpics\chromedriver_win32\
chromedriver"

  def setUp(self):
    self.driver=webdriver.Chrome(executable_path=TestBaidu.path_of_chromedriver)

  def test_search_in_python_org(self):
    driver=self.driver
    driver.get("https://www.baidu.com")
    self.assertIn("百度", driver.title)
    elem=driver.find_element(by=By.CLASS_NAME, value="s_ipt")
    elem.send_keys("dsdsdssdasdasdasdasdsdsdssdasdasdasdasdsdsdssdasdasdas
dasdsdsdsdssdasdasdasdasdsdsdssdasdasdas")
```

```
    elem.send_keys(Keys.RETURN)
    time.sleep(3)
    assert "查询限制" not in driver.page_source

  def tearDown(self):
    print("Baidu test done"")
    self.driver.close()

if __name__=="__main_":
  unittest.main()
```

在上面的代码中，测试类继承自 unittest.，TestCase. 继承 TestCase 类，是告诉 unittest 模块，该类是一个测试用例。在 setUp 方法中创建了 Chrome WebDriver 的一个实例，下面一行使用 assert 断言的方法判断页面标题中是否包含"百度"一词。

```
self.assertIn("百度", driver.title)
```

使用 find_element 方法寻找到搜索框后，发送 keys 输入，这和使用键盘输入 keys 的效果相同。另外，一些特殊的按键可以通过导入 selenium.Webdriver.common.keys 的 Keys 类来输入（正如代码开头那样）。之后检测网页中是否存在"**查询限制**"这个字符串，整个测试类的逻辑基本就是这样。

之后再次在 IDE 中运行这个测试程序，可见百度搜索通过了这次测试（见图 8-7），对于"天气"这个关键字，搜索是不会查询异常的。

图 8-7　IDE 运行 TestBaiduSearch.py 的结果

当然，如果把搜索内容改为非常长的一串文本，测试可能就无法通过了，如果搜索：

"dsdsdssdasdasdasdasdsdsdssdasdasdasdasdsdsdsssdasdasdasdasdsdsdssdasdasdasdasdsdsdss dasdasdas"

这一大串理应不会有合理结果的关键字，更改搜索关键字后的测试结果如图 8-8 所示。

图 8-8　更改搜索关键字后的测试结果

不夸张地说，任何网站（当然也包括我们自己创建管理的网站）的内容都可以使用 Selenium 进行单元测试，并且正如我们所看到的那样，测试代码的编写也并不复杂。

章节实训：使用 Selenium 抓取百度搜索引擎中关于"爬虫"的结果

1. 需求说明

通过 Selenium 模拟用户在百度搜索引擎上的操作，搜索"爬虫"一词，抓取前 5 页的数据并保存在本地。

2．实现思路及步骤

（1）将 Selenium 的目标网页 URL 设置为"https://www.baidu.com/"，通过开发者工具找出输入框、"搜索"按钮、"下一页"按钮的 XPath，必要时可以结合反爬虫应对方案中的随机 User-Agent 池与随机代理池。

（2）使用 Selenium 模拟输入"爬虫"一词和单击搜索的操作，使用显示等待 sleep()等操作，等待页面结果出现之后，使用正则表达式获取页面数据。

（3）模拟单击"下一页"按钮的操作，使用正则表达式抓取页面数据。

（4）将获取到的页面数据序列化为 JSON 格式，并保存在本地。

思考与练习

一、选择题

（1）Selenium 中常见的时间等待方式不包括哪个？（　　　）

　　A．Thread.Sleep　　　　B．Implicit Wait　　　　C．Explicit Wait　　　　D．Thread.Join

（2）Python 的 unittest 框架中不包括以下哪个断言方式？（　　　）

　　A．assertEqual(a, b)　　B．assertNull(x)　　　　C．assertTrue(x)　　　　D．assertIs(a, b)

（3）以下哪个方式不能提高 Selenium 脚本的执行速度？（　　　）

　　A．使用效率更高的语言　　　　　　　　B．尽量使用显式等待

　　C．禁止 JavaScript 文件的加载　　　　　D．禁止 CSS 文件的加载

（4）以下哪个选项不是自动化测试的缺陷？（　　　）

　　A．时间成本高　　　　　　　　　　　　B．金钱成本高

　　C．技术门槛高　　　　　　　　　　　　D．对测试质量的依赖性大

（5）以下哪个选项不是自动化测试的优势？（　　　）

　　A．解放人力资源　　　　　　　　　　　B．增加测试的一致性和可重复性

　　C．减少人力疏忽产生的错误　　　　　　D．可以发现更多 bug

二、判断题

（1）Selenium 不需要 Webdriver 也能工作。（　　　）

（2）Selenium 无法处理 JavaScript 弹窗。（　　　）

（3）Selenium 无法处理 Windows 弹窗（如上传文件等）。（　　　）

（4）在 Selenium 中，driver.close()会关闭整个浏览器，即所有页面。（　　　）

（5）Selenium 中的元素如果被遮挡也可以被单击触发。（　　　）

三、问答题

（1）什么是单元测试？

（2）什么是自动化测试？

（3）Selenium 有几种定位方式，你最常用哪种定位方式，为什么？

（4）在 Selenium 中如何判断元素是否存在？

（5）在 Selenium 中如何判断元素是否显示？

第9章
爬虫框架 Scrapy 与反爬虫

引言

在本章中我们将试图让爬虫程序变得更为"强大",介绍主流的爬虫框架,另外,还会从网站反爬虫策略、爬虫性能和分布式爬虫等几个方面进行讨论。

学习目标

1. 熟悉 Scrapy 的使用方法。
2. 掌握基于 Scrapy 框架的爬虫编写。
3. 了解其他常见的爬虫框架。
4. 了解常见的反爬虫机制,掌握反爬虫机制的应对方案。

9.1 爬虫框架

9.1.1 Scrapy 简介

按照官方的说法,Scrapy 是一个为了抓取网站数据、提取结构性数据而编写的 Python 应用框架,可以应用在包括数据挖掘、信息处理和存储历史数据等各种程序中。Scrapy 最初是为了网页抓取而设计的,也可以应用在获取 API 所返回的数据或者通用的网络爬虫开发之中。我们可以根据自己的需求十分方便地使用 Scrapy 爬虫框架编写出自己的爬虫程序。毕竟我们是要从使用 requests(或者 urllib)访问 URL 开始编写,把网页解析、元素定位等功能一行一行地写出来,再编写爬虫的循环抓取策略和数据处理机制等其他功能,这套流程做下来,工作量其实也是不小的。使用特定的框架可以帮助我们更高效地定制爬虫程序。在各种 Python 网络爬虫框架中,Scrapy 因为其合理的设计、简便的用法和十分广泛的资料等优点脱颖而出,成为比较流行的爬虫框架,在这里对它进行比较详细的介绍。当然,深入了解一个 Python 库相关知识的一种方式是去它的官网查看其官方文档,读者可以随时访问并查看其最新的消息。

Scrapy 可能是最流行的 Python 网络爬虫框架。掌握 Scrapy 爬虫程序编写是我们在爬虫开发中迈出的重要一步。当然,Python 网络爬虫框架很多,相关资料也很多。

Scrapy 这个爬虫框架主要由以下组件组成。

- 引擎（Scrapy，Engine）:用来处理整个系统的数据流及触发事务,是框架的核心。
- 调度器（Scheduler）:用来接收引擎发过来的请求,将请求放入队列中,并在引擎再次请求时返回。它决定下一个要抓取的网址,同时承担着网址去重这一重要工作。
- 下载器（Downloader）:用于下载网页内容,并将网页内容返回给爬虫。下载器的基础是 twisted,它是一个 Python 网络爬虫引擎框架。
- 爬虫（Spider）:用于从特定的网页中提取自己需要的信息,即 Scrapy 中所谓的实体（Item），也可以从中提取出链接，让 Scrapy 继续抓取下一个页面。

- 管道（Item Pipeline）：负责处理爬虫从网页中提取的实体，主要功能是持久化信息、验证实体的有效性、清洗信息等。当页面被爬虫解析后，将被发送到管道，并使用特定的程序来处理数据。

- 下载器中间件（Downloader Middleware）：Scrapy 引擎和下载器之间的框架，主要工作是处理 Scrapy 引擎与下载器之间的请求及响应。

- 爬虫中间件（Spider Middleware）：Scrapy 引擎和爬虫之间的框架，主要工作是处理爬虫的响应输入和请求输出。

- 调度器中间件（Scheduler Middleware）：Scrapy 引擎和调度器之间的中间件，处理从 Scrapy 引擎发送到调度器的请求和响应。

图 9-1 所示为 Scrapy 框架。

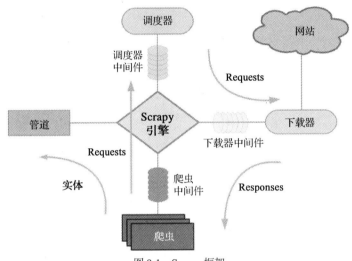

图 9-1　Scrapy 框架

具体地说，一个 Scrapy 爬虫的工作流程如下。

第一步，引擎打开一个网站，找到处理该网站的爬虫，并向该爬虫请求第一个要抓取的 URL。第二步，引擎从爬虫中获取到第一个要抓取的 URL 并在调度器中以 Requests 调度。然后，引擎向调度器请求下一个要抓取的 URL。第四步，调度器返回下一个要抓取的 URL 给引擎，引擎将 URL 通过下载器中间件转发给下载器。

一旦页面下载完毕，下载器会生成一个该页面的 responses，并将其通过下载器中间件发送给引擎。引擎从下载器中接收到 responses 并通过爬虫中间件发送给 spider 处理。之后 spider 处理 responses 并返回抓取到的实体及发送（跟进的）新的 requests 给引擎。引擎将抓取到的实体传递给管道，将（spider 返回的）requests 传递给调度器。重复以上从第二步开始的过程直到调度器中没有更多的 request，最终引擎关闭网站。

9.1.2　安装与学习 Scrapy

可以通过 pip 十分轻松地安装 Scrapy，安装 Scrapy 可能首先需要使用以下命令安装 lxml 库。

```
pip install lxml
```

如果已经安装 lxml，就可以直接安装 Scrapy。

```
pip install scrapy
```

在终端中执行命令（后面的网址可以是其他域名，如 www.baidu.com）。

```
scrapy shell www.douban.com
```

可以看到 Scrapy 的反馈（见图 9-2）。

```
[s] Available Scrapy objects:
[s]   scrapy     scrapy module (contains scrapy.Request, scrapy.Selector, etc)
[s]   crawler    <scrapy.crawler.Crawler object at 0x1053c0b70>
[s]   item       {}
[s]   request    <GET http://www.douban.com>
[s]   response   <403 http://www.douban.com>
[s]   settings   <scrapy.settings.Settings object at 0x10633b358>
[s]   spider     <DefaultSpider 'default' at 0x106682ef0>
[s] Useful shortcuts:
[s]   fetch(url[, redirect=True]) Fetch URL and update local objects (by default, redirect
s are followed)
[s]   fetch(req)           Fetch a scrapy.Request and update local objects
[s]   shelp()              Shell help (print this help)
[s]   view(response)       View response in a browser
```

图 9-2　Scrapy 在终端中的反馈

使用 "scrapy –v" 可以查看目前安装的 Scrapy 框架的版本（见图 9-3）。

```
Scrapy 1.4.0 - no active project

Usage:
  scrapy <command> [options] [args]

Available commands:
  bench         Run quick benchmark test
  fetch         Fetch a URL using the Scrapy downloader
  genspider     Generate new spider using pre-defined templates
  runspider     Run a self-contained spider (without creating a project)
  settings      Get settings values
  shell         Interactive scraping console
  startproject  Create new project
  version       Print Scrapy version
  view          Open URL in browser, as seen by Scrapy

  [ more ]      More commands available when run from project directory

Use "scrapy <command> -h" to see more info about a command
```

图 9-3　查看 Scrapy 框架的版本

看到这些信息就说明已经安装成功。在 PyCharm 中安装 Scrapy 也很简单，在 "Preference" →
"Project Interpreter" 面板中单击 "+"，在搜索框中搜索并单击 "Install Package" 即可。如果有多个
Python 环境的话，则在 "Project Interpreter" 中选择一个即可。

如果尝试在 Windows 系统中安装使用 Scrapy，则可能需要预先安装一些 Scrapy 依赖的库，首
先是 Visual C++ Build Tools，在此过程中可能需要安装较新版本的.Net Framework。之后需要安装
pywin32，这里需要直接下载.exe 文件安装。之后，还需要安装 twisted（如上文所述，twisted 是 Scrapy
的基础之一），使用 "pip install twisted" 命令即可。

当然，Scrapy 还可以使用 Conda 工具安装，这里就不赘述了。

为了在终端中创建一个 Scrapy 项目，首先进入自己想要存放项目的目录下，也可以直接新建一
个目录（文件夹），这里在终端中使用命令创建一个新目录并进入。

```
mkdir newcrawler
cd newcrawler/
```

之后执行 Scrapy 框架的对应命令：

```
scrapy startproject newcrawler
```

我们会发现目录下多出一个新的名为 "newcrawler" 的目录，查看这个目录的结构（见图 9-4），
这是一个标准的 Scrapy 爬虫项目的目录结构。

在 Linux 和 macOS 系统中可以使用 tree 命令来查看文件目录的树结构。在 Linux 下
执行命令 "apt-get install tree" 即可安装这个工具。在 macOS 下可以使用 homebrew 工具
并执行 "brew install tree" 命令安装这个工具。

其中 items.py 中定义了爬虫的实体类，middlewares.py 是中间件文件，pipelines.py 是管道文件，

spiders 文件夹下是具体的爬虫，scrapy.cfg 是爬虫的配置文件。

使用 IDE 创建 Scrapy 项目的步骤几乎一模一样，在 PyCharm 中切换到"Terminal"（终端）面板，执行上述各个命令即可。然后执行新建爬虫的命令：

```
scrapy genspider DoubanSpider douban.com
```
输出为：
```
Created spider 'DoubanSpider' using template 'basic'
```

不难发现，genspider 命令的作用就是创建一个名为"DoubanSpider"的新爬虫脚本，这个爬虫对应的域为 douban.com。在输出中我们发现了一个名为"basic"的模板，这其实是 Scrapy 的爬虫模板。爬虫模板包括 basic、crawl、csvfeed 以及 xmlfeed，后面会详细介绍。进入 DoubanSpider.py 中查看爬虫脚本信息（见图 9-5）。

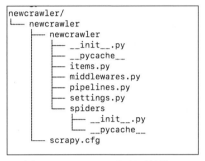

```
newcrawler/
└── newcrawler
    ├── newcrawler
    │   ├── __init__.py
    │   ├── __pycache__
    │   ├── items.py
    │   ├── middlewares.py
    │   ├── pipelines.py
    │   ├── settings.py
    │   └── spiders
    │       ├── __init__.py
    │       └── __pycache__
    └── scrapy.cfg
```

图 9-4　"newcrawler"目录结构

```
# -*- coding: utf-8 -*-
import scrapy


class DoubanspiderSpider(scrapy.Spider):
    name = 'DoubanSpider'
    allowed_domains = ['douban.com']
    start_urls = ['http://douban.com/']

    def parse(self, response):
        pass
```

图 9-5　DoubanSpider.py

可见它继承了 scrapy.Spider 类，其中还有一些类属性和方法。name 用来标识爬虫，它在项目中是唯一的，每一个爬虫都有一个独特的 name。parse() 是一个处理 response 的方法，在 Scrapy 中，response 由每个 request 下载生成。作为 parse() 方法的参数，response 是一个 TextResponse 的实例，其中保存了页面的内容。start_urls 列表是一个代替 start_requests() 方法的捷径，所谓的 start_requests() 方法，顾名思义，其任务就是从 url 生成 scrapy.Request 对象，作为爬虫的初始请求。我们之后将会遇到的 Scrapy 爬虫基本都有类似这样的结构。

在 items.py 文件中，我们应该会看到下面这样的内容。

```
# -*- coding: utf-8 -*-

# Define here the models for your scraped items
#
# See documentation in:
# http://doc.scrapy.org/en/latest/topics/items.html

import scrapy


class NewcrawlerItem(scrapy.Item):
    # define the fields for your item here like:
    # name=scrapy.Field()
    pass
```

9.1.3　Scrapy 爬虫编写

为了定制 Scrapy 爬虫，要根据自己的需求定义不同的 Item，比如，创建一个针对页面中所有正文文字的爬虫，将 Items.py 中的内容改写为：

```
class TextItem(scrapy.Item):
    # define the fields for your item here like:
    text=scrapy.Field()
```
之后编写 DoubanSpider.py。
```
# -*- coding: utf-8 -*-
```

```
import scrapy
from scrapy.selector import Selector
from ..items import TextItem

class DoubanspiderSpider(scrapy.Spider):
    name='DoubanSpider'
    allowed_domains=['douban.com']
    start_urls=['https://www.douban.com/']

    def parse(self, response):
        item=TextItem()
        h1text=response.xpath('//a/text()').extract()
        print("Text is"+''.join(h1text))
        item['text']=h1text
        return item
```

提示　　　一个爬虫项目可以有多个不同的爬虫类，因为很多时候我们想要在一组网页中收集不同类别的信息（如一个电影介绍网页的演员表、剧情简介、海报图片等），可以为它们设定独立的 Item 类，再用不同的爬虫进行抓取。

这个爬虫会先进入 start_urls 列表中的元素对应的页面（在这个例子中就是豆瓣网的首页），收集信息完毕后就会停止。response.xpath('//a/text()').extract()这行语句将通过 response（其中保存着网页信息）使用 xpath 语句抽取出所有 a 标签的文字内容（text）。下一句会将它们逐一输出。

在运行这个简单的 Scrapy 爬虫之前，先打开 settings.py 文件（部分内容）：

```
# Obey robots.txt rules
ROBOTSTXT_OBEY=True

# Configure maximum concurrent requests performed by Scrapy (default: 16)
#CONCURRENT_REQUESTS=32

# Configure a delay for requests for the same Website (default: 0)
# See http://scrapy.readthedocs.org/en/latest/topics/settings.html#download-delay
# See also autothrottle settings and docs
#DOWNLOAD_DELAY=3
```

相信大家都对 ROBOTSTXT_OBEY 很熟悉了，如果启用它，Scrapy 就会遵循 robots.txt 的内容。CONCURRENT_REQUESTS 用于设定并发请求的最大值，在这里是被注释掉的，也就是说没有限制最大值。DOWNLOAD_DELAY 的值用于设定下载器在下载同一个网站的每个页面时需要等待的时间间隔，设置其值，可以限制程序的抓取速度，减轻服务器压力。

settings.py 中的另外一些重要设置如下。

- BOT_NAME：Scrapy 项目的 bot 名称，使用 startproject 命令创建项目时会自动赋值。
- ITEM_PIPELINES：保存项目中启用的 pipeline 及其对应顺序，使用一个字典结构。字典默认为空，值（value）一般设定为 0～1000。数字小代表优先级高。
- LOG_ENABLED：是否启用 logging，默认为 True。
- LOG_LEVEL：设定 log 的最低级别。
- USER_AGENT：设定默认的用户代理。

运行 Scrapy 爬虫脚本后，往往会生成大量的程序调试信息，这对于观察程序的运行状态是很有用的。不过，为了保持输出的简洁，可以设置 LOG_LEVEL。Python 中的 log 级别一般有 DEBUG、INFO、WARNING、ERROR、CRITICAL 等，其"严重性"逐渐增长，其包含的范围逐渐缩小。当我们把 LOG_LEVEL 设置为'ERROR'时，就只有 ERROR 和 CRITICAL 级别的日志会显示出来。需要注意的是，日志不仅可以在终端显示，还可以使用 Scrapy 命令行工具将日志输出到文件中。

接着把目光转向 USER_AGENT，为了让爬虫看起来更像一个浏览器，使用这样的原生 USER_AGENT 就显得不合适了。

```
#USER_AGENT='newcrawler (+http://www.baidu.com)'
```

将 USER_AGENT 取消注释并编辑，结果为：

```
USER_AGENT='Mozilla/5.0 (Windows NT 6.1; WOW64) AppleWebKit/537.36 (KHTML, like Gecko) Chrome/36.0.1985.125 Safari/537.36'
```

 为避免被网站屏蔽，抓取网站时经常要定义和修改 user-agent（用户代理）值，将爬虫程序对网站的访问"伪装"成正常的浏览器请求。关于如何处理网站的反爬虫机制，在后面的章节中会继续讨论。

这些设置做完后，就可以开始运行这个爬虫了。运行爬虫的命令是：

```
scrapy crawl spidername
```

其中，spidername 是爬虫的名称，即爬虫类中的 name 属性。

程序运行并抓取后，可以看到类似图 9-6 所示的 Scrapy 的 DoubanspiderSpider 运行的输出，说明 Scrapy 成功进行了抓取。

图 9-6　Scrapy 的 DoubanspiderSpider 运行的输出

除了简单的 scrapy.Spider，Scrapy 还提供了诸如 CrawlSpider、csvfeed 等爬虫模板，其中 CrawlSpider 是很常用的。另外，Scrapy 的 Pipeline 和 Middleware 都支持扩展，配合主爬虫类使用可很流畅地抓取和调试。

9.1.4　其他爬虫框架介绍

Python 网络爬虫框架当然不止 Scrapy 一种，在其他诸多爬虫框架中，比较值得一提的是 PySpider、Portia 等。PySpider 是一个国产的框架，由国内开发者编写，拥有一个可视化的 Web 页面，可以用来编写调试脚本，使用户可以进行诸多操作，如运行或停止程序、监控执行状态、查看活动历史等。Portia 则是另外一款开源的可视化爬虫编写工具。Portia 也提供 Web 页面（见图 9-7），只需单击并标注页面上需要抓取的数据即可完成爬虫。

图 9-7　Portia 自带的 Web 页面

除了 Python，Java 语言也常常用于爬虫的开发，比较常见的爬虫框架包括 Nutch、Heritrix、WebMagic、Gecco 等。爬虫框架流行的原因就在于开发者需要"多快好省"地完成一些任务，比如爬虫的 URL 管理、编写线程池之类的模块等，如果自己从零做起，势必需要一段时间的实验、调试和修改。爬虫框架将一些"底层"的事务预先做好，开发者只需要将注意力放在爬虫本身的业务逻辑和功能开发上。

9.2 网站反爬虫

9.2.1 反爬虫策略简介

网站反爬虫的出发点很简单，网站的目的是服务普通的人类用户，而过多来自爬虫程序的访问无疑会增大不必要的资源压力，不仅不能够为网站带来真实流量（能够创造商业效益或社会影响力的用户访问数），还会白白浪费服务器的运行成本。为此，网站方总是会设计一些机制来进行"反爬虫"，与之相对，爬虫编写者们使用各种方式避开网站的反爬虫机制则被称为"反反爬虫"（当然，递推地看，还存在"反反反爬虫"等）。网站反爬虫机制从简单到复杂，各不相同，基本思路就是要识别出一个访问是来自真实用户还是来自开发编写的计算机程序。（这么说其实有歧义，实际上真实用户的访问也是通过浏览器程序来实现的，不是吗？）因此，一个好的反爬虫机制的基本需求就是尽量多地识别出真正的爬虫程序，同时尽量少地将普通用户访问误判为爬虫。识别爬虫后要做的事情其实很简单，根据其特征限制乃至禁止其对页面的访问即可。但这也导致反爬虫机制本身面临一个尴尬局面，那就是反爬虫力度小时，往往会有漏网之鱼（爬虫），反爬虫力度大时，却有可能损失真实用户的流量（即"误伤"）。

从具体手段上看，反爬虫可以包括很多方式。

（1）识别 Request Headers 信息。这是一种十分基础的反爬虫手段，主要是通过验证 headers 中的 User-Agent 信息来判定当前访问是否来自常见的界面浏览器。更复杂的 headers 信息验证则会要求验证 Referer、Accept-Encoding 等信息，一些社交网络的页面甚至会根据某一特定的页面类别使用独特的 headers 字段要求。

（2）使用 AJAX 和动态加载。严格地说，这不是一种为反爬虫而生的手段，但由于使用了动态页面，如果对方爬虫只是简单的静态网页源码解析程序，就能起到保护数据和流量的作用。

（3）验证码。验证码机制（在前面的内容已经涉及）与反爬虫机制的出发点非常契合，那就是辨别出机器程序和人类用户。因此验证码被广泛用于限制异常访问，一个典型场景是，当页面受到短时间内频率异常高的访问后，会在下一次访问时弹出验证码。作为一种具有普遍应用场景的安全措施，验证码无疑是整个反爬虫体系的重要一环。

（4）更改服务器返回的信息，通过加密信息、返回虚假数据等方式保护服务器返回的信息，避免其被直接抓取，一般会配合 AJAX 技术使用。

（5）限制或封禁 IP 地址，这是反爬虫机制最主要的"触发后动作"，判定为爬虫后就限制乃至封禁来自当前 IP 地址的访问。

（6）修改网页或 URL 内容，尽量使网页或 URL 结构复杂化，乃至通过对普通用户隐藏某些元素和输入等方式来区别用户和爬虫。

（7）账号限制，即只有登录账号才能够访问网站数据。

从"反反爬虫"的角度出发，简单介绍几种避开网站反爬虫机制的方法，可以用来绕过一些普通的反爬虫系统，这些方法包括伪装 headers 信息、使用代理 IP、修改访问频率、动态拨号等。

从道德和法律的角度出发，我们应该坚持"友善"的爬虫，不仅需要考虑可能会对网站服务器造成的压力（比如，我们应该至少设置一个不低于几百毫秒的访问间隔时间），更需要考虑我们对抓取到的数据采取的态度，对于很多网站上的数据（尤其是那些由网站用户"创作"的数据，即 UGC）而言，滥用这些数据可能会造成侵权行为。如有必要，在尽量避免商业应用时，还应该关注网站本身对这些数据的声明。

9.2.2　伪装 headers

正因为 headers 信息是网站方用来识别访问的基本手段，因此可以在这方面下点儿功夫。headers（头字段）"定义了一个 HTTP 事务中的操作参数"，Request Headers（请求头字段）的常见字段名和含义如表 9-1 所示。

表 9-1　　　　　　　　　　Request Headers（请求头字段）的常见字段名和含义

常见字段名	含义
Accept	客户端能够接收的内容类型
Accept-Charset	浏览器可以接收的字符编码集
Accept-Encoding	浏览器支持的 Web 服务器返回内容压缩编码类型
Accept-Language	浏览器可接收的语言
Accept-Ranges	可以请求网页实体的一个或者多个子范围字段
Authorization	HTTP 授权的授权证书
Cache-Control	请求和响应遵循的缓存机制
Connection	是否需要持久连接
Cookie	Cookie 信息
Date	请求发送的日期和时间
Expect	请求的特定服务器行为
Host	请求的服务器主机的域名和端口号等
If-Unmodified-Since	只有实体在指定时间之后未被修改才请求成功
Max-Forwards	限制信息通过代理和网关传送的时间
Pragma	包含实现特定的指令
Range	只请求实体的一部分，指定范围
Referer	先前网页的地址
TE	客户端愿意接收的传输编码，并通知服务器接收尾加头信息
Upgrade	向服务器指定某种传输协议，以便服务器进行转换（如果支持）
User-Agent	User-Agent 的内容包含发出请求的用户信息，主要是浏览器信息
Via	通知中间网关或代理服务器地址、通信协议

请求头信息的字段很多，表 9-1 中并未完全列出，表 9-1 中常用的几个是 Host、User-Agent、Referer、Accept、Accept-Encoding、Connection 和 Accept-Language，这些是需要特别关注的字段。随手打开一个网页，观察 Chrome 开发者工具中显示的 Request Headers 信息，就能够大致理解上面这些字段的含义，如打开百度首页时，访问（GET）百度官网的请求头信息如下。

```
Accept:text/html,application/xhtml+xml,application/xml;q=0.9,image/Webp,image/apng,*/
*;q=0.8
Accept-Encoding: gzip, deflate, br
Accept-Language: en,zh;q=0.9,zh-CN;q=0.8,zh-TW;q=0.7,ja;q=0.6
Cache-Control: max-age=0
```

```
Connection: keep-alive
Cookie: ×××（此处略去）
Host: www.baidu.com
Referer: http://baidu.com/
Upgrade-Insecure-Requests: 1
User-Agent: Mozilla/5.0 (Macintosh; Intel MacOS X 10_13_3) AppleWebKit/537.36 (KHTML, like
Gecko) Chrome/66.0.3359.181 Safari/537.36
```

使用 requests 可以十分快速地自定义请求头信息，requests 原始 GET 操作的请求头信息是非常"傻瓜式"的，几乎等于正大光明地告诉网站"我是爬虫"。WhatIsMyBrowser 是一个能够提供浏览请求识别信息的站点，其中的 headers 信息查看页面十分实用，我们就通过这个页面来观察 requests 爬虫的原始 headers 信息。当使用 Chrome 浏览器访问这个页面时，WhatIsMyBrowser 网页显示的请求头信息如图 9-8 所示。

利用这个网页编写几行 Python 语句，就能看到 requests 原生的请求头中的 User-Agent 信息，只需要简单的网页解析过程即可，代码见例 9-1。

图 9-8　WhatIsMyBrowser 网页显示的请求头信息

【例 9-1】输出 requests 的原始请求头中的 User-Agent 信息。

```
import requests
from bs4 import BeautifulSoup

# 一个可以显示当前请求头信息的网页
res=requests.get('https://www.whatismybrowser.com/detect/what-http-headers-is-
my-browser-sending')
bs=BeautifulSoup(res.text)
# 定位网页中的 User-Agent 信息元素
td_list=[one.text for one in bs.find('table',{'class':'table'}).findChildren()]
print(td_list[-1])
```

程序输出为：python-requests/2.18.4。如此"直接"的 User-Agent 会使程序的请求被很多网站直接拒之门外，为此，需要利用 requests 提供的方法和参数来修改包括 User-Agent 在内的 headers 信息。

下面的例子简单但直观，将请求头更换为 Android 系统（移动端）Chrome 浏览器的请求头 User-Agent，然后利用这个参数通过 requests 来访问百度贴吧，将访问到的网页内容保存在本地，然后打开本地 HTML 文件，可以看到这是与 PC 端浏览器所呈现的页面完全不同的手机端页面，见例 9-2。

【例 9-2】更改 User-Agent 以访问百度贴吧。

```
import requests
from bs4 import BeautifulSoup

header_data={
    'User-Agent': 'Mozilla/5.0 (Linux; Android 4.0.4; Galaxy Nexus Build/IMM76B)
AppleWebKit/535.19 (KHTML, like Gecko) Chrome/18.0.1025.133 Mobile Safari/535.19',
    }

r=requests.get('https://tieba.baidu.com',headers=header_data)

bs=BeautifulSoup(r.content)
with open('h2.html', 'wb') as f:
    f.write(bs.prettify(encoding='utf8'))
```

在上面的代码中，通过 headers 参数来加载一个字典结构的参数，其中的数据是 User-Agent 的键值对。运行程序，打开本地的 h2.html 文件（见图 9-9）。

图 9-9　本地 HTML 文件显示的百度贴吧

这说明网站方认为我们的程序的访问是来自移动端的，从而提供了移动端页面的内容。这也给了我们一个灵感，有时 User-Agent 信息将会决定网站为你提供的具体页面内容和页面效果。准确地说，这些不同的布局样式将会为我们的抓取提供便利，因为当我们在手机浏览器上浏览很多网站时，它们提供的实际上是一个相当简洁、动态效果较少、关键内容却一个不漏的页面。因此如果有需要的话，可以将 User-Agent 改为移动端浏览器，以试试目标网站在其上的效果，如果能够获得一个"轻量级"的页面，则无疑会简化我们的抓取。当然，除了 User-Agent，其他请求头中的字段也可以自定义并在 requests 请求中设置，具体例子可见其他章节中的相关内容。

9.2.3　代理 IP 的使用

大部分网站会根据 IP 地址来识别访问，因此，如果来自同一个 IP 地址的访问过多（如何判定"过多"也是个问题，一般是指在一段较短的时间内对同一个或同一组页面的访问次数较大），那么网站可能会据此限制或屏蔽访问，对付这种机制的手段就是使用代理 IP，代理 IP 可以通过各种 IP 平台乃至代理 IP 池服务来获得，这方面的资源网络上非常多，一些开发者也维护着可以公开免费使用的代理 IP 服务（见图 9-10），安装这些服务即可使用它们提供的代理 IP 的 API，省去了自己寻找并解析代理地址的麻烦。

图 9-10　Github 上的某爬虫代理 IP 池

　　代理 IP 应该叫"代理 IP 服务器"，其目标就是代理用户去获取网络上的信息，起着类似中转站的作用。代理服务器是介于客户端（浏览器等）和服务器之间的另一台"中介"服务器，代理服务器会访问目标网站，而用户需要通过代理 IP 来获取最终所需的网络信息。

在 requests 中使用代理 IP 的常见方式是使用方法中的 proxies 参数，例 9-3 是一个使用代理 IP 访问 CSDN 博客的例子。

【例 9-3】使用代理 IP 增加 CSDN 的博客访问量。

```python
# 增加博客访问量
import re, random, requests, logging
from lxml import html
from multiprocessing.dummy import Pool as ThreadPool

logging.basicConfig(level=logging.DEBUG)
TIME_OUT=6  # 超时时间
count=0
proxies=[]
headers={'Accept': 'text/html,application/xhtml+xml,application/xml;q=0.9,image/
Webp,*/*;q=0.8',
          'Accept-Encoding': 'gzip, deflate, sdch, br',
          'Accept-Language': 'zh-CN,zh;q=0.8',
          'Connection': 'keep-alive',
          'Cache-Control': 'max-age=0',
          'Upgrade-Insecure-Requests': '1',
          'User-Agent': 'Mozilla/5.0 (Windows NT 6.1; WOW64) AppleWebKit/537.36 (KHTML,
like Gecko) '
                       'Chrome/36.0.1985.125 Safari/537.36',
          }

PROXY_URL='http://www.89ip.cn/index_{}.html
'


def GetProxies():
    global proxies
    for p in range(1, 10):
        try:
            res=requests.get(PROXY_URL.format(p), headers=headers)
        except:
            logging.error('Visit failed')
            return
        ht=html.fromstring(res.text)
        raw_proxy_list=ht.xpath('//*[@class="layui-table"]/tbody/tr')
        for item in raw_proxy_list:
            proxies.append(
                dict(
                    http='{}:{}'.format(
                        item.xpath('./td[1]/text()')[0].strip(), item.xpath('./td[2]/
text()')[0].strip())
                )
            )


# 获取博客文章列表
def GetArticles(url):
    res=GetRequest(url, prox=None)
    html=res.content.decode('utf-8')
    rgx='<li class="blog-unit">[ \n\t]*<a href="(.+?)"" target="_blank">'
    ptn=re.compile(rgx)
    blog_list=re.findall(ptn, str(html))
    return blog_list

def GetRequest(url, prox):
    req=requests.get(url, headers=headers, proxies=prox, timeout=TIME_OUT)
    return req
```

```python
# 访问博客
def VisitWithProxy(url):
    proxy=random.choice(proxies)  # 随机选择一个代理 IP
    GetRequest(url, proxy)

# 多次访问
def VisitLoop(url):
    for i in range(count):
        logging.debug('Visiting:\t{}\tfor {} times'.format(url, i))
        VisitWithProxy(url)


if __name__=='__main__':
    global count

    GetProxies()  # 获取代理 IP
    logging.debug('We got {} proxies'.format(len(proxies)))
    BlogUrl=input('Blog Address:').strip(' ')
    logging.debug('Gonna visit{}'.format(BlogUrl))
    try:
        count=int(input('Visiting Count:'))
    except ValueError:
        logging.error('Arg error!')
        quit()
    if count==0 or count > 200:
        logging.error('Count illegal')
        quit()

    article_list=GetArticles(BlogUrl)
    if len(article_list)==0:
        logging.error('No articles, error!')
        quit()

    for each_link in article_list:
        if not 'https://blog.csdn.net' in each_link:
            each_link='https://blog.csdn.net'+each_link
        article_list.append(each_link)
    # 多线程
    pool=ThreadPool(int(len(article_list) / 4))
    results=pool.map(VisitLoop, article_list)
    pool.close()
    pool.join()
    logging.DEBUG('Task Done')
```

　　在这段代码中，通过 requests.get()提供的 proxies 参数使用了代理 IP，其他大多数语句都在执行访问网页、解析网页、抓取元素（文本）的任务。为保险起见，还为访问设置了伪装的浏览器 headers 数据，其中包括 User-Agent 和 Accept-Encoding 等主要字段。

　　另外，程序中还使用了 multiprocessing.dummy 模块，该模块是为多线程设计的（dummy 意为"假的""傻偶"），其所在的 multiprocessing 库主要用于实现多进程，它们的 API 是相似的，dummy 模块可以看作对 threading 的包装。使用它们实现多进程或多线程的简单方法如下。

```python
from multiprocessing import Pool as ProcessPool
from multiprocessing.dummy import Pool as ThreadPool
# 使用 multiprocessing 实现多进程或多线程

def f(x):  # 将被执行的函数
    return x * x

if __name__=='__main__':
```

```
with ProcessPool(5) as p: # 进程池
  print(p.map(f, [1, 2, 3]))
with ThreadPool(5) as p: # 线程池
  print(p.map(f, [1, 2, 3]))
```

使用这样更换不同代理 IP 的程序，会让网站误以为收到了不同的请求，从而实现"刷访问量"的效果，但其背后的技术原理是与躲避反爬虫机制有关的，也就是说，通过伪装不同 IP 地址的方式让网站方无法"记住"和"识别"我们的程序，从而避免被封禁。

9.2.4 控制访问频率

对于避免"反爬虫"而言，其简单有效的手段之一就是直接降低对目标网站的访问量和访问频率，从某种意义上说，没有不喜欢被访问的网站，只有不喜欢被不必要的大量访问打扰的网站。有一些网站可能会阻止用户过快地访问页面或提交数据（如表单数据），因此，如果以一个比普通用户快很多的速度（"速度"一般指频率）访问网站，尤其是访问一些特定的页面，则也有可能被反爬虫机制认为是异常活动。从这个根本的"不打扰"的原则出发，较为有效的"反反爬虫"方法是降低访问频率，比如在代码中加入 time.sleep(2)这种暂停几秒的语句，这虽然是一种非常笨拙的方法，但如果目标是实现一个不被网站发现其访问者是非人类的爬虫，则这有可能是一种有效的方法。

另外一种方法是，在保持高访问频率和大访问量的同时尽量模拟人类用户的访问规律，减少机械性的迭代式抓取，这可以通过设置随机抓取间隔时间等方式来实现。机械性的间隔时间（比如每次访问都间隔 0.5s）很容易让程序被判定为爬虫，但具有一定随机性的间隔时间（如本次间隔 0.2s，下一次间隔 1.6s）却能起到一定的作用。另外，结合禁用 Cookie 等方式则可以避免网站"认出"我们的访问，服务器将无法通过 Cookie 信息判断爬虫是否已经访问过页面。

大型商业网站往往能够承受很高频率的访问，而一些用户流量不大的非营利性网站（试想我们去某大学某学院的新闻页列表中进行抓取）则不会将短时间内的高频率访问视为理所应当。无论如何，结合更换 IP 地址和设置合适的抓取间隔时间两种方式，对于"反反爬虫"而言都是至关重要的。更换 IP 地址其实不一定需要使用代理 IP 这一种手段，对于直接在开发者的机器上运行和调试的爬虫程序而言，通过断线重连的方式也能够获得不同的 IP 地址，如果机器接入的网络服务类似校园网和非对称数字用户线（Asymmetric Digital Subscriber Line，ADSL），则可以通过断线重连的方式更换 IP。

需要注意的是，反爬虫的目标不仅在于保护网站不被大量非必要访问占用资源，也在于保护一些对于网站方可能有特殊意义的数据，如果在编写爬虫程序时，我们为了与反爬虫机制作斗争而必须花大量时间分析网页中对数据的隐藏和保护（一个简单的例子是，页面把本可以写在一个<p></p>中的数值信息分散在一个<div></div>的多个部分中），那么在抓取数据时更应该谨慎考虑。网站使用"认真"的反爬虫机制，只能说明它们的确非常讨厌爬虫。

章节实训：使用"反反爬虫"策略抓取某日报网
头版的标题内容

1. 需求说明

使用 Scrapy 框架，基于本书提供的反爬虫机制的应对方案抓取某日报网页面中近一个月以来头版的标题内容，并输出到控制台中。

2. 实现思路及步骤

（1）新建一个 Scrapy 项目，目标网站设定为

http://paper.people.com.cn/rmrb/html/2022-02/17/nbs.D110000renmrb_01.htm

通过观察我们发现只需替换"2022-02/17"字段即可获取到不同的页面，必要时可以使用 Selenium 模拟浏览器。

（2）设置下载间隔时间为 1s。

（3）随机抽取 User-Agent，可以使用 faker.js 随机生成。

（4）从代理 IP 池中随机抽取代理 IP，代理 IP 需要读者自己获取。

（5）将获取的数据输出到控制台中。

思考与练习

一、选择题

（1）以下哪个选项不是 Scrapy 的持久化存储方式？（　　　）

　　A．保存为文件　　　　B．保存到数据库　　　C．输出在控制台上　　D．以上都不是

（2）以下哪个不是 Scrapy 框架的组件？（　　　）

　　A．Scrapy Engine　　　B．Scheduler　　　　C．Downloader　　　　D．Tokenizer

（3）以下哪种不是反爬虫机制？（　　　）

　　A．检测 Headers　　　　　　　　　　　　B．修改 robots.txt 文件

　　C．使用 AJAX 技术　　　　　　　　　　　D．通过 CSS 混淆页面内容

（4）以下哪种方式可以有效解决限制 IP 访问频率的问题？（　　　）

　　A．更换代理 IP 地址　　　　　　　　　　B．更换 User-Agent

　　C．更换账号　　　　　　　　　　　　　　D．使用等待

二、判断题

（1）Scrapy 可以和 Selenium 一起使用。（　　　）

（2）Scrapy 不可以更改 User-Agent。（　　　）

（3）Scrapy 可以抓取任何类型的数据。（　　　）

（4）Scrapy 结合 Selenium 可以抓取大部分的网站。（　　　）

（5）目前没有一种完全有效的反爬虫机制。（　　　）

三、问答题

（1）为什么要使用 Scrapy 框架？Scrapy 框架有哪些优点？

（2）请简要说出 Scrapy 的工作流程。

（3）Scrapy 中间件有几种？它们的功能分别是什么？

（4）常见的反爬虫机制都有哪些？

（5）如果你的 IP 地址被限制了，你要如何完成对网站的访问？

实战篇

第 **10** 章
实战：保存感兴趣的图片

引言

爬虫程序的一个重要任务就是把网站中的某些信息（如数据、文本、图片等）下载到本地，保存到文件或数据库中，本章以保存网站上的图片为例展开介绍，目标网站是豆瓣网，同时本章还会简单涉及网站登录问题。

10.1　豆瓣网分析与爬虫设计

10.1.1　从需求出发

"豆瓣电影"是目前十分流行的影评平台，很多人都喜欢使用"豆瓣电影"平台来标记自己看过的影视作品。而且出于各种各样的原因，豆瓣网也常被爬虫程序编写者们作为抓取的目标（可能是由于豆瓣网的内容具有较高的趣味性），另外，豆瓣网的大多数页面都可以由 requests 请求到并通过 XPath 定位直接获取，这意味着我们不用考虑 AJAX 问题，从使用 Selenium 实现的方案中获得"解脱"。

微课视频：保存
感兴趣的图片

在本例中，从"我看过的电影"出发，我们希望编写爬虫程序来将自己看过的所有电影的海报存储到本地文件夹中。为了实现这个功能，首先访问"我看过的电影"页面（见图 10-1），这个页面的 URL 格式是这样的：

```
https://movie.douban.com/people/user_nickname/collect?start=15&sort=time&rating=all&filter=all&mode=grid
```

图 10-1　使用开发者工具的"Elements"工具查看"我看过的电影"页面

user_nickname 是用户 ID，即每个用户的个人主页地址的 ID。该页面中纵向列出了用户看过的电影，在网页中单击"下一页"按钮会使 start 的值增加 15。而其中每个电影页面的 URL 格式如下。

```
https://movie.douban.com/subject/ID/
```

我们也不难发现，电影对应的显示其各个海报图片的页面的 URL 则是：

```
https://movie.douban.com/subject/ID/photos?type=R
```

在海报页面中可以获得第一张海报图片的原图地址（见图 10-2，一般第一张海报图片就是被用作该电影页面封面的图片），之后使用 requests 请求这个地址并下载到本地即可。

整个爬虫程序的流程是：进入"我看过的电影"页面→抓取我看过的电影→进入每个电影的海报页面→下载海报图片到本地。可以定义一个名为 DoubanSpider 的类，并在其中实现完成上述流程的类方法。

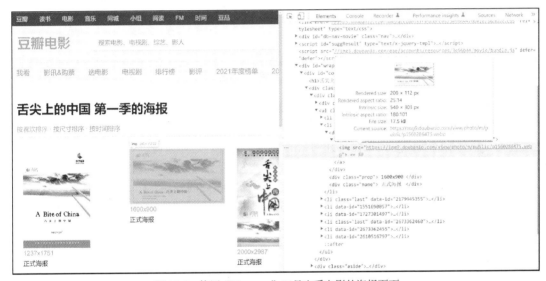

图 10-2 使用"Elements"工具查看电影的海报页面

10.1.2 处理登录问题

值得注意的是，在类似豆瓣网这种内容导向的社交网站上，很多内容都是需要用户登录才能查看的，对于一些论坛而言更是如此。虽然我们抓取自己的观影记录页面并不需要登录（实际上，目前豆瓣网的设计是，访问其他用户的观影记录页面也不需要登录），但是为了使本例更具有普遍性，同时也为了使我们的爬虫程序实现更接近一个真实用户在浏览器中的操作，不妨实现模拟登录豆瓣网的过程。

登录操作说得粗略一些就是向网站发送一份表单数据，表单中包含用户名和密码等关键信息，使用 Chrome 开发者工具的"Elements"工具能观察到登录表单的信息（见图 10-3）。

不难发现，登录表单中必要的信息包括：

- form_email，用户的邮箱；
- form_password，用户的密码；
- login，这个字段的值是"登录"；
- redir，登录重定向地址，为豆瓣首页。

另外，验证码的地址在<img id="captcha_image">标签之中（准确地说，就是这个元素的 src 属性），我们的登录操作有时候会遇到验证码，这时就需要抓取这个验证码图片并进行后续处理。

可以使用之前提到过的 OCR 或者云打码平台来解决，不过为简单起见，在此使用手动输入的策略，即如果遇到验证码，则由爬虫编写者手动输入验证码结果再由程序发送到服务器并登录。

图 10-3　查看登录表单的信息

解决了发送登录数据和验证码的问题，不妨再想一步，难道对于这些需要登录的网站，我们每次开始抓取时都要手动登录一次吗？在第 5 章中已经讨论过了，其实这种繁杂的工作完全可以避免，想想平时我们用浏览器打开网站的情景：登录之后如果我们关掉了页面，等一会儿再次打开这个网站时，似乎不必再重新登录一次。这是因为登录之后服务器会在我们的本地设备上保存一份 Cookie 文件，Cookie 可以帮助服务器确定我们的身份。Cookie 工作的流程如下。

（1）浏览器向某个 URL 发起 HTTP 请求，比如通过 GET 请求获取一个页面、通过 POST 请求发送一个登录表单等。

（2）服务器收到该 HTTP 请求，处理并返回给浏览器对应的 HTTP 响应。

（3）服务器在响应头加入 Set-Cookie 字段，它的值是要设置的 Cookie。

（4）浏览器收到来自服务器的 HTTP 响应。

（5）浏览器在响应头中发现 Set-Cookie 字段，就会将该字段的值保存在本地（内存或者硬盘）。Set-Cookie 字段的值可以是很多项 Cookie，每一项 Cookie 都可以指定过期时间 Expires。

（6）浏览器下次给该服务器发送 HTTP 请求时，就会自动把服务器之前设置的 Cookie 附加在 HTTP 请求的头字段 Cookie 中。浏览器可以存储多个域名下的 Cookie，但只发送当前请求的域名曾经指定的 Cookie，用以区分不同的网站。

（7）服务器收到 HTTP 请求，发现请求头中有特定的 Cookie，便知道这次的访问来自之前的浏览器（也就是坐在计算机前的用户）。

（8）过期的 Cookie 会被浏览器删除。

所以，如果我们登录成功过一次，同时把这次的 Cookie 存储下来，下一次再发送请求时，网站服务器会从Cookie字段得知该用户已经登录了，就会按照已登录用户的状态来处理此次HTTP请求。在 Cookie 过期之前（十分幸运的是，不少网站的 Cookie 的有效期都较长，至少今天早上的 Cookie 下午还是能拿来用的），能一直使用这个 Cookie 来"欺骗"网站。用户身份验证与 Cookie 还有很多更为复杂的技术和相关设计，如 Cookie 防篡改方法等，在本例中先简单使用重新加载 Cookie 的策略来应对这个问题。

在具体的实现中，可以使用 requests 的会话对象（Session）。有了 Session，可以比较方便地实现上述的 Cookie 相关操作，因为会话对象能够跨请求保持某些参数，也可以在同一个 Session 实例发出的所有请求之间保持 Cookie 数据。根据官方的建议，如果向同一主机发送多个请求，则使用 Session 可以使得底层的 TCP 连接被重用，从而带来性能上的提升。

10.2　编写爬虫程序

10.2.1　爬虫脚本

上一节讨论了爬虫实现思路，接下来开始写代码。编写的爬虫程序见例 10-1。

【例 10-1】DoubanSpider.py。

```python
import time, sys, re, os, requests, json, random
from lxml import html
from PIL import Image
from pprint import pprint


class DoubanSpider():
  _session=requests.Session()
  _douban_url='https://accounts.douban.com/login'
  _header_data={'Accept': 'text/html,application/xhtml+xml,application/xml;q=0.9,
image/Webp,*/*;q=0.8',
                'Accept-Encoding': 'gzip, deflate, sdch, br',
                'Connection': 'keep-alive',
                'Cache-Control': 'max-age=0',
                'Host': 'www.douban.com',
                'User-Agent': 'Mozilla/5.0 (Windows NT 6.1; WOW64) AppleWebKit/537.36
(KHTML, like Gecko) Chrome/36.0.1985.125 Safari/537.36',
                }
  _captcha_url=''

  def __init__(self, nickname):
    self.initial()
    self._usernick=nickname

  def initial(self):
    if os.path.exists('cookiefile'):
      print('have cookies yet')
      self.read_cookies()
    else:
      self.login()

  def login(self):

    r=self._session.get('https://accounts.douban.com/login', headers=self._header_data)
    print(r.status_code)
    self.input_login_data()
    login_data={'form_email': self.username, 'form_password': self.password, "login": u'
登录',
                "redir": "https://www.douban.com"}
    response1=html.fromstring(r.content)

    if len(response1.xpath('//*[@id="captcha_image"]')) > 0:
      self._captcha_url=response1.xpath('//*[@id="captcha_image"]/@src')[0]
      print(self._captcha_url)
      self.show_an_online_img(url=self._captcha_url)
      captcha_value=input("输入图中的验证码")
      login_data['captcha-solution']=captcha_value

    r=self._session.post(self._douban_url, data=login_data, headers=self._header_data)
    r_homepage=self._session.get('https://www.douban.com', headers=self._header_data)
```

```python
        pprint(html.fromstring(r_homepage.content))
        self.save_cookies()

    def download_img(self, url, filename):
        header=self._header_data
        match=re.search('img\d\.doubanio\.com', url)
        header['Host']=url[match.start():match.end()]

        print('Downloading')
        filepath=os.path.join(os.getcwd(), 'pics/{}.jpg'.format(filename))

        self.random_sleep()
        r=requests.get(url, headers=header)
        if r.ok:
            with open(filepath, 'wb') as f:
                f.write(r.content)
                print('Downloaded Done!')
        else:
            print(r.status_code)
        del r

        return filepath

    def show_an_online_img(self, url):
        path=self.download_img(url, 'online_img')
        img=Image.open(path)
        img.show()
        os.remove(path)

    def save_cookies(self):
        with open('./'+"cookiefile", 'w')as f:
            json.dump(self._session.cookies.get_dict(), f)

    def read_cookies(self):
        with open('./'+'cookiefile')as f:
            cookie=json.load(f)
            self._session.cookies.update(cookie)

    def input_login_data(self):
        global email
        global password

        self.username=input('输入用户名(必须是注册时的邮箱):')
        self.password=input('输入密码:')

    def get_home_page(self):
        r=self._session.get('https://www.douban.com')
        h=html.fromstring(r.content)
        print(h.text_content())

    def get_movie_I_watched(self, maxpage):
        moviename_watched=[]

        url_start='https://movie.douban.com/people/{}/collect'.format(self._usernick)
        lastpage_xpath='//*[@id="content"]/div[2]/div[1]/div[3]/a[5]/text()'

        r=self._session.get(url_start, headers=self._header_data)
        h=html.fromstring(r.content)

        urls=\
['https://movie.douban.com/people/{}/collect?start={}&sort=time&rating=all&filter=all&mod
e=grid'.format(
```

```
                  self._usernick, 15 * i) for i in range(0, maxpage)]
        for url in urls:
          r=self._session.get(url)
          h=html.fromstring(r.content)

          movie_titles=h.xpath('//*[@id="content"]/div[2]/div[1]/div[2]/div')
          for one in movie_titles:
            movie_name=one.xpath('./div[2]/ul/li[1]/a/em/text()')[0]
            movie_url=one.xpath('./div[1]/a/@href')[0]
            moviename_watched.append(self.text_cleaner(movie_name))
            self.download_movie_pic(movie_url, movie_name)
            self.random_sleep()

        return moviename_watched

    def download_movie_pic(self, movie_page_url, moviename):
        moviename=self.text_cleaner(moviename)
        movie_pics_page_url=movie_page_url+'photos?type=R'
        print(movie_pics_page_url)

        xpath_exp='//*[@id="content"]/div/div[1]/ul/li[1]/div[1]/a/img'

        response=self._session.get(movie_pics_page_url)
        h=html.fromstring(response.content)

        if len(h.xpath(xpath_exp)) > 0:
          pic_url=h.xpath(xpath_exp)[0].get('src')
          print(pic_url)
          self.download_img(pic_url, moviename)

    def text_cleaner(self, text):
        text=str(text).replace('\n', '').strip(' ').replace('\\n', '').replace('/', '-')
.replace(' ', '')
        return text

    def random_sleep(self):
        t=random.randrange(50, 200)
        t=float(t) / 100
        print("We will sleep for {} seconds".format(t))
        time.sleep(t)

    def get_book_I_read(self, maxpage):#感兴趣的读者可实现此函数以获取书籍信息
        bookname_read=[()]

        urls=\
['https://book.douban.com/people/{}/collect?start={}&sort=time&rating=all&filter=
all&mode=grid'.format(
                self._usernick, 15 * i)
            for i in range(0, maxpage)]

        for url in urls:
          r=self._session.get(url)
          h=html.fromstring(r.content)
          book_titles=h.xpath('//*[@id="content"]/div[2]/div[1]/ul/li')
          for one in book_titles:
            name=one.xpath('./div[2]/h2/a/text()')[0]
            base_info=one.xpath('./div[2]/div[1]/text()')[0]
            bookname_read.append((self.text_cleaner(name), self.text_cleaner(base_info)))

        return bookname_read

  if __name__ =='__main__':
```

```
nickname=input("输入豆瓣用户名，即个人主页地址中/people/后的部分：")
maxpagenum=int(input("输入观影记录的最大抓取页数："))
db=DoubanSpider(nickname)
pprint(db.get_movie_I_watched(maxpagenum))
```

10.2.2　程序分析

这个 DoubanSpider 的属性和方法如下。

- __init__()，这是一个"构造方法"，如果类的一个对象被构造就会运行，换句话说，就是初始化。

- initial()，一个自定义的"初始"方法，在__init__()中被调用。

- login()，负责实现登录操作。

- download_img()，把一个 URL 对应的图片以特定的文件名下载到本地。

- show_an_online_img()，下载一张图片并打开。

- save_cookies()，保存 Cookie。

- read_cookies()，读取 Cookie。

- input_login_data()，负责输入登录所需的数据（即邮箱和密码）。

- get_home_page()，访问个人主页并输出 HTML 数据。

- get_movie_I_watched()，访问"我看过"页面并循环抓取。

- download_movie_pic()，根据电影主页链接和电影名下载海报，调用 download_img()方法。

- text_cleaner()，自定义的字符串清洗方法。

- random_sleep()，随机休眠，保证爬虫不过多消耗服务器资源。

- get_book_I_read()，这是一个附加的功能方法，可以获取"我读过"的所有书。

- _captcha_url()，类属性（Class Attribute），验证码地址。

- _douban_url()，类属性，豆瓣网登录页面地址。

- _header_data()，类属性，保存了用户代理数据等的一个字典对象。

- _session()，类属性，会话对象。

- _usernick()，实例属性，用户 ID。

- password()，实例属性，登录的密码。

- username()，实例属性，登录的邮箱。

类属性是指直接属于类的属性（变量），可以通过类名直接访问。实例属性则只存在于对象的实例中，每一个不同的实例都有只属于自己的实例属性。当我们试图通过一个类的实例访问某个属性时，Python 解释器会首先在实例（的命名空间）中寻找，如果失败，就会去类属性中寻找。类属性示例见例 10-2。

【例 10-2】类属性示例。

```
class A():
  att1='class_att1'
  att2=1
  def __init__(self):
    self.att1='instance_att1'


a=A()
print(a.att1)
print(a.att2)
```

因此例 10-2 的示例代码输出为：

```
instance_att1
1
```

另外，单下画线开头的变量名意味着"保护"属性，即在 from ×××import * 时，以单下画线开头的名称都不会被导入。

再回到例 10-1 中，可以看到，在 initial() 中，首先检查本地 Cookie 文件是否存在，如果存在就直接读取 Cookie 进行后面的操作，如果不存在就先执行登录操作。login() 方法使用 Session 来访问登录页面。

```
r=self._session.get('https://accounts.douban.com/login', headers=self._header_
data)
```

之后使用 input_login_data() 来获取键盘输入，包括邮箱和密码等。同时，如果网页中出现了验证码：

```
if len(response1.xpath('//*[@id="captcha_image"]')) > 0:
```

就调用 show_an_online_img() 方法将验证码图片下载到本地并打开，由用户输入验证码内容，并继续使用 Session 来发送登录表单。

```
r=self._session.post(self._douban_url, data=login_data, headers=self._header_data)
```

之后再访问豆瓣网首页：

```
r_homepage=self._session.get('https://www.douban.com', headers=self._header_data)
```

然后调用 save_cookies() 方法。这个函数使用 json.dump() 将 get_dict() 方法返回的字典结构数据保存到文件 "cookiefile" 中，以备之后使用。read_cookies() 方法则执行与之相反的操作——从 cookiefile 中读取数据，使用 json.load() 加载该文件中的内容，并使用 update() 设置当前 Session 的 Cookie。

在 download_img() 方法中，我们针对传进来的 URL 参数，使用正则表达式匹配得到的结果更改 header 的 Host 字段值，Host 字段代表"服务器的域名（用于虚拟主机），以及服务器所监听的传输控制协议端口号"。因为"豆瓣电影"页面的海报图片的 URL 指向的是'doubanio.com'这个域名对应的服务器，而不是 douban.com，因此有必要对原来的 Host 字段值进行更改。如果不进行这个更改，在请求海报图片并下载时程序就可能出错。

show_an_online_img() 方法的设计是为了查看一次图片。

```
img=Image.open(path)
img.show()
os.remove(path)
```

这段代码使用 PIL 的 Image 来打开一个图片并显示，结束之后会删除该文件。PIL 是 Python 图像处理库，十分流行，不过它有一个更为流行的子版本（分支）：Pillow，这里使用 Pillow 也是完全可以的。和 PIL 一样，Pillow 的功能也十分强大，可以完成改变图像大小、旋转图像、图像格式转换、图像增强等各种操作。

在 get_movie_I_watched() 中，我们一步步解析网页，定位元素，对每一个电影页面都执行一次 download_movie_pic() 方法，之后使用 random_sleep() 暂停（设置的是一个随机的时间值），以防下载频率过高。另外，我们的类方法还包括 get_book_I_read()。

```
for url in urls:
    r=self._session.get(url)
    h=html.fromstring(r.content)
    book_titles=h.xpath('//*[@id="content"]/div[2]/div[1]/ul/li')
    for one in book_titles:
        name=one.xpath('./div[2]/h2/a/text()')[0]
        base_info=one.xpath('./div[2]/div[1]/text()')[0]
        bookname_read.append((self.text_cleaner(name), self.text_cleaner(base_info)))
```

该方法将访问"读过"的页面，上面的循环会不断定位读过的书的书名（title），这个方法会返回一个书列表，列表的每个元素都是一个元组，其中包含书名和其他信息（如作者、出版社等）。我们创建一个 DoubanSpider 的对象再调用该方法。

由图 10-4 可见，程序成功输出了读过的书的基本信息，如果想保存这些信息，则增加写入数据到文件的代码即可。另外，因为我们的 DoubanSpider 对象是使用用户自己输入的用户 ID 来初始化的，如果不只想要抓取自己的信息，还打算获取其他用户的读书、观影记录，则只需要输入他个人主页地址中的 ID，之后再运行程序。

```
('禁闭之岛', '西村京太郎、横山秀夫、星新一一文汇出版社-2014-4-2'),
('诸神的微笑', '芥川龙之介~小Q-复旦大学出版社-2011-1-20.00元'),
('Python网络数据采集', '米切尔(RyanMitchell)-陶俊杰、陈小莉-人民邮电出版社-2016-3-1-CNY59.00'),
('旧制度与大革命', '[法]托克维尔-冯棠-商务印书馆-2012-8-48.00元'),
```

图 10-4　输出结果

10.2.3　运行并查看结果

运行这个程序，登录后并输入对应的数据，就可以看到爬虫程序将图片一步步下载到本地（见图 10-5）。

```
Downloaded Done!
We will sleep for 0.61 seconds
https://movie.douban.com/subject/3395373/photos?type=R
https://img3.doubanio.com/view/photo/m/public/p1706428744.jpg
Downloading
We will sleep for 0.62 seconds
Downloaded Done!
We will sleep for 0.96 seconds
https://movie.douban.com/subject/1851857/photos?type=R
https://img3.doubanio.com/view/photo/m/public/p462657443.jpg
Downloading
We will sleep for 0.66 seconds
Downloaded Done!
We will sleep for 0.66 seconds
https://movie.douban.com/subject/24698699/photos?type=R
https://img3.doubanio.com/view/photo/m/public/p2180206213.jpg
Downloading
We will sleep for 0.68 seconds
```

图 10-5　程序运行时的输出

登录过一次之后，就不需要再次手动登录了，cookiefile 中的数据会让网站认为该程序是刚刚通过浏览器登录过的用户，因此可以保持登录状态。打开 pics 文件夹，我们会发现各个电影对应的海报图片（见图 10-6）。

图 10-6　查看文件夹中的电影海报

当然，这个程序还有很多不足，比如没有考虑到异常处理，因此程序的健壮性并不好，另外，对于登录操作也没有必要的状态提示。对于豆瓣网这种大型商业网站而言，我们的爬虫程序可能还需要用更好的反爬虫策略进行武装。

总而言之，在这样一个简单程序的基础上，我们能够做的改进还有很多。不过，这个例子也足以证明 Python 的简洁性，完成这样一个爬虫并没有多么费时费力，有赖于 requests 模块的帮助，我们能够又快又好地完成自己的目标。

第11章
实战：抓取二手房数据并绘制热力图

引言

本章我们将二手房房价数据作为抓取的对象，除了抓取数据，还将通过房价数据，结合地理坐标信息，绘制关注度的热力图，以便通过可视化的呈现来对数据有更直观的认识。本章选取沈阳来分析其二手房的关注度，选取二手房数据较多的链家网作为数据采集的来源网站，抓取的数据主要有二手房小区的名称、地理位置、户型、面积、价格、关注度这几个维度，地理位置转换用到了百度地图 API，绘制热力图用到了可视化组件 ECharts。

11.1　数据抓取

本节研究我们要抓取数据的目标网站——链家网，主要内容包括找到数据来源的网站、抓包分析网站、选取解析方法、数据如何存储等。

微课视频：抓取
二手房数据并绘制
热力图

11.1.1　网页分析

链家网不同城市数据展示采用不同的子页面，我们通过链家网首页找到沈阳二手房对应的子页面，该页面包括在售、成交、小区等，需要找到在售二手房的关注度，通过浏览网页找到我们需要的数据的入口地址。

然后观察翻页效果，有些网站的翻页可以通过变换 URL 实现；有些网站的翻页则需要找到翻页的接口，以通过访问接口的方式翻页；还有些网站的翻页可以通过图形化的方法，模拟手动单击完成翻页并获取下一页的数据，当然用浏览器驱动自动化单击，性能和时间上会有所损失。在这个网站中，我们发现通过单击按钮实现翻页，页面的 URL 随着页数不同而变化，而且该网站的页数可以通过 URL 控制，其中"pg"后面的数字表示第几页。所以访问时设置一个列表循环访问即可。再来看看链家网站的 HTML 元素的规律，通过 Chrome 浏览器的开发者工具查看元素，可以看到，二手房的信息全部保存在<li class='clear'>中（见图 11-1），找到规律，以方便在使用 BeautifulSoup 库解析网页时用到。

确定了 URL，接下来再分析如何请求和下载网页。通过上面的分析可知，我们需要网页响应全部内容，以便从中取出每条在售房源的基本信息，在这个案例中，我们选取功能强大的 Python 的 requests 库，当然也可以用 urllib 库。

为了模拟真实请求，在这个案例中请求时将增加 header 变量，header 中会设置 User-Agent 信息，不过由于我们的爬虫程序规模不大，被封禁的可能性很低，因此只需要写一个固定的 User-Agent，如果要大规模地使用 User-Agent，则可以使用 Python 的 fake-useragent 库。在请求添加 HTTP 头部时，只要简单传递一个字典给 header 就可以了。需要注意的是，所有的 header 值必须是字符串、bytestring 或者 unicode 类型的。尽管传递 unicode header 也是允许的，但不建议这样做。

图 11-1　链家网页界面以及 HTML 标签特征

此外，requests 在许多方面做了优化，比如字符集的解码，requests 会自动解码来自服务器的内容。大多数 unicode 字符集都能被无缝地解码。所以在大部分情况下，都可以忽略字符集的问题。

请求发出后，requests 会基于 HTTP 消息头部对响应的编码做出有根据的推测。当你访问 r.text 之时，requests 会使用其推测的文本编码。你可以找出 requests 使用的是什么编码，并且能够使用 r.encoding 属性来改变它。如果改变了编码，则每当访问 r.text 时，request 都会使用 r.encoding 的新值。你可能希望在使用特殊逻辑计算出文本的编码的情况下修改编码，比如 HTTP 和 XML 自身可以指定编码，那么应该使用 r.content 来找到编码，然后设置 r.encoding 为相应的编码。这样就能使用正确的编码解析 r.text。

接下来分析如何定位正文元素，使用开发者工具来查看元素（见图 11-2），我们发现可以使用 "houseInfo" "priceInfo" "followInfo" 这几个 class 名称的值来定位房屋基本信息、价格、关注度这几个维度的数据。简单搜索 HTML 页面，发现这几个 class 名称没有在其他地方用，指向很清楚，所以可以选用一个简单的 HTML 解析工具，在这里选取 bs4，用 bs4 的 find_all()，如 soup.find_all('div',class_='priceInfo')，就可以提取到需要的数据。find_all()获取到的是列表类型的数据，在使用时需要注意。

```
▼<div class="info clear">
  ▶<div class="title">...</div>
  ▼<div class="address"> == $0
    ▼<div class="houseInfo">
      <span class="houseIcon"></span>
      <a href="https://sy.lianjia.com/xiaoqu/3111058356603/" target="_blank" data-log-index="1" data-el="region">阳光尚城4.1期 </a>
      " | 2室2厅 | 98.26平米 | 南 北 | 精装"
    </div>
  </div>
  ▶<div class="flood">...</div>
  ▼<div class="followInfo">
    <span class="starIcon"></span>
    "517人关注 / 共34次带看 / 4个月以前发布"
  </div>
  ▶<div class="tag">...</div>
  ▼<div class="priceInfo">
    ▼<div class="totalPrice">
      <span>81</span>
      "万"
    </div>
    ▶<div class="unitPrice" data-hid="102100610102" data-rid="3111058356603" data-price="8244">...</div>
  </div>
  ::after
</div>
▶<div class="listButtonContainer">...</div>
```

图 11-2　开发者工具中的二手房基本信息

学习完该 API 的基本用法，就可以着手编写爬虫了，将这个功能单独写成一个方法，在爬虫解析完数据存储之前调用，爬虫代码见例 11-1 中的 getlocation()方法。

11.1.2　代码编写

通过以上的分析和学习，我们可以编写代码了。如上面所说，我们将会用到 requests、BeautifulSoup、百度地图 API 等，解析具体字段时会用到正则表达式，数据可以放在 CSV 文件中，方便在绘制热力图时使用。爬虫代码见例 11-1。

【例 11-1】lianjiasyfj.py，链家沈阳房价抓取程序。

```python
from bs4 import BeautifulSoup
import requests
import csv
import re
def getlocation(name):#调用百度地图 API 查询位置
    bdurl='http://api.map.baidu.com/geocoder/v2/?address='
    output='json'
    ak='你的密钥'#输入你刚才申请的密钥
    ak='VMfQrafP4qa4VFgPsbm4SwBCoigg6ESN'#输入你刚才申请的密钥
    callback='showLocation'
    uri=bdurl+name+'&output=t'+output+'&ak='+ak+'&callback='+callback+'&city=沈阳'
    print (uri)
    res=requests.get(uri)
    s=BeautifulSoup(res.text)
    lng=s.find('lng')
    lat=s.find('lat')
    if lng:
        return lng.get_text()+','+lat.get_text()


url='https://sy.lianjia.com/ershoufang/pg'
header={'User-Agent':'Mozilla/5.0 (Windows NT 6.1; Win64; x64) AppleWebKit/537.36 (KHTML,
like Gecko) Chrome/68.0.3440.106 Safari/537.36'}#请求头，模拟浏览器登录
page=list(range(0,101,1))
p=[]
hi=[]
fi=[]
for i in page:#循环访问链家网的网页
    response=requests.get(url+str(i),headers=header)
    soup=BeautifulSoup(response.text)
    #提取价格
    prices=soup.find_all('div',class_='priceInfo')
    for price in prices:
        p.append(price.span.string)

    #提取房源信息
    hs=soup.find_all('div',class_='houseInfo')
    for h in hs:
        hi.append(h.get_text())

    #提取关注度
    followInfo=soup.find_all('div',class_='followInfo')
    for f in followInfo:
        fi.append(f.get_text())
    print(i)

print (p)
print (hi)
print (fi)
```

```
#houses=[]#定义列表用于存放房源的信息
n=0
num=len(p)

file=open('syfj.csv', 'w', newline='')
headers=['name', 'loc', 'style', 'size', 'price', 'foc']
writers=csv.DictWriter(file, headers)
writers.writeheader()
while n<num:#循环将房源信息存放进列表
    h0=hi[n].split('|')
    name=h0[0]
    loc=getlocation(name)
    style=re.findall(r'\s\d.\d.\s', hi[n])#用到了正则表达式提取户型
    if style:
        style=style[0]
    size=re.findall(r'\s\d+\.?\d+',hi[n])#用到了正则表达式提取房源面积
    if size:
        size=size[0]
    price=p[n]
    foc=re.findall(r'^\d+',fi[n])[0]#用到了正则表达式提取房子的关注度
    house={
        'name': '',
        'loc': '',
        'style': '',
        'size': '',
        'price': '',
        'foc': ''
    }
    #将房子的信息放进一个字典中
    house['name']=name
    house['loc']=loc
    house['style']=style
    house['size']=size
    house['price']=price
    house['foc']=foc
    try:
        writers.writerow(house)#将字典数据写入CSV文件中
    except Exception as e:
        print (e)
        # continue
    n+=1
    print(n)
file.close()
```

requests 模块在这个案例中使用的是基本的 requests.get() 方法，构造一个基本的 http get 请求。

解析时用到的 BeautifulSoup 库是 Python 网络爬虫很常用的解析 HTML 网页的工具，官方解释如下。

"BeautifulSoup 提供一些简单的、Python 式的函数用来实现导航、搜索、修改分析树等功能。它是一个工具箱，通过解析文档为用户提供需要抓取的数据，因为简单，所以不需要多少代码就可以写出一个完整的应用程序。BeautifulSoup 会自动将输入文档转换为 unicode 编码，将输出文档转换为 utf-8 编码。你不需要考虑编码方式，除非文档没有指定编码方式，这时，BeautifulSoup 就不能自动识别编码方式了。但此时，你也仅需要说明一下原始编码方式就可以了。BeautifulSoup 已成为和 lxml、html6lib 一样出色的 Python 解释器，为用户灵活地提供不同的解析策略或强劲的速度。"

BeautifulSoup 将复杂的 HTML 文档转换成一个复杂的树结构，每个节点都是 Python 对象，所

有对象可以归纳为 4 种：Tag、NavigableString、BeautifulSoup、Comment。

- Tag：通俗讲就是 HTML 网页中的一个个标签，像上面的<div>、<p>。每个 Tag 有两个重要的属性 name 和 attrs，name 是指标签的名称或者 tag 本身的 name，attrs 通常指一个标签的 class 属性。

- NavigableString：用于获取标签内部的文字，如 soup.p.string。

- BeautifulSoup：表示一个文档的全部内容。

- Comment：Comment 对象是一个特殊类型的 NavigableString 对象，其输出的内容不包括注释符号。

BeautifulSoup 主要用来遍历子节点及子节点的属性，通过点号取属性的方式只能获得当前文档中的第一个 tag，如 soup.li。如果想得到所有的<li> 标签，或是通过名称得到比一个 tag 更多的内容时，就需要用到 find_all()，find_all() 方法可以用来搜索当前 tag 的所有 tag 子节点，并判断是否符合过滤器的条件，find_all() 接收的参数如下。

```
find_all(name, attrs, recursive, string, **kwargs)
```
find_all() 几乎是 BeautifulSoup 中最常用的搜索方法。以下是 find_all()常见的用法。

- 按 name 搜索：name 参数可以查找所有名称为 name 的值的 tag，字符串对象会被自动忽略掉，如 soup.find_all("li")。

- 按 id 搜索：如果包含一个名称为 id 的参数，则搜索时会把该参数当作指定名称的 tag 属性来搜索，如 soup.find_all(id='link2')。

- 按 attr 搜索：有些 tag 属性在搜索时不能使用，比如 HTML5 中的 data-* 属性，但是可以通过 find_all() 方法的 attrs 参数定义一个字典参数来搜索包含特殊属性的 tag，如 data_soup.find_all(attrs={"data-foo": "value"})。

- 按 CSS 类名搜索：按照 CSS 类名搜索 tag 的功能非常实用，但标识 CSS 类名的关键字 class 在 Python 中是保留字，将 class 作为参数会导致语法错误。从 BeautifulSoup 4.1.1 开始，可以通过 class_ 参数搜索有指定 CSS 类名的 Tag，如 soup.find_all('li', class_="have-img")。

- string 参数：通过 string 参数可以搜索文档中的字符串内容。与 name 参数一样，string 参数可以是字符串、正则表达式、列表、布尔值等，如 soup.find_all("a", string="Elsie")。

- recursive 参数：调用 tag 的 find_all()方法时，BeautifulSoup 会检索当前 tag 的所有子孙节点，如果只想搜索 tag 的直接子节点，则可以设置参数 recursive=False，如 soup.find_all("title", recursive=False)。

（1）find_all()方法很常用，可以使用其简写方法，soup.find_all("a")和 soup("a")等价。

（2）get_text()方法也很常用，如果只想得到 tag 中包含的文本内容，那么可以用此方法。这个方法可以获取到 tag 中包含的所有文本内容，包括子孙 tag 中的内容，并将结果作为 unicode 字符串返回，如 tag.p.a.get_text()。

11.1.3　运行并查看结果

由于链家网限制未登录用户查看的页数为 100 页，所以将爬虫抓取页数限制为 100，运行脚本，如果触发了目标网站的反爬虫机制，则可以尝试将抓取的时间间隔设置长一点，待抓取完成之后，在项目文件夹下将会看到输出文件 syfj.csv，链家网爬虫的输出文件（部分）如图 11-3 所示。

	A	B	C	D	E	F
1	name	loc	style	size	price	foc
2	御泉华庭	123.469293676, 41.8217831815	4室2厅	188	235	131
3	雍熙金园	123.514657521, 41.7559905968	3室1厅	114.45	105	37
4	金地檀溪		3室2厅	123.97	168	76
5	格林生活坊一期	123.399860338, 41.7523981056	3室2厅	136.56	212	4
6	格林生活坊三期	123.403824342, 41.7530579154	3室2厅	119.94	208	12
7	沿海赛洛城	123.466932152, 41.735984224B	1室0厅	53.73	44.5	170
8	河畔花园	123.44647624, 41.7626893176	2室2厅	119.46	95	92
9	格林英郡	123.398062037, 41.7313954715	2室2厅	72.8	76	63
10	锦绣江南	123.467625065, 41.7721605513	2室1厅	74	58	108
11	越秀星汇蓝海	123.392916381, 41.7443826647	2室2厅	78.49	123	5
12	沿海赛洛城	123.466932152, 41.7359842248	1室1厅	65.29	61.5	55
13	万科鹿特丹	123.40598605, 41.735764965	2室2厅	91.99	148	14
14	第一城A组团	123.353059079, 41.8133700476	1室1厅	54.85	60	17
15	金地国际花园	123.492244161, 41.7499846845	2室2厅	97.43	115	318
16	阳光尚城4.1期	123.404506578, 41.8694649859	2室2厅	98.26	81	166
17	第一城A组团	123.353059079, 41.8133700476	3室1厅	98.59	94	97
18	格林生活坊三期	123.403824342, 41.7530579154	3室2厅	109.67	178	4
19	万科城二期	123.398145174, 41.7557053445	3室2厅	127.25	190	8
20	新世界花园朗怡居	123.427037331, 41.7630801404	4室2厅	160.26	260	20
21	SR国际新城	123.458870231, 41.738396671	2室1厅	91.08	83	23
22	锦绣江南	123.467625065, 41.7721605513	4室3厅	162.46	105	63
23	首创国际城	123.45412981, 41.7393217732	4室2厅	186.22	200	5
24	第五大道花园	123.469323482, 41.7747212688	3室2厅	134.86	140	22
25	华茂中心	123.470507089, 41.6942226532	1室1厅	42.6	42.5	11

图 11-3　链家网爬虫的输出文件（部分）

11.2　绘制热力图

数据可视化是对大数据渲染的一种形象的表达形式，本章使用 ECharts，以房源关注度为维度，绘制热力图。

通过官方文档的介绍，可以发现热力图的点的数据部分为：

```
var points=[
    {"lng": 123.469293676, "lat": 41.8217831815, "count": 131},
    {"lng": 123.514657521, "lat": 41.7559905968, "count": 37},
    ...
]
```

所以要将存储在 CSV 文件中的数据转换成上文的格式，代码如例 11-2 所示（将二手房的关注度作为 count 的值）。

【例 11-2】读取 CSV 文件中的经纬度并转换成热力图需要的数据格式，csv2js.py。

```
import csv

reader=csv.reader(open('syfj.csv'))
for row in reader:
    loc=row[1]
    sloc=loc.split(',')
    lng=''
    lat=''
    if len(sloc)==2:#第一行是列名需要做判断
        lng=sloc[0]
        lat=sloc[1]
        count=row[5]
        out='{\"lng\":'+lng+',\"lat\":'+lat+',\"count\":'+count+'},'
        print(out)
```

运行例 11-2 这几行代码将爬虫输出的 CSV 文件中的地理坐标格式化成了热力图需要的数据格式，输出在 Console 中，运行完成之后替换 HTML 文件中的 points 值。

运行之后，在编译器中会输出格式化好的经纬度信息（见图 11-4）。

```
csv2js

D:\ProgramData\Anaconda3\python.exe D:/PycharmProjects/LearningSpider/lianjiaSpider/csv2js.py
{"lng":123.469293676, "lat":41.8217831815, "count":131},
{"lng":123.514657521, "lat":41.7559905968, "count":37},
{"lng":123.399860338, "lat":41.7523981056, "count":4},
{"lng":123.403824342, "lat":41.7530579154, "count":12},
{"lng":123.466932152, "lat":41.7359842248, "count":170},
{"lng":123.44647624, "lat":41.7626893176, "count":92},
{"lng":123.398062037, "lat":41.7313954715, "count":63},
{"lng":123.467625065, "lat":41.7721605513, "count":108},
{"lng":123.392916381, "lat":41.7443828647, "count":5},
{"lng":123.466932152, "lat":41.7359842248, "count":55},
{"lng":123.40598605, "lat":41.735764965, "count":14},
{"lng":123.353059079, "lat":41.8133700476, "count":17},
{"lng":123.492244161, "lat":41.7499846845, "count":318},
{"lng":123.404506578, "lat":41.8694649859, "count":166},
{"lng":123.353059079, "lat":41.8133700476, "count":97},
```

图 11-4　从 CSV 文件中读取地理坐标并格式化的输出结果

在例 11-1 以及例 11-2 中使用了 csv 模块来读写数据，CSV 文件格式是一种通用的电子表格和数据库导入导出格式。Python 的 csv 模块可以满足大部分与 CSV 文件相关操作。下面总结 CSV 的基本操作。

（1）写入 CSV 文件。

```python
import csv
csvfile=open("test.csv", 'w')
csvwrite=csv.writer(csvfile)
fileHeader=["id", "score"]
d1=["1", "100"]
d2=["2", "99"]
csvwrite.writerow(fileHeader)
csvwrite.writerow(d1)
csvwrite.writerow(d1)
csvfile.close()
```

（2）续写 CSV 文件。

```python
import csv
add_info=["3", "98"]
csvFile=open("test.csv", "a")
writer=csv.writer(csvFile)
writer.writerow(add_info)
csvFile.close()
```

（3）字典读入。

```python
import csv
data=open("test.csv",'r')
dict_reader=csv.DictReader(data)
for i in dict_reader:
    print (i)
#>>> {'score': '100', 'id': '1'}
#>>> {'score': '99', 'id': '2'}
```

（4）读某一列。

```python
import csv
data=open("test.csv",'r')
dict_reader=csv.DictReader(data)
col_score=[row['score'] for row in dict_reader]
```

除了 csv 模块，pandas 也可以读写 CSV 文件，pandas 也是 Python 数据处理中经常用到的模块，功能很强大，内容很丰富，请读者自行查阅其相关文档。

在格式化地理坐标之后，新建一个 HTML 文件，将百度地图 API 中的示例代码复制进去，将 var points 中的点值换成刚才输出的值。由于百度地图 API 绘制的热力图默认以北京为中心，而我们的数据是沈阳的，所以还需要对热力图中"设置中心点坐标和地图级别"的部分进行修改。修改BMap.Point()中的值为沈阳市中心的值，修改地图级别为 12。

```
var map=new BMap.Map("container");          // 创建地图实例

var point=new BMap.Point(123.48, 41.8);
map.centerAndZoom(point, 12);               // 初始化地图，设置中心点坐标和地图级别
map.setCurrentCity("沈阳");                  //设置当前显示城市
map.enableScrollWheelZoom();                // 允许使用滚轮缩放
```

完整的 HTML 代码如例 11-3，其中的 ak 为我们在前文中申请的密钥，坐标点数值为 3 个。

【例 11-3】绘制沈阳二手房关注度热力图，hotdata.html。

```html
<!DOCTYPE html>
<html lang="en">
<head>
    <!DOCTYPE html>
    <html>
    <head>
        <meta http-equiv="Content-Type" content="text/html; charset=utf-8"/>
        <meta name="viewport" content="initial-scale=1.0, user-scalable=no"/>
        <!--<script type="text/javascript" src="http://api.map.baidu.com/api?v=
2.0&ak=这里是自己的密钥"></script>-->
        <script type="text/javascript"
src="http://api.map.baidu.com/api?v=2.0&ak=A5ea0e9c8ffa101d2326860328b6a5dd"></script>
        <script type="text/javascript" src="http://api.map.baidu.com/library/Heatmap/
2.0/src/Heatmap_min.js"></script>
        <title>热力图功能示例</title>
        <style type="text/css">
            ul, li {
                list-style: none;
                margin: 0;
                padding: 0;
                float: left;
            }

            html {
                height: 100%
            }

            body {
                height: 100%;
                margin: 0px;
                padding: 0px;
                font-family: "微软雅黑";
            }

            #container {
                height: 100%;
                width: 100%;
            }

            #r-result {
                width: 100%;
            }
        </style>
    </head>
<body>
<div id="container"></div>
<div id="r-result" style="display:none">
    <input type="button" onclick="openHeatmap();" value="显示热力图"/>
```

```html
        <input type="button" onclick="closeHeatmap();" value="关闭热力图"/>
    </div>
    </body>
    </html>
    <script type="text/javascript">
        var map=new BMap.Map("container");          // 创建地图实例

        var point=new BMap.Point(123.48, 41.8);
        map.centerAndZoom(point, 12);                // 初始化地图，设置中心点坐标和地图级别
        map.setCurrentCity("沈阳");                  // 设置当前显示城市
        map.enableScrollWheelZoom();                 // 允许使用滚轮缩放


        var points=[
            {"lng": 123.469293676, "lat": 41.8217831815, "count": 131},
            {"lng": 123.514657521, "lat": 41.7559905968, "count": 37},
            {"lng": 123.399860338, "lat": 41.7523981056, "count": 4},
        ];//这里面添加经纬度


        if (!isSupportCanvas()) {
            alert('热力图目前只能在支持canvas的浏览器上使用,您所使用的浏览器不能使用热力图功能')
        }
        //详细参数可以查看heatmap.js的文档 https://github.com/pa7/heatmap.js/blob/master/README.md
        //参数说明如下
        /* visible, 热力图是否显示,默认为true
         * opacity, 热力的透明度,1~100
         * radius, 热力图每个点的半径大小
         * gradient, 热力图的渐变区间, gradient的格式如下
         * {
         .2:'rgb(0, 255, 255)',
         .5:'rgb(0, 110, 255)',
         .8:'rgb(100, 0, 255)'
         }
         其中键表示插值的位置, 0~1
         值为颜色值
         */
        heatmapOverlay=new BMapLib.HeatmapOverlay({"radius": 30, "visible": true});
        map.addOverlay(heatmapOverlay);
        heatmapOverlay.setDataSet({data: points, max: 100});


        //closeHeatmap();


        //判断浏览器是否支持canvas
        function isSupportCanvas() {
            var elem=document.createElement('canvas');
            return !!(elem.getContext && elem.getContext('2d'));
        }

        function setGradient() {
            /*格式如下
            {
            0:'rgb(102, 255, 0)',
            .5:'rgb(255, 170, 0)',
            1:'rgb(255, 0, 0)'
            }*/
            var gradient={};
```

187

```
            var colors=document.querySelectorAll("input[type='color']");
            colors=[].slice.call(colors, 0);
            colors.forEach(function (ele) {
                gradient[ele.getAttribute("data-key")]=ele.value;
            });
            heatmapOverlay.setOptions({"gradient": gradient});
        }

        function openHeatmap() {
            heatmapOverlay.show();
        }

        function closeHeatmap() {
            heatmapOverlay.hide();
        }
</script>
</body>
</html>
```

最后用浏览器打开该 HTML 文件，可以看到热力图的效果。

第12章

实战：北京大兴国际机场航班出发时间数据抓取

引言

本章将以抓取北京大兴国际机场的航班出发时间数据为例，学习如何使用爬虫框架 Scrapy 和 Selenium 的无头浏览器来进行数据抓取，并将抓取到的数据存储在 SQLite3 数据库中。作为十分优秀的爬虫框架，Scrapy 可以帮助我们更加高效地编写爬虫程序。受各种各样的因素影响，很多网站会对爬虫做出重重限制，或者因为网页使用了动态渲染技术，所以无法使用传统方式来抓取网页的内容，这时，使用 Selenium 模拟普通用户使用浏览器访问网站的行为来进行数据抓取便成为一个很好的选择。感兴趣的读者可以在此案例的基础上做进一步的开发，增加更多功能。

12.1　程序设计

首先需要研究目标网站的页面结构，接下来将对浏览器获取到的页面元素进行解析，确定所需要的数据的 XPath 路径，并使用 XPath 来批量抓取数据、处理数据。在这个案例中，将使用 Selenium 模拟浏览器请求页面数据并用 Scrapy 抓取，再通过 Python 的 SQLite3 库将获取到的数据存储到数据库中。所以实现这个程序需要做以下工作：分析网页，确定 XPath 路径；模拟浏览器，请求数据；对请求之后抓取到的数据进行解析，这步工作需要理解返回数据的意义；将数据存储到数据库中。

12.1.1　网页分析

我们的目标页面的 URL 是"https://www.bdia.com.cn/#/flightdep"，打开页面后需要打开浏览器的开发者工具，推荐使用 Edge、Chrome 或者 Firefox，在页面显示出发航班之后，可以借助开发者工具中的"Elements"对页面的元素构成和源码进行观察。

打开网页之后，发现网站采用了"懒加载"的加载方式，我们所需要的数据并不会一次性加载完毕，这需要进行模拟单击操作来获取完整的数据。此外，网页会被一个广告覆盖层所覆盖（见图 12-1）。

因此需要模拟单击操作将其关闭，否则无法单击"查看更多"按钮，导致不能够获取到完整的数据。经过仔细观察审阅代码之后，发现如果"查看更多"按钮存在，则说明数据并未显示完全。因此，可以在代码中添加一个循环判断机制，当检测到该按钮存在时进行模拟单击操作。在使用开发者工具对页面代码进行审阅之后，发现覆盖层的关闭按钮的 XPath 为//div[@class="btn"]，"查看更多"按钮的 XPath 为//div[@class="selectmore"]/span。

图 12-1　网页的广告覆盖层

　　我们需要抓取的数据为当天每个时间点出发航班的计划起飞时间、实际起飞时间、预计起飞时间、航空公司、航班号、目的地、值机柜台、登机口和状态这些数据。确定数据之后，我们发现这些数据都在同一行中，而所有的行都在同一个<div>中，所以在抓取到页面请求文件之后，可以通过遍历该<div>的方式来抓取所有数据。这些数据相对于父级<div>的 XPath 如例 12-1 所示。

　　【例 12-1】数据相对于父级<div>的 Xpath。

```
# 计划起飞时间 '. #span[@class="plan-time flight-t"]/text )'
# 实际起飞时间 '. #span[@class="actual-time flight-t"]/text )'
# 预计起飞时间 '. #span[@class="estimate-time flight-t"]/text )'
# 航空公司 '. #div[@class="company-name"]/span/span/text )'
# 航班号 '. #div[@class="airline-code"]/span/text )'
# 目的地 '. #div[@class="destination-place"]/span/text )'
# 值机柜台 '. #div[@class="checkin-box"]/span/text )'
# 登机口 '. #div[@class="boarding-box"]/span/text )'
# 状态 '. #div[@class="takeoff-state block-li"]/span/text )'
```

在得知以上信息之后，对网页的分析就告一段落。

12.1.2　将数据保存到数据库

　　为了更好地管理我们的数据，相对于保存为 JSON 文件，将数据保存在数据库无疑是更好的选择。由于 Scrapy 需要提前创建数据库才能更好地存储数据，这里使用 Navicat Premium 15 数据库管理软件对数据库进行创建工作，数据库创建如图 12-2 所示。

　　除此之外，还需要根据需要抓取的数据创建数据表，针对本案例的数据表字段见图 12-3。

图 12-2 数据库创建

字段	索引	外键	唯一键	检查	触发器	选项	SQL 预览		
名				类型		大小	比例	不是 null	键
▶ date				TEXT				☑	
plan_departure_time				text				☐	
acture_departure_time				TEXT				☐	
est_departure_time				TEXT				☐	
flight_company				TEXT				☐	
flight_number				text				☐	
flight_destination				TEXT				☐	
flight_check_in				TEXT				☐	
boarding_port				TEXT				☐	
flight_stat				TEXT				☐	

图 12-3 数据表字段

12.2 爬虫编写

12.2.1 前置准备

安装好 Scrapy 和 Selenium 模块之后，先通过终端进入一个文件夹并使用 "scrapy startproject BdiaCrawler" 命令创建一个新的爬虫项目，再进入爬虫项目使用 "scrapy genspider BdiaSpider bdia.com.cn" 命令完成爬虫的创建。

为了使用 Selenium 完成对浏览器的模拟，需要配置 chromedriver。下载对应 Chrome 浏览器版本以及操作系统的 chromedriver 之后，在爬虫项目文件夹中新建 chrome_middleware.py 下载器中间件文件，下载器中间件是引擎和下载器之间通信的中间件，在这个中间件中可以设置代理、更换请求头等来达到我们所需爬虫的目的。在中间件文件中加入一个单击事件和一个循环单击的判断结构来去掉上面所分析页面中的广告并自动单击 "查看更多" 按钮来显示全部的航班列表。具体的代码内容请参考例 12-2，只需对 chromedriver 的位置进行修改即可。

【例 12-2】chrome_middleware.py，Selenium 下载器中间件文件。

```
from selenium import Webdriver
from selenium.Webdriver.chrome.options import Options
```

```
from scrapy.http import HtmlResponse
import time

class chromeMiddleware(object):
    def process_request(self, request, spider):

        if spider.name=="BdiaSpider":
            chrome_options=Options()
            chrome_options.add_argument('--headless')
            chrome_options.add_argument('--disable-gpu')
            chrome_options.add_argument('--no-sandbox')
            chrome_options.add_argument('--ignore-certificate-errors')
            chrome_options.add_argument('--ignore-ssl-errors')
            driver=Webdriver.Chrome("D:/chromedriver.exe",chrome_options=chrome_options)
        # 在这里输入你的 chromedriver 驱动地址
            print("Request URL:"+request.url)
            driver.get(request.url)
            time.sleep(3)

            driver.find_element_by_xpath('//div[@class="btn"]').click() # 清除弹窗
            while(len(driver.find_elements_by_xpath('//div[@class="selectmore"]/span'))):
                driver.find_element_by_xpath('//div[@class="selectmore"]/span').click()
                time.sleep(1)

            print ("Now visiting:"+request.url)
            return HtmlResponse(driver.current_url, body=driver.page_source, encoding=
'utf-8', request=request)

        else:
            return None
```

接下来需要对 settings.py 进行修改，以让 Scrapy 真正使用到我们引入的下载器中间件。在 settings.py 中加入例 12-3 中的代码即可。

【例 12-3】在 settings.py 中加入的代码。

```
DOWNLOADER_MIDDLEWARES={
    'BdiaCrawler.chrome_middleware.chromeMiddleware': 543,
}
```

12.2.2　代码编写

这里将会基于之前的分析编写爬虫代码。首先在 items.py 中对需要抓取的内容进行定义，修改后的 items.py 如例 12-4 所示。

【例 12-4】items.py，根据抓取到的内容定义文件。

```
import scrapy

class BdiacrawlerItem(scrapy.Item):
    plan_departure_time=scrapy.Field()       # 计划起飞时间
    acture_departure_time=scrapy.Field()     # 实际起飞时间
    est_departure_time=scrapy.Field()        # 预计起飞时间
    flight_company=scrapy.Field()            # 航空公司
    flight_number=scrapy.Field()             # 航班号
    flight_destination=scrapy.Field()        # 目的地
    flight_check_in=scrapy.Field()           # 值机柜台
    boarding_port=scrapy.Field()             # 登机口
    flight_stat=scrapy.Field()               # 状态

    pass
```

基于我们对网页的分析以及拿到的 XPath，可以完成对 BdiaSpider.py 的编写，如例 12-5 所示。

【例 12-5】BdiaSpider.py，爬虫文件。

```python
import scrapy
import datetime
from BdiaCrawler.items import BdiacrawlerItem

class BdiaSpider(scrapy.Spider):
    name='BdiaSpider'
    allowed_domains=['bdia.com.cn']
    start_urls=['https://www.bdia.com.cn/#/flightdep']

    def parse(self, response):
        items=[]

        for each in response.xpath('//div[@class="flight-block owh"]'):
            item=BdiacrawlerItem()
            plan_departure_time=each.xpath('.//span[@class="plan-time flight-t"]/text()').extract()
            acture_departure_time=each.xpath('.//span[@class="actual-time flight-t"]/text()').extract()
            est_departure_time=each.xpath('.//span[@class="estimate-time flight-t"]/text()').extract()
            flight_company=each.xpath('.//div[@class="company-name"]/span/span/text()').extract()
            flight_number=each.xpath('.//div[@class="airline-code"]/span/text()').extract()
            flight_destination=each.xpath('.//div[@class="destination-place"]/span/text()').extract()
            flight_check_in=each.xpath('.//div[@class="checkin-box"]/span/text()').extract()
            boarding_port=each.xpath('.//div[@class="boarding-box"]/span/text()').extract()
            flight_stat=each.xpath('.//div[@class="takeoff-state block-li"]/span/text()').extract()

            item['plan_departure_time']=plan_departure_time[0]
            if(acture_departure_time !=[]):
                item['acture_departure_time']=acture_departure_time[0]
            else:
                item['acture_departure_time']=None
            if(est_departure_time !=[]):
                item['est_departure_time']=est_departure_time[0].replace("预计\n
                    ","")
            else:
                item['est_departure_time']=None
            item['flight_company']=flight_company
            item['flight_number']=flight_number
            item['flight_destination']=flight_destination[0]
            item['flight_check_in']=flight_check_in[0]
            if(boarding_port !=[]):
                item['boarding_port']=boarding_port[0]
            else:
                item['boarding_port']=None
            item['flight_stat']=flight_stat[0]
            items.append(item)

        return items
```

为了将抓取到的数据保存到 SQLite3 数据库中，需要编写 pipelines.py 文件来对抓取到的数据进行后处理。需要在 pipelines.py 中引入新的内容，完成对抓取到的数据的后处理，修改后的 pipelines.py

如例 12-6 所示。

【例 12-6】pipelines.py，Scrapy 后处理管道文件。

```python
# Define your item pipelines here
#
# Don't forget to add your pipeline to the ITEM_PIPELINES setting
# See: https://docs.scrapy.org/en/latest/topics/item-pipeline.html

# useful for handling different item types with a single interface
from itemadapter import ItemAdapter
import sqlite3
import time

class BdiacrawlerPipeline:
    def process_item(self, item, spider):
        return item

class SQLite3Pipeline(object):

    #打开数据库
    def open_spider(self, spider):
        db_name=spider.settings.get('SQLITE_DB_NAME', 'result.db')

        self.db_conn=sqlite3.connect(db_name)
        self.db_cur=self.db_conn.cursor()

    #关闭数据库
    def close_spider(self, spider):
        self.db_conn.commit()
        self.db_conn.close()

    #对数据进行处理
    def process_item(self, item, spider):
        self.insert_db(item)
        return item

    #插入数据
    def insert_db(self, item):
        values=(
            str(time.strftime("%Y-%m-%d", time.localtime())),
            item['plan_departure_time'],
            item['acture_departure_time'],
            item['est_departure_time'],
            str(item['flight_company']),
            str(item['flight_number']),
            item['flight_destination'],
            item['flight_check_in'],
            item['boarding_port'],
            item['flight_stat'],
        )

        sql='INSERT INTO depature_flight VALUES(?,?,?,?,?,?,?,?,?,?)'
        self.db_cur.execute(sql, values)
```

接下来要对 settings.py 进行配置来引入 SQLite3，最终的 settings.py 文件如例 12-7 所示。

【例 12-7】settings.py，Scrapy 配置文件。

```python
import uagent
# Scrapy settings for BdiaCrawler project
BOT_NAME='BdiaCrawler'
```

```
    SPIDER_MODULES=['BdiaCrawler.spiders']
    NEWSPIDER_MODULE='BdiaCrawler.spiders'

    FEED_EXPORT_ENCODING='utf-8' # 确保导出数据的编码正确
    ROBOTSTXT_OBEY=False   # 关闭对 robots.txt 的遵守，保证可以正常抓取数据
    SQLITE_DB_NAME='result.db'# 之前新建的数据库的位置和名称

    DEFAULT_REQUEST_HEADERS={
      'Accept': 'text/html,application/xhtml+xml,application/xml;q=0.9,*/*;q=0.8',
      'Accept-Language': 'en',
       "User-Agent": "Mozilla/5.0 (Windows NT 10.0; Win64; x64) AppleWebKit/537.36 (KHTML, 
like Gecko) Chrome/87.0.4280.66 Safari/537.36"
    }# 伪装 Headers 和 User-Agent，避免反爬虫机制

    DOWNLOADER_MIDDLEWARES={
        'BdiaCrawler.chrome_middleware.chromeMiddleware': 543,
    }

    ITEM_PIPELINES={
        'BdiaCrawler.pipelines.SQLite3Pipeline': 400,
```

12.2.3　运行并查看结果

通过终端进入爬虫项目文件夹中，运行“scrapy crawl BdiaSpider”命令即可对目标数据进行抓取，运行完毕，可以在数据库中看到图 12-4 所示的数据库中抓取到的内容。

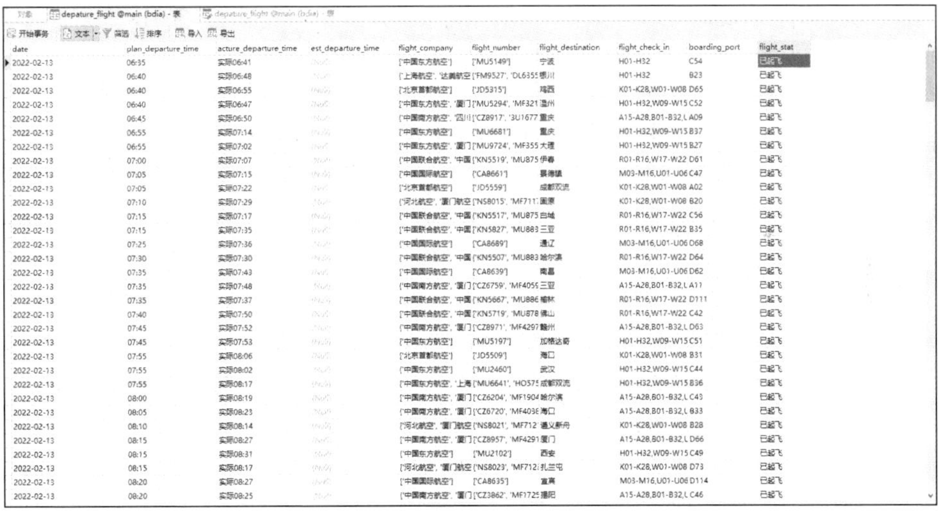

date	plan_departure_time	acture_departure_time	est_departure_time	flight_company	flight_number	flight_destination	flight_check_in	boarding_port	flight_stat
2022-02-13	06:35	实际06:41	(Null)	['中国东方航空']	['MU5149']	宁波	H01-H32	C54	已起飞
2022-02-13	06:40	实际06:48	(Null)	['上海航空', '达美航空	['FM9527', 'DL635!	银川	H01-H32	B23	已起飞
2022-02-13	06:40	实际06:55	(Null)	['北京首都航空']	['JD5315']	鸡西	K01-K28,W01-W08	D65	已起飞
2022-02-13	06:40	实际06:47	(Null)	['中国东方航空', '厦门	['MU5294', 'MF321	温州	H01-H32,W09-W15	C52	已起飞
2022-02-13	06:45	实际06:50	(Null)	['中国南方航空', '四川	['CZ8917', '3U1677	重庆	A15-A28,B01-B32,L	A09	已起飞
2022-02-13	06:55	实际07:14	(Null)	['中国东方航空']	['MU6681']	重庆	H01-H32,W09-W15	B37	已起飞
2022-02-13	06:55	实际07:02	(Null)	['中国东方航空', '厦门	['MU9724', 'MF355	大理	H01-H32,W09-W15	B27	已起飞
2022-02-13	07:00	实际07:07	(Null)	['中国联合航空', '中国	['KN5519', 'MU875	伊春	R01-R16,W17-W22	D61	已起飞
2022-02-13	07:05	实际07:15	(Null)	['中国国际航空']	['CA8661']	景德镇	M03-M16,U01-U06	C47	已起飞
2022-02-13	07:05	实际07:22	(Null)	['北京首都航空']	['JD5559']	成都双流	K01-K28,W01-W08	A02	已起飞
2022-02-13	07:10	实际07:29	(Null)	['河北航空', '厦门航空	['NS8015', 'MF711	固原	K01-K28,W01-W08	B20	已起飞
2022-02-13	07:15	实际07:17	(Null)	['中国联合航空', '中国	['KN5517', 'MU875	白城	R01-R16,W17-W22	C56	已起飞
2022-02-13	07:15	实际07:35	(Null)	['中国联合航空', '中国	['KN5827', 'MU883	三亚	R01-R16,W17-W22	B35	已起飞
2022-02-13	07:25	实际07:36	(Null)	['中国国际航空']	['CA8689']	通辽	M03-M16,U01-U06	D68	已起飞
2022-02-13	07:30	实际07:30	(Null)	['中国联合航空', '中国	['KN5507', 'MU883	哈尔滨	R01-R16,W17-W22	D64	已起飞
2022-02-13	07:35	实际07:43	(Null)	['中国国际航空']	['CA8639']	南昌	M03-M16,U01-U06	D62	已起飞
2022-02-13	07:35	实际07:48	(Null)	['中国南方航空', '厦门	['CZ6759', 'MF405	三亚	A15-A28,B01-B32,L	A11	已起飞
2022-02-13	07:35	实际07:37	(Null)	['中国联合航空', '中国	['KN5667', 'MU886	榆林	R01-R16,W17-W22	D111	已起飞
2022-02-13	07:40	实际07:50	(Null)	['中国联合航空', '中国	['KN5719', 'MU878	佛山	R01-R16,W17-W22	C42	已起飞
2022-02-13	07:45	实际07:52	(Null)	['中国南方航空', '厦门	['CZ8971', 'MF4297	赣州	A15-A28,B01-B32,L	D63	已起飞
2022-02-13	07:45	实际07:53	(Null)	['中国东方航空']	['MU5197']	加格达奇	H01-H32,W09-W15	C51	已起飞
2022-02-13	07:55	实际08:06	(Null)	['北京首都航空']	['JD5509']	海口	K01-K28,W01-W08	B31	已起飞
2022-02-13	07:55	实际08:02	(Null)	['中国东方航空']	['MU2460']	武汉	H01-H32,W09-W15	C44	已起飞
2022-02-13	07:55	实际08:17	(Null)	['中国东方航空', '上海	['MU6641', 'HO57!	成都双流	H01-H32,W09-W15	B36	已起飞
2022-02-13	08:00	实际08:19	(Null)	['中国南方航空', '厦门	['CZ6204', 'MF1904	哈尔滨	A15-A28,B01-B32,L	C43	已起飞
2022-02-13	08:05	实际08:23	(Null)	['中国南方航空', '厦门	['CZ6720', 'MF403	海口	A15-A28,B01-B32,L	B33	已起飞
2022-02-13	08:10	实际08:14	(Null)	['河北航空', '厦门航空	['NS8021', 'MF712	遵义新舟	K01-K28,W01-W08	B28	已起飞
2022-02-13	08:15	实际08:27	(Null)	['中国南方航空', '厦门	['CZ8957', 'MF4291	厦门	A15-A28,B01-B32,L	D66	已起飞
2022-02-13	08:15	实际08:31	(Null)	['中国东方航空']	['MU2102']	西安	H01-H32,W09-W15	C49	已起飞
2022-02-13	08:15	实际08:17	(Null)	['河北航空', '厦门航空	['NS8023', 'MF712	扎兰屯	K01-K28,W01-W08	D73	已起飞
2022-02-13	08:20	实际08:27	(Null)	['中国国际航空']	['CA8635']	宜宾	M03-M16,U01-U06	D114	已起飞
2022-02-13	08:20	实际08:25	(Null)	['中国南方航空', '厦门	['CZ3862', 'MF172!	揭阳	A15-A28,B01-B32,L	C46	已起飞

图 12-4　数据库中抓取到的内容

至此，我们的程序圆满地完成了使用 Scrapy 和 Selenium 抓取北京大兴国际机场航班出发时间数据的任务，该爬虫针对目标网站的反爬虫机制只做了简单的处理，后续还可以通过更换 User-Agent 和利用代理 IP 模拟大量不同 IP 地址的请求来对反爬虫机制进行更进一步的针对性处理，读者可以参考相关章节完成对应的内容，这里不再展开介绍。

参考文献

[1] Mitchell, Ryan. Web scraping with Python: collecting data from the modern Web. O'Reilly Media, Inc., Sebastopol, CA, US, 2015.

[2] Chun, Wesley. Core python programming. Vol. 1. Prentice Hall Professional, Upper Saddle River, NJ, US, 2001.

[3] Lawson, Richard. Web scraping with Python. Packt Publishing Ltd, Birmingham, UK, 2015.

[4] Pilgrim, Mark, and Simon Willison. Dive Into Python 3. Vol. 2. Apress, NY, US, 2009.

[5] Martelli, Alex, Anna Ravenscroft, and David Ascher. Python cookbook. " O'Reilly Media, Inc.", Sebastopol, CA, US, 2005.

[6] VanderPlas, Jake. Python data science handbook: Essential tools for working with data. " O'Reilly Media, Inc.", Sebastopol, CA, US, 2016.

[7] 范传辉. Python 网络爬虫开发与项目实战[M]. 北京：机械工业出版社，2017.

[8] 李庆扬，王能超，易大义. 数值分析[M]. 北京：清华大学出版社，2008.

[9] 李航. 统计学习方法[M]. 北京：清华大学出版社，2019.

[10] 周志华. 机器学习[M]. 北京：清华大学出版社，2016.

[11] 崔庆才. Python 3 网络爬虫开发实战[M]. 北京：人民邮电出版社，2021.

[12] 香农·布拉德肖. MongoDB 权威指南[M]. 北京：人民邮电出版社，2021.

[13] 刘延林. Python 网络爬虫与反爬虫开发从入门到精通[M]. 北京：北京大学出版社，2021.

[14] 黑马程序员. Python 网络爬虫基础教程[M]. 北京：人民邮电出版社，2022.

[15] 迪米特里奥斯，考奇斯-劳卡斯. 精通 Python 爬虫框架 Scrapy[M]. 李斌，译. 北京：人民邮电出版社，2023.